计算机科学与技术丛书

Python信号处理仿真与应用

（新形态版）

周治国◎编著

清華大學出版社
北京

内 容 简 介

本书介绍了 Python 信号处理工具箱的体系架构及其函数和实例。本书共 8 章，主要包括信号处理概况，Python 编程基础，信号生成和预处理，测量和特征提取，变换、相关性和建模，数字和模拟滤波器，频谱分析，借助大语言模型实现信号处理等内容。为了便于读者学习使用和参考，书中提供了较完整的原理方法介绍和计算推导实例。

本书内容全面，实用性强，适用范围广，既可作为高等院校通信与信息系统、电子科学与技术、电子信息工程等相关专业本科生和研究生的课程教材，也可作为通信、雷达信号处理、生物医学信号处理等相关领域的工程技术人员的参考资料。

图书在版编目 (CIP) 数据

Python 信号处理仿真与应用 : 新形态版 / 周治国编著 . -- 北京 : 清华大学出版社 , 2024. 11. -- (计算机科学与技术丛书). -- ISBN 978-7-302-67571-6

Ⅰ. TN911.7

中国国家版本馆 CIP 数据核字第 20241BH084 号

策划编辑：刘 星
责任编辑：李 锦
封面设计：李召霞
版式设计：方加青
责任校对：申晓焕
责任印制：曹婉颖

出版发行：清华大学出版社
网 址：https://www.tup.com.cn，https://www.wqxuetang.com
地 址：北京清华大学学研大厦 A 座　　邮 编：100084
社 总 机：010-83470000　　邮 购：010-62786544
投稿与读者服务：010-62776969，c-service@tup.tsinghua.edu.cn
质 量 反 馈：010-62772015，zhiliang@tup.tsinghua.edu.cn
课 件 下 载：https://www.tup.com.cn，010-83470236

印 装 者：三河市龙大印装有限公司
经　　销：全国新华书店
开　　本：186mm×240mm　　**印　　张：**17　　**字　　数：**344 千字
版　　次：2024 年 11 月第 1 版　　**印　　次：**2024 年 11 月第 1 次印刷
印　　数：1 ～ 1500
定　　价：69.00 元

产品编号：100553-01

《Python信号处理仿真与应用（新形态版）》注重实际应用，旨在介绍Python在信号处理领域的应用。为了帮助读者更好地理解和应用信号处理知识，作者特别开发了基于智谱清言智能体的PySPT AI助手。这个智能体是一种基于大语言模型的辅助教学工具，它能够理解用户的问题和要求，并提供准确的答案和指导。

PySPT AI助手与本书的结构紧密结合，有多个实用模块，包括信号生成与预处理、测量与特征提取、滤波与变换、频谱分析与建模、智能化信号处理应用，帮助读者全方位掌握信号处理。以下是各个模块的功能简介。

1. 信号生成与预处理模块

功能：此模块允许用户生成各种类型的信号，如正弦波、方波、脉冲信号等，并对其进行预处理，包括重采样、平滑、去噪和去趋势处理。

应用：在信号处理实验和仿真中，用户经常需要生成特定的信号来模拟实际应用场景，此模块帮助用户快速创建和准备这些信号。

2. 测量与特征提取模块

功能：该模块专注于从信号中提取关键特征，如波峰、信号统计量、脉冲、瞬态指标、功率、带宽和失真等。

应用：在信号分析中，特征提取是理解信号性质和进行进一步处理的关键步骤。此模块帮助用户识别和量化信号的重要特性。

3. 滤波与变换模块

功能：设计和实现数字与模拟滤波器，包括FIR和IIR滤波器，以及应用各种信号变换，如傅里叶变换、小波变换等。

应用：滤波与变换是信号处理中的核心操作，用于信号去噪、频率分析等。此模块为用户提供必要的工具来实现这些操作。

4. 频谱分析与建模模块

功能：提供频谱分析工具，帮助用户在频域中处理信号，并构建信号模型，如功率谱、相干性分析等。

应用：频谱分析是理解信号频率成分的关键技术，此模块支持用户进行深入的频域分析，并建立信号模型以预测和解释信号行为。

5. 智能化信号处理应用模块

功能：利用 AI 技术，实现信号处理任务的自动化，包括信号标注、特征工程、数据集生成等，如图 0-1 所示。

应用：随着 AI 技术的发展，信号处理领域越来越多地采用智能化方法。此模块帮助用户利用 AI 技术提高信号处理的效率和智能化水平。

图 0-1　信号处理 AI 助手功能模块

这些模块共同构成了 PySPT AI 助手的核心功能，旨在为用户提供一个全面、高效的信号处理学习与实验环境。通过这些模块，用户可以深入理解和实践信号处理的理论与技术，为实际应用打下坚实的基础。

这个智能体不仅是一个工具，更像一个虚拟的导师，陪伴和指导读者在信号处理中的每一步。通过智能体的互动，读者能够逐步理解复杂的信号处理理论和算法实现。

PySPT AI 助手是一个创新性的学习工具，它通过 AI 的强大能力，让信号处理的学习过程更加高效和互动。无论是遇到复杂的理论问题，还是需要实际的代码支持，智能体都能提供及时的反馈和个性化的帮助。

通过智能体的辅助，读者可以加深对书中内容的理解，顺利掌握各类信号处理技术，并将其应用到实际问题中。更详细的使用方法可以参考配套资源中的“PySPT 使用说明”。

信号处理是从信号抽取出有用信息的过程，包括提取、变换、分析、综合等处理过程。随着计算机技术发展，信号处理的理论和方法得以发展。MATLAB 是由美国 MathWorks 公司开发的主要面对科学计算、可视化以及交互式程序设计的高科技计算软件，它将数值分析、矩阵计算、科学数据可视化及非线性动态系统的建模和仿真等诸多强大功能集成在一个易于使用的视窗环境中，为科学研究、工程设计及必须进行有效数值计算的众多科学领域提供了一种全面的解决方案。近 20 年来，由 MathWorks 公司开发的 MATLAB 软件，被广泛地应用到了信号处理的课程教学和实验中。

开源软件的发展推动了行业创新和科学技术进步。Python 语言因其简洁性、易读性以及可扩展性，用于科学计算的研究日益增多。Python 完全免费，众多开源的科学计算库提供了 Python 的调用接口。用户可以在任何计算机上免费安装 Python 及其绝大多数扩展库。Python 标准库命名接口清晰、文档良好，很容易学习和使用。Python 社区提供了大量的第三方模块，使用方式与标准库类似。它们的功能覆盖科学计算、Web 开发、数据库接口、图形系统等领域，并且大多成熟而稳定。SciPy（Scientific Python）是一个开源的 Python 算法库和数学工具包，包含最优化、线性代数、积分、插值、特殊函数、快速傅里叶变换、信号处理和图像处理、常微分方程求解，以及其他科学与工程中常用的计算。自 2001 年首次发布以来，SciPy 已经成为 Python 语言中科学算法的行业标准。目前除了 MATLAB 的一些专业性很强的工具箱还无法被替代之外，MATLAB 的大部分常用功能可以在 Python 中找到相应的扩展库。

大语言模型是基于 Transformer 架构的自然语言处理模型，它们通过预训练学习大规模的语言数据，可以在各种自然语言处理任务上展现出色的性能。大语言模型可以作为一个教学工具，帮助用户更轻松地了解信号处理编程和仿真的基本概念和操作，可以提供智能建议和提示，帮助用户优化信号处理算法、调整参数和改进仿真结果。借助大语言模型进行信号处理仿真和应用的辅助编程有着巨大的发展潜力。

本书参考 MATLAB Signal Processing Toolbox 的体系架构及其函数和实例组织方式，对应整理并编写了基于 Python 的信号处理工具箱（Python Signal Processing Toolbox，

PySPT）实例。本书共 8 章。第 1 章是信号处理概况，介绍了 MATLAB 和 Python 的信号处理工具箱架构；第 2 章是 Python 编程基础，介绍了开发环境和 NumPy、SciPy 等科学计算库；第 3 章是信号生成和预处理，介绍了信号进行创建、重采样、平滑、去噪和去趋势处理方面的实例，为进一步分析做好准备；第 4 章是测量和特征提取，介绍了可用于测量信号的时域和频域常见不同特征的实例；第 5 章是变换、相关性和建模，介绍了可用于计算信号的相关性、卷积和变换的实例；第 6 章是数字和模拟滤波器，介绍了用于设计、分析和实现各种数字有限脉冲响应（Finite Impulse Response，FIR）和无限脉冲响应（Infinite Impulse Response，IIR）滤波器的实例；第 7 章是频谱分析，介绍了一系列频谱分析函数，用于表征信号的频率成分的实例。第 8 章是借助大语言模型实现信号处理，选择第 3~7 章案例，借助大语言模型进行辅助编程，展示了大语言模型在信号处理仿真和应用领域如何提高用户交互体验和工作效率。

配 套 资 源

- 程序代码等资源：扫描目录上方的“配套资源”二维码下载。
- 教学课件、教学大纲等资源：扫描封底的“书圈”二维码在公众号下载，或者到清华大学出版社官方网站本书页面下载。
- 微课视频（105 分钟，30 集）：扫描书中相应章节中的二维码在线学习。

注：请先扫描封底刮刮卡中的文泉云盘防盗码进行绑定后再获取配套资源。

本书已经获得北京理工大学“十四五”规划教材立项。

周治国

2024 年 7 月

配套资源

目录
CONTENTS

微课视频清单

序　号	视频名称	时长 /min	书中位置
1	Github 介绍 + 如何创建并下载一个仓库	1	1.3.3 节节首
2	Pull_Request	1	第 6 页第一段处
3	PySPT 介绍	1	第 6 页第二段处
4	Python 官方编译器下载	3	2.2 节节首
5	JupyterNotebook 视频演示	1	2.2.3 节节首
6	VSCode 下载	3	2.2.5 节节首
7	PyCharm 下载	4	2.2.6 节节首
8	matplotlib_animation	5	2.3 节节首
9	Python 基础数据结构和语法	10	2.3.1 节节首
10	python 常见数据结构	9	2.3.2 节节首
11	matplotlib_pyplot	12	2.3.6 节节首
12	循环	4	2.3.7 节节首
13	函数	3	2.3.10 节节首
14	numpy 数组形状变更	1	2.4.3 节节首
15	numpy 的属性及 array	2	2.4.3 节节首
16	numpy 中数组元素的索引与切片	3	2.4.4 节节首
17	numpy 基础运算	1	2.4.5 节节首
18	SciPy	7	2.5 节节首
19	去除信号中的峰值	7	3.1.5 节节首
20	时间向量 _ 正弦波	1	3.2.3 节节首
21	脉冲、阶跃、斜坡、抛物函数	1	3.2.4 节节首
22	常见的周期波形	2	3.2.5 节节首
23	非周期函数	7	3.2.6 节节首
24	离散傅里叶变换	1	5.1.2 节节首
25	线性调频 z 变换	1	5.1.3 节节首
26	Hilbert 变换	2	5.1.6 节节首
27	两个指数序列的互相关	6	5.2.10 节节首
28	线性和循环卷积	1	5.2.15 节节首
29	经典 IIR 滤波器类型的比较	2	6.1.2 节节首
30	反因果零相位滤波器	3	6.2.3 节节首

第1章 信号处理概况

1.1 引言

信号处理是一种广泛应用于电子工程、计算机科学、通信技术等领域的核心技术。它涉及对信号进行采集、滤波、放大、转换、分析、识别和压缩等一系列操作，旨在提高信号的质量、提取有用信息、降低噪声干扰、实现信号的有效传输和存储。

信号处理的基本流程包括以下几个环节。信号采集：通过传感器或其他设备将现实世界的物理信号转换为电信号，以便进行处理。信号预处理：对采集到的信号进行滤波、去噪、放大等操作，以提高信号的质量。信号转换：将模拟信号转换为数字信号，便于计算机进行处理。这一过程通常涉及采样、量化和编码。信号分析：对信号进行时域、频域、时频域等多角度分析，提取信号的特征参数。信号处理算法：根据具体应用需求，采用各种算法对信号进行处理，如滤波、预测、调制、解调等。信号识别与分类：通过对信号特征的分析，实现对信号的识别、分类和预测。信号压缩：为了节省存储空间和传输带宽，对信号进行有损或无损压缩。信号恢复与重建：在信号传输或处理过程中，尽量恢复原始信号，以减少失真。

信号处理技术在诸多领域发挥着重要作用，如语音处理、图像处理、视频处理、无线通信、生物医学信号处理等。随着人工智能、大数据等技术的发展，信号处理技术在不断进步，为人类社会的发展提供了有力支持。

1.2 MATLAB 信号处理工具箱

MATLAB 是 Matrix Laboratory（矩阵实验室）的缩写，是一款由美国 The MathWorks 公司开发的商业数学软件。MATLAB 是一种用于算法开发、数据可视化、数据分析以及数值计算的高级技术计算语言和交互式环境。除了矩阵运算、绘制函数 / 数据图像等常用功能外，MATLAB 还可以用来创建用户界面及调用其他语言（包括 C、C++、Java、Python 和 FORTRAN）编写的程序。

尽管 MATLAB 主要用于数值运算，但通过利用众多的附加工具箱（Toolbox），它也适合不同领域的应用，如控制系统设计与分析、图像处理、信号处理与通信、金融建模和分析等。另外，MATLAB 还有一个配套软件包 Simulink，其可提供一个可视化开发环境，常用于系统模拟、动态 / 嵌入式系统开发等方面。

MATLAB 的 30 多个工具箱大致可分为两类：功能型工具箱和领域型工具箱。功能型工具箱主要用来扩充 MATLAB 的符号计算功能、图形建模仿真功能、文字处理功能以及与硬件实时交互功能，能用于多种学科。领域型工具箱具有很强的专业性。MATLAB 的信号处理工具箱主要用来对已产生的信号进行分析和处理，包括滤波、去重、频率分析等，是一种专业性很强的领域型工具箱。

MATLAB 信号处理和无线通信类工具箱簇如表 1.1 所示。

表 1.1　MATLAB 信号处理和无线通信类工具箱簇

序号	MATLAB 系列	Simulink 系列
1	5G Toolbox	Audio Toolbox
2	Antenna Toolbox	Communications Toolbox
3	Audio Toolbox	DSP HDL Toolbox
4	Bluetooth Toolbox	DSP System Toolbox
5	Communications Toolbox	Mixed-Signal Blockset
6	DSP System Toolbox	Phased Array System Toolbox
7	LTE Toolbox	Radar Toolbox
8	Phased Array System Toolbox	RF Blockset
9	Radar Toolbox	SerDes Toolbox
10	RF PCB Toolbox	Wireless HDL Toolbox
11	RF Toolbox	
12	Satellite Communications Toolbox	
13	Sensor Fusion and Tracking Toolbox	
14	SerDes Toolbox	
15	Signal Integrity Toolbox	
16	Signal Processing Toolbox	
17	Wavelet Toolbox	
18	Wireless Testbench	
19	WLAN Toolbox	

高校信号处理类课程和实验主要涉及 Signal Processing Toolbox 和 DSP System Toolbox 这两个工具箱。

1.2.1 Signal Processing Toolbox

MATLAB Signal Processing Toolbox 提供了一些函数和App，用来分析、预处理及提取均匀和非均匀采样信号的特征。该工具箱包含可用于滤波器设计和分析、重采样、平滑处理、去趋势和功率谱估计的工具，并提供提取特征（如变化点和包络）、寻找波峰和信号模式、量化信号相似性以及执行 SNR 和失真等测量的功能。通过该工具箱还可以对振动信号执行模态和阶次分析。使用信号分析器，可以在时域、频域和时频域同时预处理和分析多个信号，而无须编写代码；探查长信号；提取感兴趣的区域。通过滤波器设计工具，可以从多种算法和响应中进行选择来设计和分析数字滤波器。这两个 App 都生成 MATLAB 代码。

MATLAB Signal Processing Toolbox 的体系架构和函数、实例数量统计如表 1.2 所示。

表 1.2 MATLAB Signal Processing Toolbox 的体系架构和函数、实例数量统计

序号	目　录	内　容	函数数量	实例数量
1	Signal Processing Toolbox 快速入门	Signal Processing Toolbox 基础知识学习		18
2	信号分析和可视化	使用信号分析器来可视化、预处理和探查信号	1	6
3	信号生成和预处理	对信号进行创建、重采样、平滑、去噪和去趋势处理	23	22
4	测量和特征提取	波峰、信号统计、脉冲和瞬态指标、功率、带宽、失真	55	22
5	变换、相关性和建模	互相关、自相关、傅里叶变换、DCT、Hilbert、Goertzel、参数化建模、线性预测编码	63	39
6	数字和模拟滤波器	FIR 和 IIR、单速率和多速率滤波器设计、分析和实现	106	33
7	频谱分析	功率谱、相干性、窗	47	19
8	时频分析	频谱图、同步压缩、重排、Wigner-Ville、时频边缘、数据自适应方法	22	10
9	振动分析	阶数分析、时间同步平均、包络频谱、模态分析、雨流计数	13	5
10	信号的机器学习和深度学习延伸	信号标注、特征工程、数据集生成	35	17
11	代码生成和 GPU 支持	生成可移植的 C/C++/MEX 函数，并使用 GPU 来部署或加速处理		7
小计			365	198

1.2.2 DSP System Toolbox

MATLAB DSP System Toolbox 提供算法、应用程序和示波器，用于在 MATLAB 和

Simulink 中设计、仿真和分析信号处理系统，可以为通信、雷达、音频、医疗设备、物联网和其他应用的实时 DSP 系统建模。使用 DSP System Toolbox，可以设计和分析 FIR、IIR、多速率、多级和自适应滤波器；可以采样流式传输来自变量、数据文件和网络设备的信号，以进行系统开发和验证。时间示波器（The Time Scope）、频谱分析仪（Spectrum Analyzer）和逻辑分析仪（Logic Analyzer）可以动态地可视化和测量流信号。对于桌面原型设计和部署到嵌入式处理器（包括 ARM Cortex 架构），该工具箱支持 C/C++ 代码生成。另外，它还支持从滤波器、FFT、IFFT 和其他算法生成精确的定点建模和 HDL 代码。算法包括 MATLAB 函数、System 对象和 Simulink 模块。

MATLAB DSP System Toolbox 的体系架构和函数、模块、实例数量统计如表 1.3 所示。

表 1.3　MATLAB DSP System Toolbox 的体系架构和函数、模块、实例数量统计

序号	目　录	内　容	函数数量	模块数量	实例数量
1	DSP System Toolbox 快速入门	DSP System Toolbox 基础知识学习			12
2	信号生成、操作和分析	创建、导入、导出、显示和管理信号	54	60	10
3	滤波器设计与分析	FIR、IIR、频率变换	130	25	23
4	滤波器实现	单速率、多速率和自适应滤波器	64	43	32
5	变换和频谱分析	FFT、DCT、频谱分析、线性预测	9	32	10
6	统计和线性代数	测量、统计、矩阵数学、线性代数	9	56	4
7	定点设计	浮点到定点转换，定点算法设计	34	27	7
8	代码生成	ARM Cortex-M 处理器和 ARM Cortex-A 处理器的仿真加速、代码生成和优化	1	1	16
9	应用	模拟雷达、通信和生物医学系统	13		6
10	DSP System Toolbox 支持的硬件	支持第三方硬件，如 ARM Cortex-M 和 ARM Cortex-A 处理器	35		
小计			349	244	120

1.3 Python 信号处理工具箱

1.3.1 Python 简介

Python 由荷兰数学和计算机科学研究学会的 Guido van Rossum 于 20 世纪 90 年代初设计，作为一门叫作 ABC 语言的替代品。Python 提供了高效的高级数据结构，还能简单有效地面向对象编程。Python 语法和动态类型以及解释型语言的本质，使它成为多数平台上写脚本和快速开发应用的编程语言，随着版本的不断更新和语言新功能的添加，逐渐被用于独立的、大型项目的开发。Python 解释器易于扩展，可以使用 C 或 C++（或者其他可

以通过 C 调用的语言）扩展新的功能和数据类型。Python 也可用于可定制化软件中的扩展程序语言。Python 丰富的标准库，提供了适用于各个主要系统平台的源码或机器码。

由于 Python 语言的简洁性、易读性以及可扩展性，在国外用 Python 做科学计算的研究机构日益增多，一些知名大学已经采用 Python 来讲授程序设计课程。例如卡内基梅隆大学的编程基础、麻省理工学院的计算机科学及编程导论就使用 Python 语言讲授。Python 拥有一个强大的标准库。Python 语言的核心只包含数字、字符串、列表、字典、文件等常见类型和函数，而由 Python 标准库提供系统管理、网络通信、文本处理、数据库接口、图形系统、XML 处理等额外的功能。Python 标准库命名接口清晰、文档良好，很容易学习和使用。Python 社区提供了大量的第三方模块，使用方式与标准库类似。它们的功能覆盖科学计算、Web 开发、数据库接口、图形系统等领域，并且大多成熟而稳定。众多开源的科学计算软件包提供了 Python 的调用接口，如著名的计算机视觉库 OpenCV、三维可视化库 VTK、医学图像处理库 ITK。

1.3.2 Python 库简介

Python 专用的科学计算扩展库就更多，NumPy（Numerical Python）、SciPy 和 Matplotlib 就是 3 个十分经典的科学计算扩展库，它们分别为 Python 提供了快速数组处理、数值运算以及绘图功能。

NumPy 是 Python 语言的一个扩展程序库，支持大量的维度数组与矩阵运算，此外也针对数组运算提供大量的数学函数库。SciPy 是世界上著名的 Python 开源科学计算库，建立在 NumPy 之上，用于数学、科学、工程学等领域。SciPy 函数库在 NumPy 库的基础上增加了众多的数学、科学以及工程计算中常用的库函数，如线性代数、常微分方程求解、信号处理、图像处理、稀疏矩阵等。它用于有效计算 numpy 矩阵，使 NumPy 和 SciPy 协同工作，高效解决问题。Matplotlib 是 Python 编程语言及扩展包的通用图形用户界面工具包。因此，Python 语言及其众多的扩展库所构成的开发环境十分适合工程技术、科研人员处理实验数据、制作图表，甚至开发科学计算应用程序。

1.3.3 信号处理工具箱

视频讲解

目前除了 MATLAB 的一些专业性很强的工具箱还无法被替代之外，MATLAB 的大部分常用功能可以在 Python 中找到相应的扩展库。与 MATLAB 相比，用 Python 做科学计算有如下优点。首先，MATLAB 是一款商用软件，并且价格不菲。而 Python 完全免费，众多开源的科学计算库提供了 Python 的调用接口。用户可以在任何计算机上免费安装 Python 及其绝大多数扩展库。其次，与 MATLAB 相比，Python 是一门更易学、更严谨的程序设计语言，它能让用户编写出更易读、易维护的代码。最后，MATLAB 主要专注于工程和

视频讲解

科学计算。然而即使在计算领域，也经常会遇到文件管理、界面设计、网络通信等需求。而 Python 有着丰富的扩展库，可以轻易完成各种高级任务，开发者可以用 Python 实现完整应用程序所需的各种功能。

本书参考 MATLAB Signal Processing Toolbox 的体系架构及其函数和实例组织方式，对应整理并编写了基于 Python 的信号处理工具箱（Python Signal Processing Toolbox，PySPT）函数和实例。重点整理编写了如下 5 章的对应函数和实例：第 3 章信号生成和预处理、第 4 章测量和特征提取、第 5 章变换、相关性和建模、第 6 章数字和模拟滤波器、第 7 章频谱分析。

视频讲解

函数和实例都配以对应 MATLAB 的 Python 代码为示例，引导读者通过编程的方式来准确地理解信号处理的相关知识及其应用。

GitHub 是基于 Git 的一个代码托管平台，因为只支持 Git 作为唯一的版本库格式进行托管，故名 GitHub。GitHub 于 2008 年 4 月 10 日正式上线，除了 Git 代码仓库托管及基本的 Web 管理界面以外，还提供了订阅、讨论组、文本渲染、在线文件编辑器、协作图谱、代码片段分享等功能。开发者可以将代码在 GitHub 上开源；也可以浏览其他项目的代码，fork 到自己名下做修改，clone 回本地使用；还可以发起 pull request 向上游提交自己的修改。Gitee（码云）是开源中国社区推出的代码托管协作开发平台，支持 Git 和 SVN，提供免费的私有仓库托管。Gitee 专为开发者提供稳定、高效、安全的云端软件开发协作平台，无论是个人、团队还是企业，都能够实现代码托管、项目管理、协作开发功能。

第2章 Python编程基础

2.1 Python发展简介

Python由荷兰数学家Guido van Rossum开发，为了创造出一种既可以像C语言一样全面调用计算机的功能接口又能像shell一样可轻松编程的语言，受ABC语言的启发，设计出了可拓展性高、功能全面、易学易用的语言。1991年，第一个Python编译器诞生，使用C语言实现，初步诞生类（Class）、函数（Function）、异常处理（Exception）、表（List）、词典（Dictionary），以及以模块（Module）为基础的拓展系统。目前市面上有两个Python的版本，分别是Python2.x（解析器名称Python2）和Python3.x（解析器名称Python3），其中Python3并未考虑向下兼容。Python2.x系列最终以2010年的Python2.7截止。Python是完全面向对象的语言。函数、模块、数字、字符串都是对象，在Python中一切皆对象，完全支持继承、重载、多重继承，支持重载运算符，也支持泛型设计。Python拥有强大的标准库。Python语言的核心包含数字、字符串、列表、字典、文件等常见类型和函数，而Python标准库提供了系统管理、网络通信、文本处理、数据库接口、图形系统、XML处理等额外的功能。Python社区提供了大量的第三方模块，使用方式与标准库类似。它们的功能覆盖科学计算、人工智能、机器学习、Web开发、数据库接口、图形系统等领域。

2.2 Python开发环境

视频讲解

2.2.1 安装Python

打开Python的官网，如图2.1所示。

单击Downloads，在展开页面中选择需要下载的版本。以Windows系统的Python 3.10.4为例，如图2.1所示进行操作。

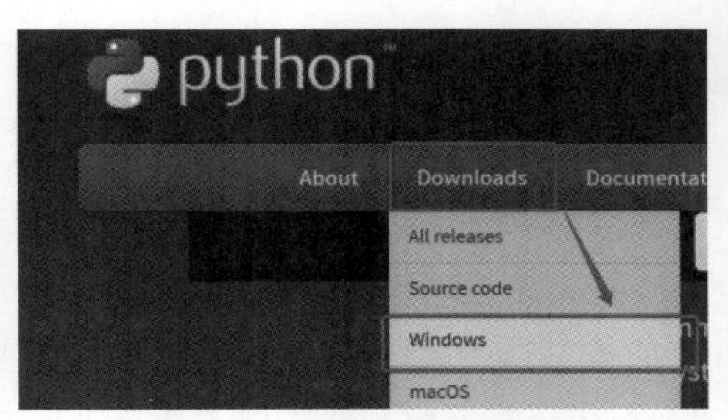

图2.1　Python官网页面

如果计算机是 64 位操作系统，那么单击图 2.2 中的 Download Windows embeddable package(64-bit)，下载获得扩展名为 .exe 的安装包。

图 2.2　选择所需 Python 版本

在下载路径里双击该安装包，弹出如图 2.3 所示的 Python 安装页面。注意，勾选 Add Python 3.10 to PATH，这样可以将 Python 命令工具所在目录添加到系统 Path 环境变量中，方便以后运行 Python 命令以及开发程序。然后单击 Install Now，按照步骤操作即可安装完成。

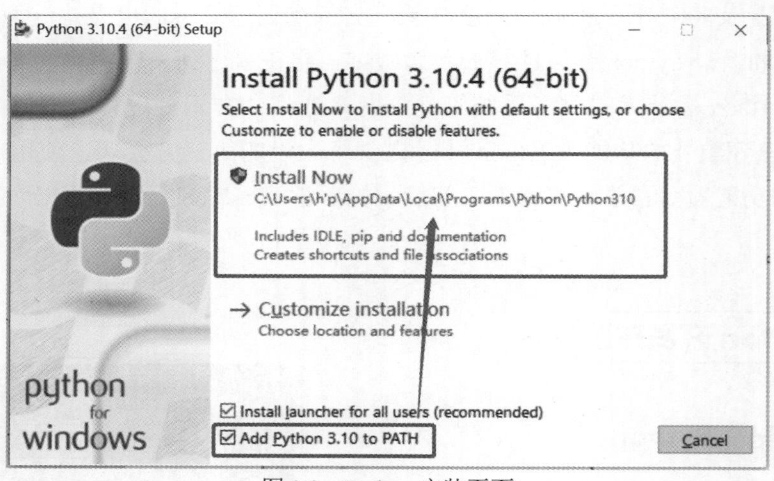

图 2.3　Python 安装页面

接下来检查 Python 是否安装成功。

按 Win+R 组合键，弹出“运行”窗口，输入 cmd 即可弹出“命令提示符”窗口。在“命令提示符”窗口输入以下命令进入 Python 专属界面。

```
Python
```

接着输入以下命令。

```
import this
```

出现图 2.4 所示的内容即代表 Python 已经安装成功。

```
命令提示符 - python
Microsoft Windows [版本 10.0.19045.2251]
(c) Microsoft Corporation。保留所有权利。

C:\Users\xilm631>python
Python 3.10.4 (tags/v3.10.4:9d38120, Mar 23 2022, 23:13:41) [MSC v.1929 64 bit (AMD64)] on win32
Type "help", "copyright", "credits" or "license" for more information.
>>> print('hello world')
hello world
>>>
```

图 2.4　Python 安装成功

2.2.2　使用 Python

安装完成即可在“开始”菜单找到 Python，如图 2.5 所示，在“最近添加”里可以看到与 Python 相关的软件，如 IDLE(Python 3.10 64-bit)。可以通过打开 IDLE 进行简单的 Python 编程，如图 2.6 所示；也可以使用之后介绍的其他开发环境。

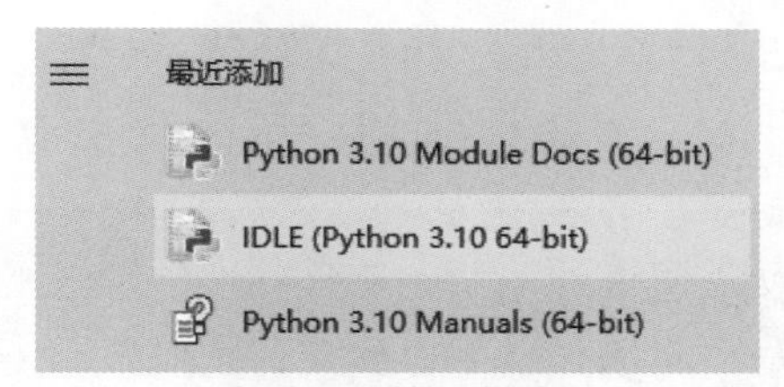

图 2.5　查看“开始”菜单所有应用

```
IDLE Shell 3.10.4
File  Edit  Shell  Debug  Options  Window  Help
    Python 3.10.4 (tags/v3.10.4:9d38120, Mar 23 2022, 23:13:41) [MSC v.1929 64 bit (
    AMD64)] on win32
    Type "help", "copyright", "credits" or "license()" for more information.
>>> print('hello world')
    hello world
>>>
```

图 2.6　IDLE Shell 界面

2.2.3　Jupyter Notebook

视频讲解

Jupyter Notebook 是基于网页的用于交互计算的应用程序，其可被应用于全过程计算，即开发、文档编写、运行代码和展示结果。

Jupyter Notebook 以网页的形式打开，可以在网页页面中直接编写代码和运行代码，代码的运行结果会直接显示在代码块下。如果在编程过程中需要编写说明文档，可在同一个页面中直接编写，便于及时地说明和解释。

在确保计算机已安装 Python2.x 或 3.x 版本的情况下，有两种方法安装 Jupyter Notebook，一种是在“命令提示符”窗口使用 pip 命令安装，另一种则是通过 Anaconda 来安装。

1）在“命令提示符”窗口使用 pip 命令安装 Jupyter Notebook

（1）使用如下命令将 pip 升级到最新版本。

```
pip install --upgrade pip    # 对于 Python 2.x 版本
pip3 install --upgrade pip   # 对于 Python 3.x 版本
```

如果命令行中出现 No module named ‘pip’，需要通过输入以下两条命令修复。

```
Python -m ensurepip
Python -m pip install -upgrade pip
```

（2）输入如下命令安装 Jupyter Notebook。

```
pip install jupyter notebook     # 对于 Python 2.x 版本
pip3 install jupyter notebook    # 对于 Python 3.x 版本
```

当出现图 2.7 所示的内容时，表示 Jupyter Notebook 安装成功。

```
Successfully installed MarkupSafe-2.0.1 Send2Trash-1.8.0 argon2-cffi-21.3.0 argon2-cffi-bindings-21.2.0 asttokens-2.0.5
attrs-21.4.0 backcall-0.2.0 black-21.12b0 bleach-4.1.0 cffi-1.15.0 click-8.0.3 colorama-0.4.4 debugpy-1.5.1 decorator-5.
1.1 defusedxml-0.7.1 entrypoints-0.3 executing-0.8.2 importlib-resources-5.4.0 ipykernel-6.7.0 ipython-8.0.1 ipython-gen
utils-0.2.0 ipywidgets-7.6.5 jedi-0.18.1 jinja2-3.0.3 jsonschema-4.4.0 jupyter-1.0.0 jupyter-client-7.1.2 jupyter-consol
e-6.4.0 jupyter-core-4.9.1 jupyterlab-pygments-0.1.2 jupyterlab-widgets-1.0.2 matplotlib-inline-0.1.3 mistune-0.8.4 mypy
-extensions-0.4.3 nbclient-0.5.10 nbconvert-6.4.1 nbformat-5.1.3 nest-asyncio-1.5.4 notebook-6.4.8 packaging-21.3 pandoc
filters-1.5.0 parso-0.8.3 pathspec-0.9.0 pickleshare-0.7.5 platformdirs-2.4.1 prometheus-client-0.13.0 prompt-toolkit-3.
0.25 pure-eval-0.2.2 pycparser-2.21 pygments-2.11.2 pyrsistent-0.18.1 pywin32-303 pywinpty-2.0.1 pyzmq-22.3.0 qtconsole-
5.2.2 qtpy-2.0.0 stack-data-0.1.4 terminado-0.13.0 testpath-0.5.0 tomli-1.2.3 tornado-6.1 traitlets-5.1.1 typing-extensi
ons-4.0.1 wcwidth-0.2.5 webencodings-0.5.1 widgetsnbextension-3.5.2 zipp-3.7.0
```

图 2.7　安装成功提示

2）通过 Anaconda 安装 Jupyter Notebook

由于 Anaconda 可以自动安装 Jupyter Notebook 及其他工具，以及 Python 中的 180 多个第三方库及其依赖项，使用这种方法可以快速配置好 Python 需要的环境，因此更推荐使用这种方法安装 Jupyter Notebook。

在官方网站下载 Anaconda，其页面如图 2.8 所示。根据计算机系统和 Python 版本下载合适版本，下载完成后双击 .exe 文件进行安装即可。

图 2.8　Anaconda 官方网站下载界面

单击 Get Additional Installers 下的图标查找更多版本，如图 2.9 所示。

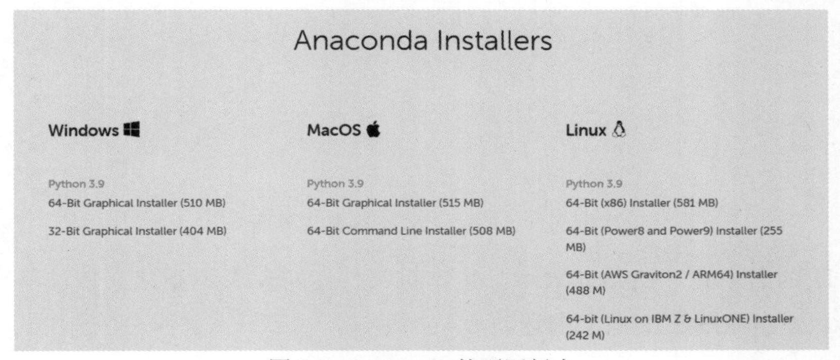

图 2.9　Anaconda 的不同版本

选择图 2.9 中 Windows 下的 64-bit 版本，下载完成后，启动安装程序。安装过程均选择默认选项即可。

构建一个 Python3.10 的虚拟环境步骤如下。

在“命令提示符”窗口输入以下命令（其中 myenv 是这个环境的名称，可以自定义）：

```
conda create -n myenv Python=3.10
```

然后使用以下命令即可进入定义的虚拟环境。

```
activate myenv
```

接下来就可以运行 Jupyter Notebook 软件。

在应用程序中找到 Jupyter Notebook，单击打开，自动跳转网页，浏览器地址栏中默认显示 http://localhost:8888。其中，localhost 指的是本机，8888 则是默认端口号。

如果设置了密码，会出现如图 2.10 所示的界面；如果没有设置密码或第一次使用，会直接出现如图 2.11 所示的主界面。

localhost:8888/login?next=%2Ftree

jupyter

Password: Log in

图 2.10　Jupyter Notebook 登录界面

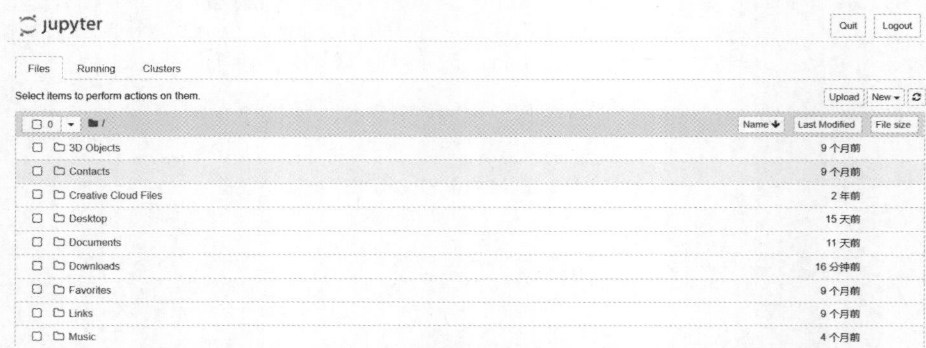

图 2.11　Jupyter Notebook 主界面

在图 2.11 的右上角，Upload 表示上传本机文件，New 表示新建文件。单击图 2.11 右上角的 New，弹出如图 2.12 所示的选项。

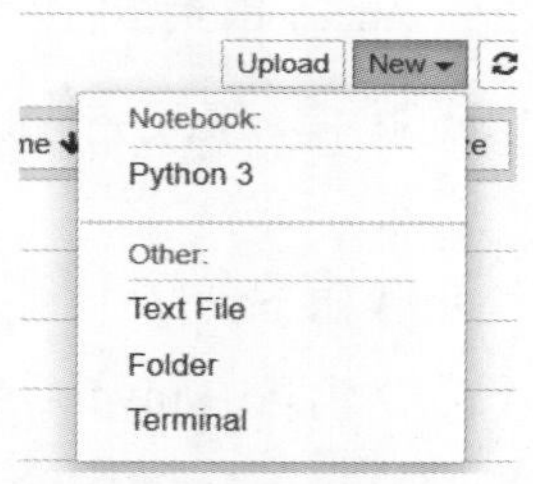

图 2.12　新建 Jupyter Notebook 文件

单击图 2.12 的 Python 3，即可建立 Python 文件，出现如图 2.13 所示的页面，此为 Jupyter Notebook 下的 Python 编程界面。

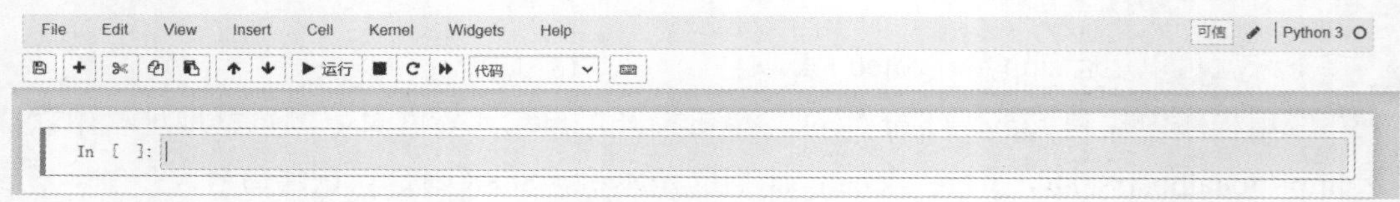

图 2.13　Jupyter Notebook 下的 Python 编程界面

图 2.14 为 NoteBook 的交互界面，可以对文档进行编辑、运行等操作。

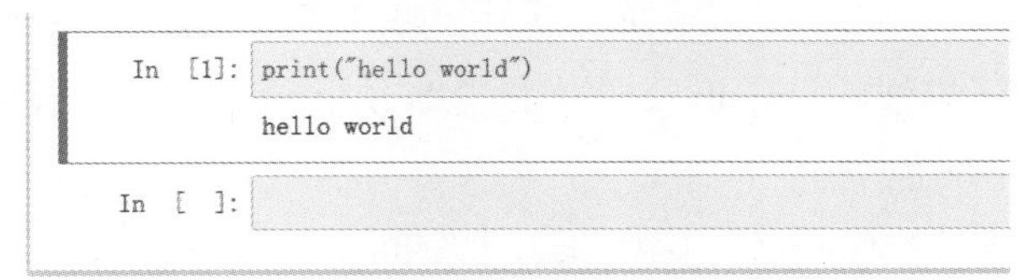

图 2.14　文档编辑及运行示例

2.2.4　Google Colab

❶ 介绍

Colaboratory 简称 Colab，是 Google Research 团队开发的一款产品。在 Colab 中，任何人都可以通过浏览器编写和运行任意 Python 代码。 Colab 尤其适用于机器学习、数据分析和教育等方面。

从技术上说，Colab 是一种托管式 Jupyter Notebook 服务。用户无须设置，就可以直接使用，同时还能获得图形处理单元（Graphics Processing Unit，GPU）等计算资源的免费使用权限。Jupyter 是一个开放源代码项目，而 Colab 是在 Jupyter 的基础上开发的。通过 Colab，用户无须下载、安装或运行任何软件，就可以使用 Jupyter Notebook 并与他人共享。

简而言之，Colab 相当于 Jupyter Notebook 的在线版本，支持 Google Drive 作为云端数据，提供远端 GPU 作为运行的主机，类似于 Jupyter 的代码段，分块实时运行显示结果。

❷ 使用方法

（1）注册 Google 账号。

（2）打开 Google Chrome 搜索 Google Colab，单击进入网址，界面如图 2.15 所示。

图 2.15　Colab 欢迎界面

（3）将本地数据上传到 Google Drive。

单击图 2.16 中图标“ ”进入 Drive，展开“我的云端硬盘”→ Colab Notebooks，从而新建 .ipynb 文件，新建好的 .ipynb 文件如图 2.17 中 test.ipynb 所示；还可以单击“计算机”上传测试数据和本地代码。

注意：所有线上编辑的代码必须保存在云盘空间内，否则下次打开会丢失。

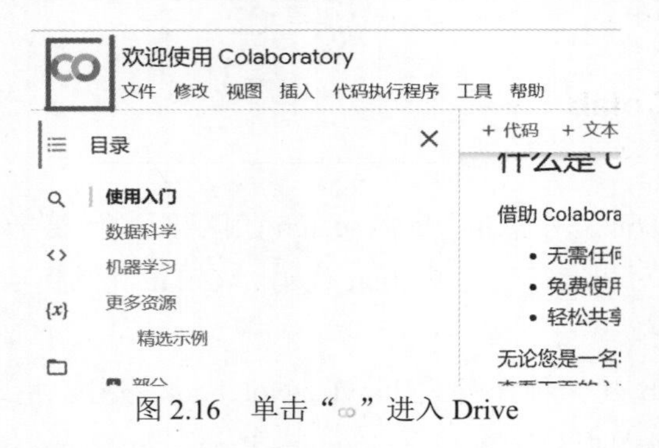

图 2.16　单击“ ”进入 Drive

图 2.17　在云端硬盘下新建 .ipynb 文件

（4）在 Colab 中创建 Python 代码的方法与在 Jupyter Notebook 中的方法一致，分段运行代码段，或者在代码段输入类似于以下的命令行语句。

```
Python    test.ipynb
```

如图 2.18 所示，运行当前 .ipynb 文件（必须为当前文件，否则需要更改路径），可以看到打印出来的信息。

图 2.18　Colab 运行示例

2.2.5　VSCode

视频讲解

❶ 介绍

VSCode 全称 Visual Studio Code，是微软开发的一款轻量级代码编辑器，免费、开源而且功能强大。该编辑器支持几乎所有的主流程序语言，并能实现对语言的语法高亮、智能代码补全、自定义热键、括号匹配、代码片段、代码对比 Diff、GIT 等功能，支持插件扩展。

❷ 安装和使用方法

（1）进入 VSCode 的官方网站，如图 2.19 所示，选择合适的 VSCode 版本下载。

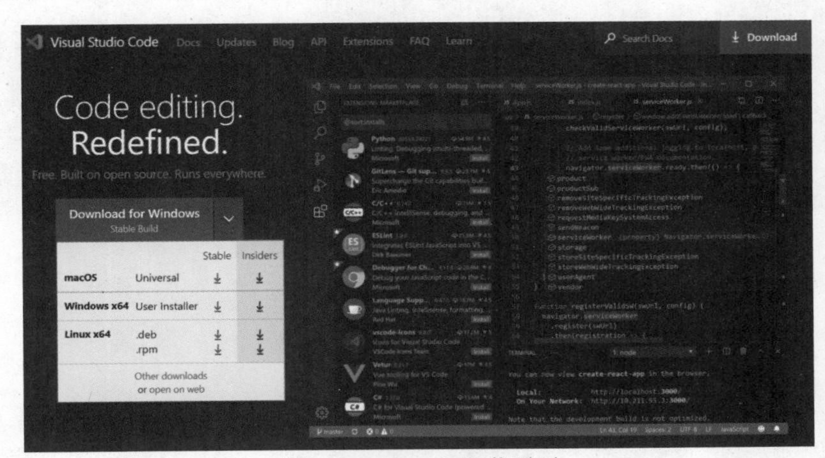

图 2.19　VSCode 下载页面

（2）下载完成后启动安装程序。安装过程均选择默认选项即可。

（3）安装完成后，按照 VSCode 内部提示，先进行主题、语言的基础设置。如果需要进行函数库的安装，可在命令行窗口中使用以下 pip 命令完成。

```
pip install + 所安装库的名字
```

除此之外，还可以在 VSCode 中使用 Python。具体步骤如下所述。

（1）输入以下命令，查看第三方安装包是否正确。

```
pip list
```

输入后，“命令提示符”窗口会显示当前已有的第三方安装包，如图 2.20 所示。

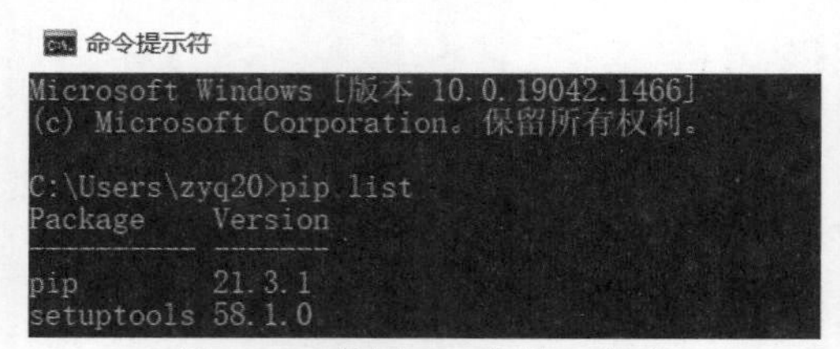

图 2.20　使用 pip 安装函数库

（2）安装 flake8，输入以下命令。

```
pip install flake8
```

成功安装 flake8 显示的消息如图 2.21 所示。

```
C:\Users\zyq20>pip install flake8
Collecting flake8
  WARNING: Retrying (Retry(total=4, connect=None, read=None, redirect=None, status=None)) after connection broken by 'ConnectTimeoutError(<pip._vendor.urllib3.connection.HTTPSConnection object at 0x000002606BFE0EE0>, 'Connection to files.pythonhosted.org timed out. (connect timeout=15)')': /packages/34/39/cde2c8a227abb4f9ce62fe55586b920f438f1d2903a1a22514d0b982c333/flake8-4.0.1-py2.py3-none-any.whl
  Downloading flake8-4.0.1-py2.py3-none-any.whl (64 kB)
     |████████████████████████████████| 64 kB 135 kB/s
Collecting pycodestyle<2.9.0,>=2.8.0
  Downloading pycodestyle-2.8.0-py2.py3-none-any.whl (42 kB)
     |████████████████████████████████| 42 kB 84 kB/s
Collecting mccabe<0.7.0,>=0.6.0
  Downloading mccabe-0.6.1-py2.py3-none-any.whl (8.6 kB)
Collecting pyflakes<2.5.0,>=2.4.0
  Downloading pyflakes-2.4.0-py2.py3-none-any.whl (69 kB)
     |████████████████████████████████| 69 kB 278 kB/s
Installing collected packages: pyflakes, pycodestyle, mccabe, flake8
Successfully installed flake8-4.0.1 mccabe-0.6.1 pycodestyle-2.8.0 pyflakes-2.4.0
```

图 2.21　使用 pip 安装 flake8

（3）安装 yapf，输入以下命令。

```
pip install yapf
```

成功安装 yapf 显示的消息如图 2.22 所示。

```
C:\Users\zyq20>pip install yapf
Collecting yapf
  Downloading yapf-0.32.0-py2.py3-none-any.whl (190 kB)
     |████████████████████████████████| 190 kB 467 kB/s
Installing collected packages: yapf
Successfully installed yapf-0.32.0
```

图 2.22　使用 pip 安装 yapf

（4）配置 VSCode 插件。

打开 VSCode，按下快捷键 Ctrl + Shift + X 进入插件管理页面，搜索 Python，显示如

图 2.23 所示的界面，单击“安装”按钮即可，安装成功后此处显示为“卸载”。

图 2.23　在 VSCode 下安装 Python 插件

（5）配置工作区域。

如图 2.24 所示，单击“设置”（界面左下角）。

图 2.24　VSCode 下单击“设置”

在工作区的 settings.json 中编写如下代码，如图 2.25 所示。

```
{
    "Python.linting.flake8Enabled": true,
    "Python.formatting.provider": "yapf",
    "Python.linting.flake8Args": ["--max-line-length=248"],
    "Python.linting.pylintEnabled": false
}
```

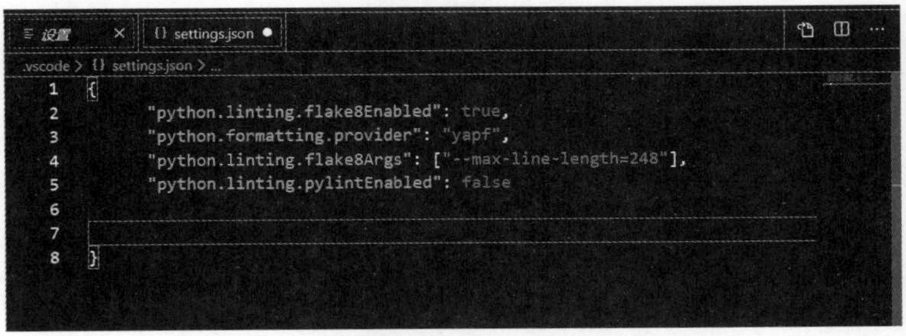

图 2.25　工作区的 settings.json 脚本

（6）将以上 settings.json 脚本进行保存后，开始测试 Python 代码。如图 2.26 所示，编写 Python 脚本验证，单击 F5 键运行。

图 2.26　VSCode 下运行 Python 脚本示例

视频讲解

2.2.6　PyCharm

❶ 简介

PyCharm 是一种 Python 集成开发环境（Integrated Development Environment，IDE），带有一整套可以帮助用户在使用 Python 语言开发时提高其效率的工具，如调试、语法高亮、项目管理、代码跳转、智能提示、自动完成、单元测试、版本控制。此外，该 IDE 提供了一些高级功能，以用于支持 Django 框架下的专业 Web 开发。

❷ 安装和使用方法

1）从网站下载 PyCharm

（1）打开 PyCharm 的官网，如图 2.27 所示，根据计算机系统选择合适的版本，对于 Windows 系统选择图 2.27 中 Community 区域下的 Download 按钮。

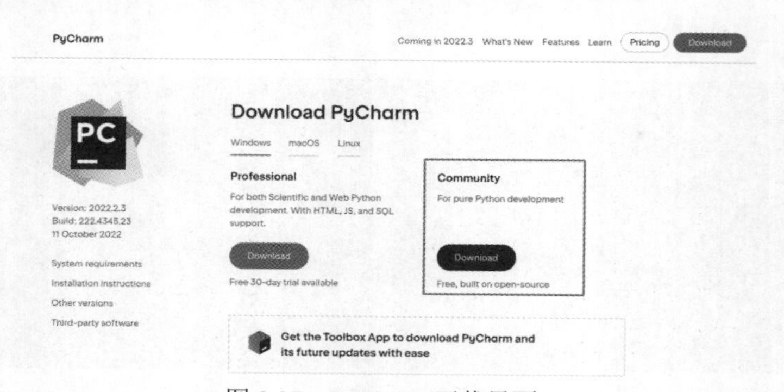

图 2.27　PyCharm 下载界面

（2）下载完成后打开文件夹。

（3）直接双击下载好的 .exe 文件进行安装，弹出如图 2.28 所示的界面。

（4）单击 Next 按钮进入下一步，如图 2.29 所示。

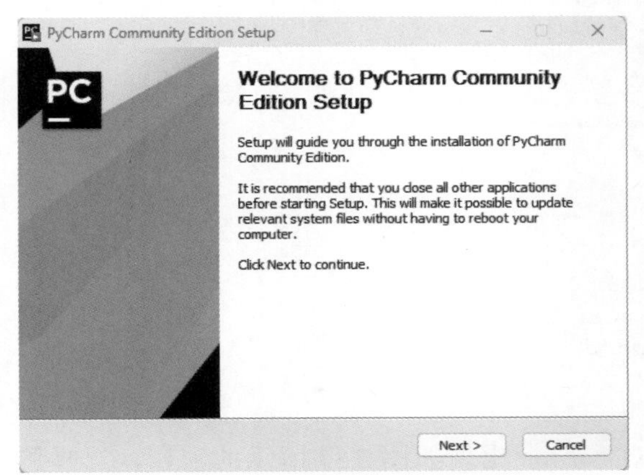

图 2.28　PyCharm 安装开始界面

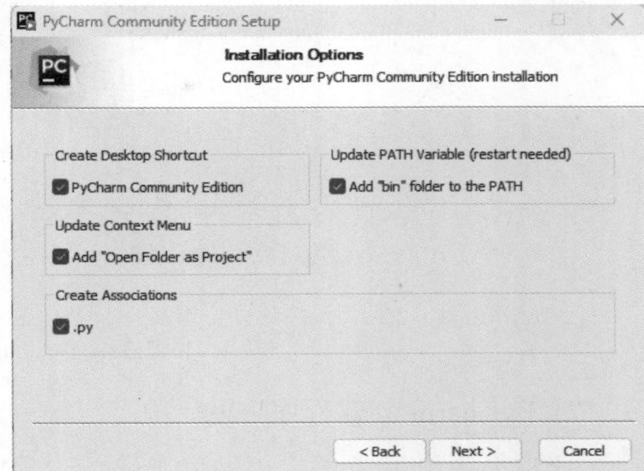

图 2.29　设置安装选项

（5）继续单击 Next 按钮进入下一步，如图 2.30 所示。

（6）单击 Install 按钮进行安装，如图 2.31 所示。

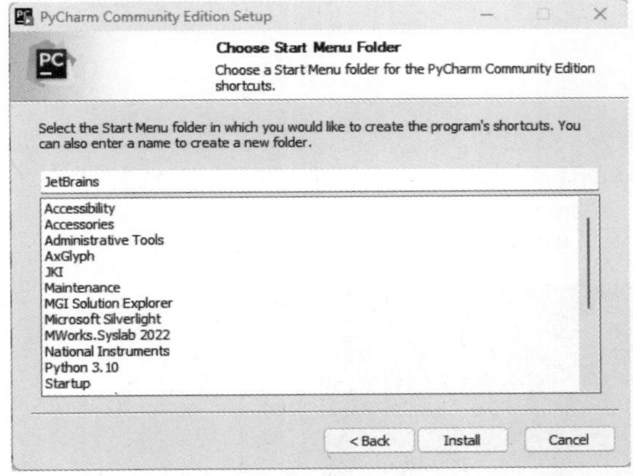

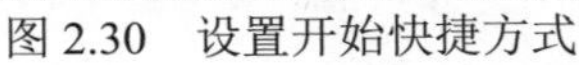

图 2.30　设置开始快捷方式

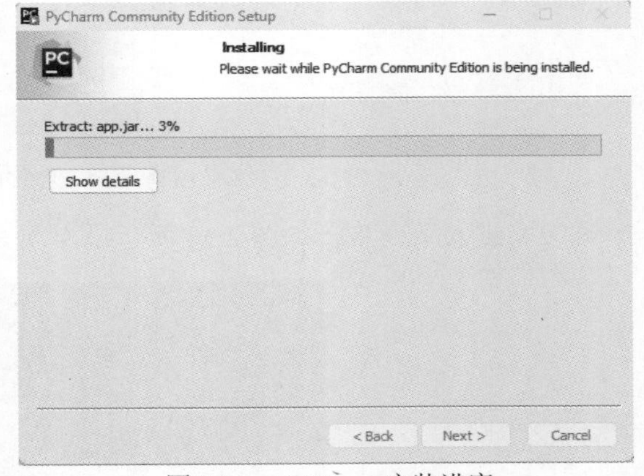

图 2.31　PyCharm 安装进度

（7）安装完成后出现图 2.32 所示的界面，单击 Finish 按钮完成安装。

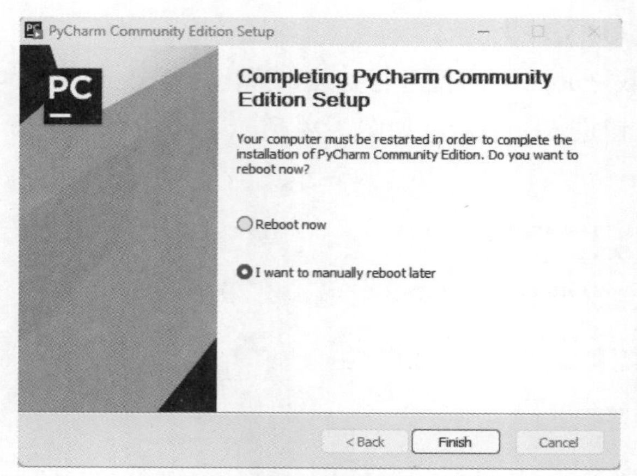

图 2.32　PyCharm 安装完成界面

2) PyCharm 创建程序方法

（1）单击桌面上的 PyCharm 图标进入 PyCharm，出现如图 2.33 所示的窗口，选择第二个选项 Do not import settings，然后单击 OK 按钮。

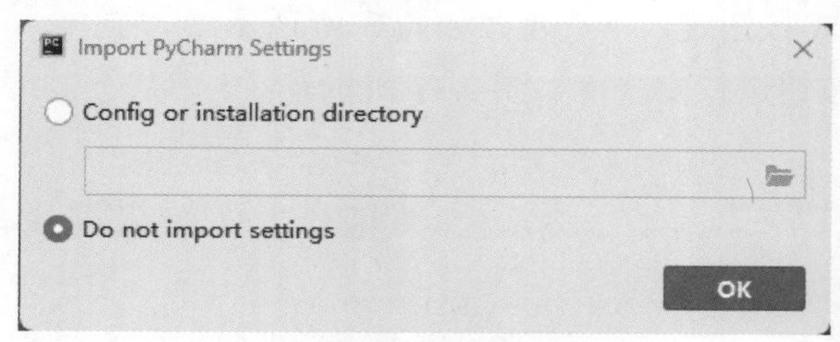

图 2.33　PyCharm 安装设置

（2）进入下一步，如图 2.34 所示，出现 PyCharm 的欢迎界面。

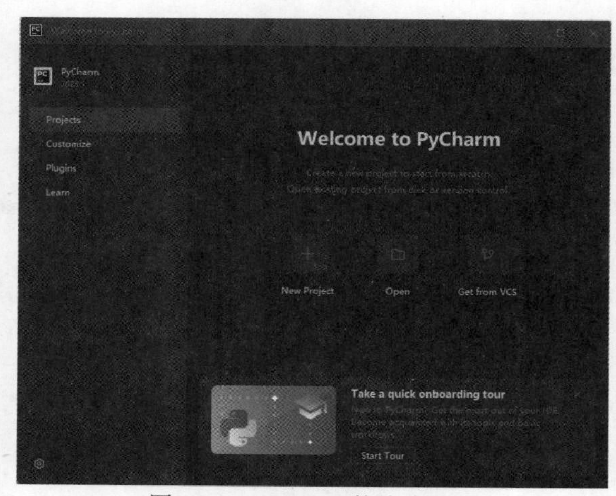

图 2.34　PyCharm 的欢迎界面

（3）单击 Create New Project，进入如图 2.35 所示的界面，在 Base interpreter 中可以选择已经安装好的 Python，Location 可以自定义项目存放目录，选择好后，单击 Create 按钮。

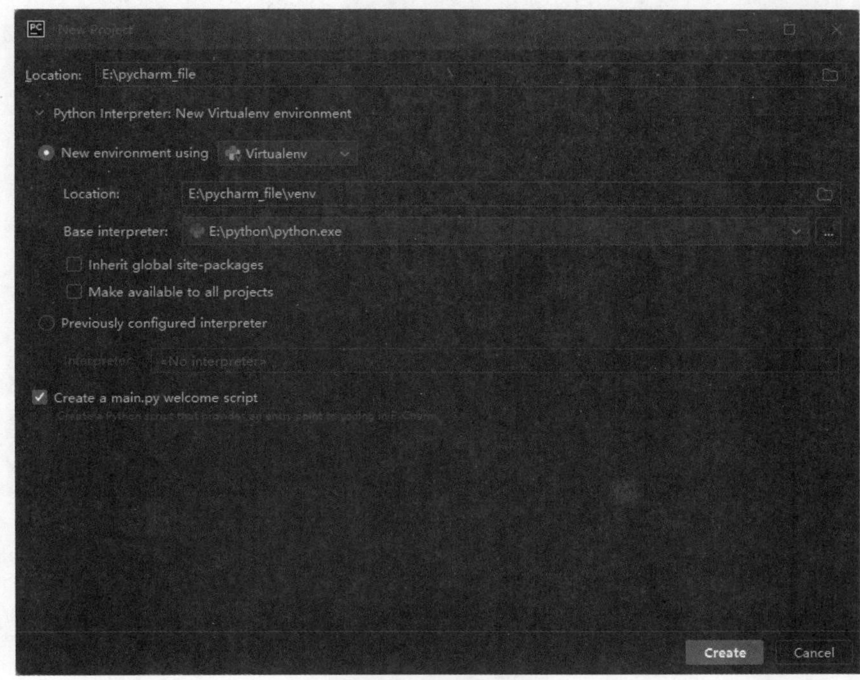

图 2.35　创建新项目

（4）如图 2.36 所示，在进入的界面，鼠标右键单击 pycharm_file 下的文件夹，选择 New，然后选择 Python File，在弹出的框中填写文件名（任意填写）。

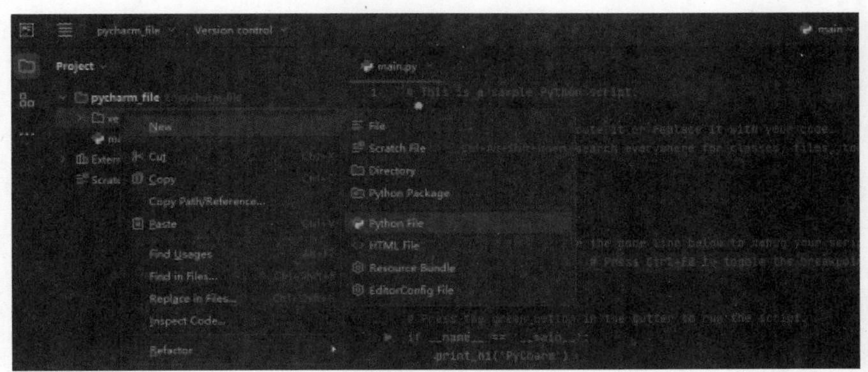

图 2.36　创建一个新的 Python 文件

（5）文件创建成功后进入如图 2.37 所示的界面，便可以编写自己的程序，也可以自己设置背景。

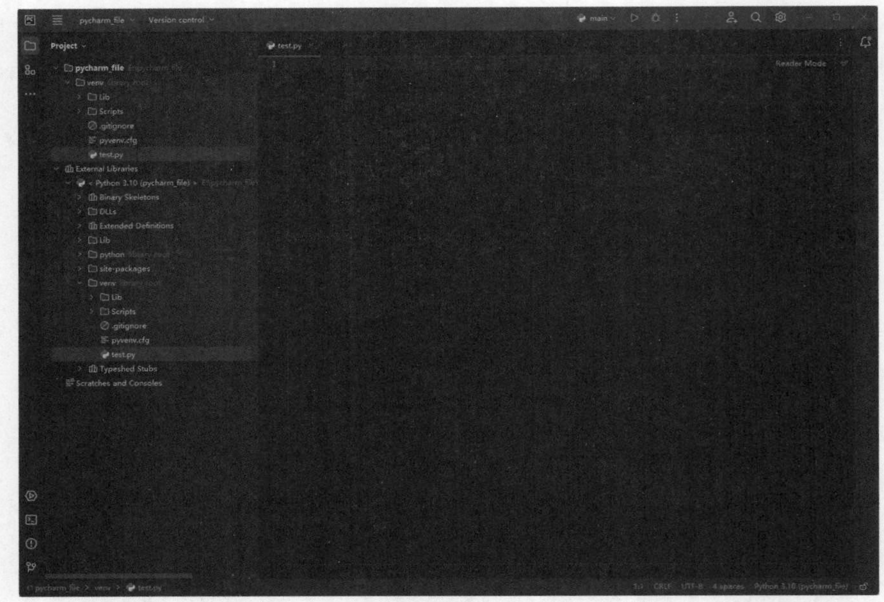

图 2.37　PyCharm 下的 Python 编程环境

视频讲解

2.3　Python 编程基础

Python 是一门开源免费的脚本编程语言，它不仅简单易用，而且功能强大。Python 是一门推崇“极简主义”的编程语言，阅读优秀的 Python 程序就像阅读一段英文，非专业人士也可以使用 Python。

视频讲解

2.3.1　基础语法

Python 语言与 Perl、C 和 Java 等语言有许多相似之处，但也存在一些差异。

❶ 交互式编程

交互式编程不需要创建脚本文件，通过 Python 解释器的交互模式来编写代码。在 Linux 系统中，只需要在命令行中输入 Python 命令即可启动交互式编程。Windows 系统在安装 Python 时已经安装了交互式编程客户端。

❷ 脚本式编程

通过脚本参数调用解释器开始执行脚本，直到脚本执行完毕。当脚本执行完成后，解释器不再有效。所有 Python 文件将以 .py 为扩展名。

❸ Python 标识符

在 Python 中，标识符由字母、数字、下画线组成。

在 Python 中，所有标识符可以包括字母、数字以及下画线，但不能以数字开头。

此外，Python 中的标识符是区分大小写的。

以下画线开头和结尾的标识符是有特殊意义的。以单下画线开头和结尾的 _foo_ 代表不能直接访问的类属性，需通过类提供的接口进行访问，不能用 from xxx import * 导入。

以双下画线开头和结尾的 _foo_ 代表类的私有成员。

Python 可以同一行显示多条语句，方法是在不同语句之间使用分号。

1) Python 保留字符

表 2.1 显示了部分在 Python 中的保留字符，这些保留字符不能用作常量或变量，或任何其他标识符名称。

表 2.1　部分在 Python 中的保留字符

保留字符	含　义	保留字符	含　义	保留字符	含　义
and	逻辑与运算	exec	执行存储在字符串或文件中的 Python 代码	not	逻辑判断词
assert	判断一个表达式，在表达式条件为 false 的时候触发异常	finally	作为 try 语句完成之前的最后一项任务执行	or	逻辑或运算
break	跳过当前循环的一部分或完全脱离循环	for	用作循环	pass	让解释器跳过此处，什么都不做
class	描述具有相同的属性和方法的对象集合	from	从模块中导入特定部分	print	打印输出
continue	跳过当前循环的剩余语句，然后继续进行下一轮循环	global	标识变量是全局变量	raise	支持强制触发指定的异常
def	定义函数	if	控制程序的执行	return	结束函数的执行并返回一个值或多个值
del	删除变量，而不是数据	import	导入其他 Python 文件	try	一种异常处理机制
elif	再次判断	in	成员操作符	while	循环执行程序
else	循环正常结束后要执行的代码	is	判断两个变量引用对象是否为同一个	with	用于异常处理
except	捕获所有异常	lambda	表示内部仅包含 1 行表达式的函数	yield	保存当前程序执行状态

2) 行和缩进

Python 与其他语言的最大区别就是：Python 的代码块不使用花括号 {} 来控制类、函数以及其他逻辑判断。Python 的最大特色就是用缩进来写模块。缩进的空格数量是可变的，但是所有代码块语句必须包含相同的缩进空格数量，这个必须严格执行。Python 对格式要求非常严格。因此，在 Python 的代码块中必须使用相同数目的行首缩进空格。建议在每个缩进层次使用单个制表符或两个空格或 4 个空格，注意不能混用。

3) 多行语句

Python 语句中一般以新行作为语句的结束符。但是可以使用反斜杠（ \ ）将一行的语句分为多行显示。语句中包含 []、{} 或 () 就不需要使用多行连接符。

4) Python 引号

Python 可以使用引号 (')、双引号 (")、三引号 (''' 或 """) 来表示字符串，引号的开始与结束必须是相同类型的。其中，三引号可以由多行组成，编写多行文本的快捷语法，常用于文档字符串，在文件的特定地点被当作注释。

5) Python 注释

Python 中单行注释采用 # 开头。注释可以在语句或表达式行末。Python 中多行注释使用 3 个单引号 (''') 或 3 个双引号 (""")。

6) Python 空行

函数之间或类的方法之间用空行分隔，表示一段新的代码开始。类和函数入口之间也用一行空行分隔，以突出函数入口的开始。

空行与代码缩进不同，空行并不是 Python 语法的一部分。即使编写代码时不插入空行，Python 解释器运行也不会出错。但是空行的作用在于分隔两段不同功能或含义的代码，便于代码的维护或重构。空行是程序代码的一部分。

7) 多个语句构成代码组

缩进相同的一组语句构成一个代码块，称为代码组。像 if、while、def 和 class 这样的复合语句，首行以关键字开始，以冒号 (:) 结束，该行之后的一行或多行代码构成代码组。将首行及后面的代码组称为一个子句 (clause)。

视频讲解

2.3.2 变量类型

变量存储在内存中的值，这就意味着在创建变量时会在内存中开辟一个空间。基于变量的数据类型，解释器会分配指定内存，并决定什么数据可以被存储在内存中。因此，变量可以指定不同的数据类型，这些变量可以存储整数、小数或字符。

❶ Python 数字

数字数据类型用于存储数值。它们是不可改变的数据类型，这意味着改变数字数据类型会分配一个新的对象。当指定一个值时，Number 对象就会被创建。也可以使用 del 语句删除一些对象的引用。Python 支持 4 种不同的数字类型：int（有符号整型）、long（长整型，也可以代表八进制和十六进制）、float（浮点型）和 complex（复数）。复数由实数部分和虚数部分构成，可以用 a + bj 或者 complex(a,b) 表示，复数的实部 a 和虚部 b 都是浮点型。

❷ Python 字符串

字符串或串（String）是由数字、字母、下画线组成的一串字符，它是编程语言中表示文本的数据类型。Python 的字符串列表有两种取值顺序：从左到右索引默认是从 0 开始的，最大范围是到字符串长度减 1 的位置；从右到左索引默认是从 -1 开始的，最大范围是到字符串开头 0 的位置。

如果要实现从字符串中获取一段子字符串的话，可以使用 [头下标 : 尾下标] 来截取相应的字符串，其中下标从 0 开始算起，可以是正数或负数，下标可以为空表示取到头或尾。[头下标 : 尾下标] 获取的子字符串包含头下标的字符，但不包含尾下标的字符。加号（+）是字符串连接运算符，星号（*）是重复操作。

Python 列表截取可以接收第三个参数，参数是截取的步长，作用是截取字符串。

❸ Python 列表

List（列表）是 Python 中使用最频繁的数据类型。列表可以完成大多数集合类的数据结构实现，它支持字符、数字、字符串甚至可以包含列表（即嵌套）。

列表用 [ ] 标识，是 Python 最通用的复合数据类型。列表中值的切割可以用到变量 [头下标 : 尾下标]，从而可以截取相应的列表，从左到右索引默认从 0 开始，从右到左索引默认从 -1 开始，下标可以为空，表示取到头或尾。加号（+）是列表连接运算符，星号（*）是重复操作。

❹ Python 元组

元组（tuple）是另一个数据类型，类似于 List。元组用 () 标识，内部元素用逗号隔开。但是元组不能二次赋值，相当于只读列表。元组是不允许更新的。

❺ Python 字典

字典（dictionary）是 Python 之中除列表以外最灵活的内置数据结构类型。列表是有序的对象集合，字典是无序的对象集合。两者之间的区别在于：字典中的元素是通过键来存取的，而列表中的元素是通过偏移来存取的。字典用“{ }”标识。字典由索引（key）及其对应的值（value）组成。

2.3.3 Python 数据类型转换

常用的 Python 数据类型转换如表 2.2 所示。

表 2.2 常用的 Python 数据类型转换

数据类型	含　义
int(x [,base])	将 x 转换为一个整数
long(x [,base])	将 x 转换为一个长整数

续表

数据类型	含　义
float(x)	将 x 转换为一个浮点数
complex(real [,imag])	创建一个复数
str(x)	将对象 x 转换为字符串
repr(x)	将对象 x 转换为表达式字符串
eval(str)	计算在字符串中的有效 Python 表达式，返回一个对象
tuple(s)	将序列 s 转换为一个元组
list(s)	将序列 s 转换为一个列表
set(s)	将序列 s 转换为可变集合
dict(d)	创建一个字典。d 必须是一个序列 (key,value) 元组
frozenset(s)	将序列 s 转换为不可变集合
chr(x)	将整数 x 转换为字符
unichr(x)	将整数 x 转换为 Unicode 字符
ord(x)	将字符 x 转换为它的整数值
hex(x)	将整数 x 转换为十六进制字符串
oct(x)	将整数 x 转换为八进制字符串

2.3.4　Python 常用函数

Python 中的常用函数有许多，这里给出了其中的一些。

```
math.fabs(x)     #返回x的绝对值
math.fmod(x,y)   #返回x/y的余数，其值为浮点数
math.fsum([x,y,…])      #对括号内每个元素求和，其值为浮点数
math.ceil(x)     #向上取整，返回不小于x的最小整数
math.floor(x)    #向下取整，返回不大于x的最大整数
math.factorial(x)    #返回x的阶乘，如果x是小数或负数，返回ValueError
math.gcd(a,b)     #返回a与b的最大公约数
math.frexp(x)     #x = m * 2^e    返回(m,e)，当x=0，返回(0.0,0)
math.ldexp(x,i)     #x = m * 2^e    返回 x * 2^i的运算值，math.frexp(x)函数的
  #反运算
math.modf(x)     #返回x的小数和整数部分
math.trunc()     #返回x的整数部分
math.pow(x,y)     #返回x的y次幂
math.exp(x)     #返回e的x次幂
math.sqrt(x)     #返回x的平方根
math.log(x[,base])     #返回x的对数值，只输入x时，返回lnx
math.log10(x)     #返回以10为底的x的对数值
math.degree(x)     #将x的弧度值转换为角度值
math.radians(x)     #将x的角度值转换为弧度值
```

```
math.hypot(x,y)     # 返回坐标（x,y）到原点（0,0）的距离
math.sin(x)       # 返回 x 的正弦函数值，x 是弧度值
math.atan2(y,x)     # 返回 y/x 的反正切函数值
math.sinh(x)      # 返回 x 的双曲正弦函数值
math.erf(x)     # 高斯误差函数
math.erfc(x)      # 余补高斯误差函数
math.gamma(x)      # 伽马函数，也叫欧拉第二积分函数
math.lgamma(x)      # 伽马函数的自然对数
```

Python 提供对于复数运算的支持，复数在 Python 中的表达式为 C == c.real+c.imag*j，复数 C 由它的实部和虚部组成。对于复数，Python 支持它的加减乘除运算，同时提供了 cmath 模块对其他复杂运算进行支持。

cmath 模块中的 polar() 方法和 rect() 方法可以对复数进行极坐标表示和笛卡儿表示方法的转换。复数的指数函数为 cmath.exp(x), 用来求解 e^x 表达式。cmath.log(x[,base]) 求以 base 为底的 x 的对数。cmath.log10(x) 求以 10 为底的 x 的对数。cmath.sqrt(x) 求 x 的平方根。

2.3.5 Python 运算符

Python 中的运算符包括算术运算符、比较运算符、赋值运算符、位运算符、逻辑运算符、成员运算符和身份运算符，它们之间有不同的运算优先级。

❶ Python 算术运算符

Python 算术运算符如表 2.3 所示。

表 2.3　Python 算术运算符

运　算　符	含　　义
+	加：两个对象相加
—	减：得到负数或一个数减去另一个数
*	乘：两个数相乘或返回一个被重复若干次的字符串
/	除：x/y 即 x 除以 y
%	取模：返回除法的余数
**	幂：x**y 即 x 的 y 次幂
//	取整除：返回商的整数部分（向下取整）

❷ Python 比较运算符

Python 比较运算符如表 2.4 所示。

表 2.4　Python 比较运算符

运　算　符	含　　义
==	等于：比较对象是否相等
!=	不等于：比较两个对象是否不相等

续表

运 算 符	含 义
>	大于：x ＞ y 即返回 x 是否大于 y
<	小于：x ＜ y 即返回 x 是否小于 y
>=	大于或等于：x ≥ y 即返回 x 是否大于或等于 y
<=	小于或等于：x ≤ y 即返回 x 是否小于或等于 y

❸ Python 赋值运算符

Python 常用的赋值运算符如表 2.5 所示。

表 2.5 Python 常用的赋值运算符

运 算 符	含 义
=	简单的赋值运算符
+=	加法赋值运算符
－=	减法赋值运算符
*=	乘法赋值运算符
/=	除法赋值运算符
%=	取模赋值运算符
**=	幂赋值运算符
//=	取整除赋值运算符
:=	海象运算符，可在表达式内部为变量赋值

❹ Python 位运算符

Python 常用的位运算符如表 2.6 所示。

表 2.6 Python 常用的位运算符

运算符	含 义
&	按位与运算符：参与运算的两个值，如果两个相应位都为 1，则该位的结果为 1，否则为 0
|	按位或运算符：只要对应的两个二进位有一个为 1 时，结果位就为 1
^	按位异或运算符：当两对应的二进位相异时，结果为 1
~	按位取反运算符：对数据的每个二进制位取反，即 1 变为 0，0 变为 1
<<	左移动运算符：运算数的各二进位全部左移若干位，由“<<”右边的数指定移动的位数，高位丢弃，低位补 0
>>	右移动运算符：把“>>”左边的运算数的各二进位全部右移若干位，“>>”右边的数指定移动的位数

❺ Python 逻辑运算符

Python 常用的逻辑运算符如表 2.7 所示。

表 2.7　Python 常用的逻辑运算符

运　算　符	含　　义
and	布尔“与”：如果 x 为 False，x and y 返回 x 的值，否则返回 y 的计算值
or	布尔“或”：如果 x 是 True，x or y 返回 x 的值，否则返回 y 的计算值
not	布尔“非”：如果 x 为 True，返回 False；如果 x 为 False，它返回 True

⑥ Python 成员运算符

Python 常用的成员运算符如表 2.8 所示。

表 2.8　Python 常用的成员运算符

运　算　符	含　　义
in	如果在指定的序列中找到值返回 True，否则返回 False
not in	如果在指定的序列中没有找到值返回 True，否则返回 False

⑦ Python 身份运算符

Python 常用的身份运算符如表 2.9 所示。

表 2.9　Python 常用的身份运算符

运　算　符	含　　义
is	is 判断两个标识符是不是引用自同一个对象
is not	is not 判断两个标识符是不是引用自不同对象

⑧ Python 运算符优先级

表 2.10 列出了从最高到最低优先级的所有运算符，相同单元格内的运算符具有相同优先级。运算符均指二元运算，除非特别指出。

表 2.10　Python 运算符优先级（从高到低）

运　算　符	含　　义
**	乘方（指数）
+x, -x, ~x	正，负，按位非 NOT
*, @, /, //, %	乘，矩阵乘，除，整除，取余
+, －	加和减
<<, >>	移位
&	按位与 AND
^	按位异或 XOR
|	按位或 OR
in,not in, is,is not, <, <=, >, >=, !=, ==	比较运算，包括成员检测和标识号检测
not x	逻辑非 NOT
and	逻辑与 AND
or	逻辑或 OR
if — else	条件表达式
lambda	lambda 表达式
:=	赋值表达式

视频讲解

2.3.6 条件语句

Python 条件语句通过一条或多条语句的执行结果（True 或者 False）来决定执行的代码块，指定任何非 0 和非空（null）值为 true，0 或者 null 为 false。

Python 语言中 if 语句用于控制程序的执行，基本形式为：

```
if 判断条件:
    执行语句……
else:
    执行语句……
```

其中，“判断条件”成立（非零）时，执行后面的语句，而执行内容可以多行，以缩进来区分表示同一范围；else 为可选语句，当判断条件不成立时，执行相关语句。

if 语句的判断条件可以用 >（大于）、<（小于）、==（等于）、>=（大于或等于）、<=（小于或等于）来表示其关系。当判断条件为多个值时，可以使用以下形式：

```
if 判断条件 1:
    执行语句 1……
elif 判断条件 2:
    执行语句 2……
elif 判断条件 3:
    执行语句 3……
else:
    执行语句 4……
```

由于 Python 并不支持 switch 语句，所以多个条件判断，只能用 elif 来实现。如果判断需要多个条件需同时判断时，可以使用 or（或），表示两个条件有一个成立时判断条件成立；使用 and（与）时，表示只有两个条件同时成立的情况下，判断条件才成立。当 if 有多个条件时，可使用括号来区分判断的先后顺序，括号中的判断优先执行，此外 and 和 or 的优先级低于 >（大于）、<（小于）等判断符号，即大于和小于在没有括号的情况下会比与、或要优先判断。

视频讲解

2.3.7 循环语句

Python 有两个原始循环命令：while 和 for。

❶ while

使用 while 循环，只要条件为真就可以执行一组语句。

调用格式形如：

```
while 判断条件:
    执行语句……
```

当判断条件为假（false）时，循环结束。

❷ for

for 循环用于迭代遍历序列（即列表、元组、字典、集合或字符串）。

调用格式形如：

```
for 迭代变量 in 序列 :
    执行语句……
```

如果需要循环一组代码指定的次数，可以使用 range() 函数，range() 函数返回一个数字序列，默认情况下从 0 开始递增，直到括号内指定的数字（不包括该数字）结束。

例如，range(10) 表示值为 0 到 9。range() 函数默认 0 为起始值，还可通过添加参数来指定起始值，如 range(3,10) 表示值为 3 到 9。

❸ **循环嵌套**

循环嵌套是循环内的循环。“外循环”每迭代一次，“内循环”将执行一次。

可以在循环体内嵌入其他的循环体，在 while 循环中可以嵌入 for 循环，在 for 循环中也可以嵌入 while 循环。

2.3.8 中断语句

使用 break 语句，可以直接退出循环。即使循环条件为 True 或者序列还没被完全递归完，也会停止执行循环语句。

使用 continue 语句，可以停止当前的迭代，并继续下一轮循环。

二者的区别在于，continue 语句跳出本次循环，而 break 跳出整个循环。

2.3.9 pass 语句

pass 是空语句，是为了保持程序结构完整性的占位语句。

如果循环条件为 True 时，循环体内不需要执行任何语句，需使用 pass 语句来避免程序抛出错误。

2.3.10 函数

视频讲解

❶ **函数定义**

函数是一种仅在调用时运行的代码块。可以将数据（称为参数）传递到函数中，函数处理参数并可返回结果。

书写规则如下。

- 使用 def 关键字定义函数，后接函数名称和圆括号。
- 任何传入参数和自变量都放在圆括号中间。信息可以作为参数传递给函数。可以根据需要添加任意数量的参数，使用逗号分隔。

- 函数内容以冒号起始，并且缩进。
- 使用 return 语句退出函数，并返回一个表达式。不带表达式的 return 相当于返回 None。

格式形如（方括号表示内容可省略）：

```
def 函数名（ 形参 ）:
执行语句……
    return ［表达式］
```

❷ 函数调用

使用函数名称后跟括号来表示调用函数，括号内容由创建函数时的定义决定。

格式形如：

```
函数名（实参）
```

❸ 参数传递

发送到函数的参数可以是任何数据类型（字符串、数字、列表、字典等），并且在函数内该参数的数据类型不变。变量没有类型。

Python 函数的参数传递分为可更改对象和不可更改对象。

不可变类型有整数、字符串、元组。例如函数 fun(a)，a 是整数，传递的只是 a 的值，没有影响 a 对象本身。在函数内部修改 a 的值，只是修改参数传递时复制的另一个对象，不会影响 a 本身。

可变类型有列表、字典。例如 fun(la)，la 是列表，这是将 la 真正地传过去，在函数内修改 la 后，函数外部的 la 也会随之改变。

❹ 参数分类

调用函数时可使用的正式参数类型有：必备参数、关键字参数、默认参数、不定长参数。

必备参数必须按照定义时的参数顺序依次传入函数，调用时的数量必须和声明时的一样，如下所示。

```
#函数定义
def fun(a,b)
print("a=",a)
print("b=",b)
#函数调用，按顺序传入，1 传给 a，2 传给 b
fun(1,2)
```

关键字参数允许函数调用时参数的顺序与声明时不一致，Python 解释器使用参数名匹配参数值，如下所示。

```
# 函数定义
def fun(a,b)
    print("a=",a)
print("b=",b)
# 函数调用
fun(b=1,a=2)
```

定义函数时，可以给某个参数赋一个默认值，具有默认值的参数即**默认参数**。调用函数时，默认参数的值如果没有传入，则被认为是默认值，如下所示。

```
# 函数定义，b 是默认参数
def fun(a,b=2)
    print("a=",a)
print("b=",b)
# 函数调用
fun(b=3,a=1)  # 输出 a=1 b=3
fun(a=1)  # 输出 a=1 b=2
```

当函数需要处理的参数个数不确定时，可使用**不定长参数**。不定长参数只能放在形参的最后位置。接收元组时参数名（一般为“args”）前加一个“*”，接收字典时参数名（一般为“kwargs”）前加两个“*”，如下所示。

```
# 函数定义，不定长参数为元组
def num(a,b,*args):
print(a)
print(b)
print(args)
# 函数调用
num(11,22,33,44)
```

输出结果为：

```
11
22
(33,44)
```

❺ 匿名函数

匿名函数指一类无须定义标识符的函数或子程序。Python 用 lambda 语法定义匿名函数，只需用表达式而无须申明。lambda 函数可以接受任意数量的参数，但只能有一个表达式，格式形如：

```
lambda [arg1 [,arg2,...,argn]]:表达式
```

⑥ 变量类型及作用域

作用域指变量的有效范围，就是变量可以在哪个范围内使用。有些变量可以在整段代码的任意位置使用，有些变量只能在函数内部使用。

变量的作用域由变量的定义位置决定，在不同位置定义的变量，它的作用域不同。两种最基本的变量作用域：全局变量与局部变量。

在函数内部定义的变量，只能在其被声明的函数内部访问，函数外部不能使用，这样的变量被称为局部变量。

在所有函数的外部定义的变量被称为全局变量，可以在整个程序范围内访问。

示例如下：

```
total = 0 # 这是一个全局变量
def sum( arg1, arg2 ):
    total = arg1 + arg2 #total 在这里是局部变量
print(" 函数内是局部变量 : ", total)
    return total

# 调用 sum 函数
sum( 10, 20 )
print(" 函数外是全局变量 : ", total)
```

输出结果为：

```
函数内是局部变量 :  30
函数外是全局变量 :  0
```

2.3.11　模块和包

① 模块

模块可以理解为是对代码更高级的封装，即把能够实现某一特定功能的代码编写在同一个 .py 文件中，并将其作为一个独立的模块，这样既可以方便其他程序或脚本导入并使用，同时还能有效避免函数名和变量名发生冲突。模块能定义函数、类和变量，模块里也能包含可执行的代码。

② 模块的引入

模块可以被别的程序引入，以使用该模块中的函数等功能，这也是使用 Python 标准库的方法。使用 import 语句为当前程序导入模块。

```
import 模块名 1[, 模块名 2[,... 模块名 N]]
```

结合 from 语句，从模块中导入一个指定的部分到当前命名空间中。具体语法如下。

```
from 模块名 import 成员名1[, 成员名2[, ... 成员名N]]
```

把一个模块的所有内容全都导入当前的命名空间，使用如下声明。

```
from 模块名 import *
```

③ 制作自己的模块文件

将所需代码保存在文件扩展名为 .py 的文件中以创建模块。

④ 包

包是一个分层次的文件目录结构，它定义了一个由模块和子包以及子包下的子包等组成的 Python 的应用环境。

简单来说，包就是一个目录，里面存放了 .py 文件，外加一个 _init_.py 文件。_init_.py 用于标识当前文件夹是一个包，该文件的内容可以为空。

⑤ 包的引入

包的本质是模块，因此导入模块的语法同样适用于导入包。无论导入自定义的包，还是导入从别处下载的第三方包，导入方法可归结为以下 3 种。

```
import 包名[.模块名 [as 别名]] # 方法1
from 包名 import 模块名 [as 别名] # 方法2
from 包名.模块名 import 成员名 [as 别名] # 方法3
```

2.4 基于 NumPy 的数值计算

2.4.1 NumPy 简介

NumPy 是 Python 的一种开源的数值计算扩展。这种工具可用来存储和处理大型矩阵，比 Python 自身的嵌套列表结构（nested list structure）（该结构也可以用来表示矩阵（matrix））要高效得多，支持大量的维度数组与矩阵运算，此外针对数组运算提供大量的数学函数库。

2.4.2 安装 NumPy

具体步骤如下所述。

（1）按 Win+R 组合键，输入 cmd 打开“命令提示符”窗口。

（2）输入命令 pip install numpy，完成 NumPy 包安装。

（3）若安装过程中出现图 2.38 所示的 Warning 提醒，通过对 pip 进行更新可解决，更新命令为 python -m pip install --upgrade pip。若出现图 2.38 所示的 Successfully uninstalled pip- 版本号，即为成功。

```
C:\WINDOWS\system32\cmd.exe - python -m pip install --upgrade pip
Microsoft Windows [版本 10.0.22000.434]
(c) Microsoft Corporation。保留所有权利。

C:\Users\Nick>pip install numpy
Collecting numpy
  Downloading numpy-1.22.1-cp39-cp39-win_amd64.whl (14.7 MB)
     ████████████████████████████████ 14.7 MB 547 kB/s
Installing collected packages: numpy
Successfully installed numpy-1.22.1
WARNING: You are using pip version 21.2.4; however, version 21.3.1 is available.
You should consider upgrading via the 'C:\Users\Nick\AppData\Local\Programs\Python\Python39\python.exe -m pip install --upgrade pip' command.

C:\Users\Nick>python -m pip install --upgrade pip
Requirement already satisfied: pip in c:\users\nick\appdata\local\programs\python\python39\lib\site-packages (21.2.4)
Collecting pip
  Downloading pip-21.3.1-py3-none-any.whl (1.7 MB)
     ████████████████████████████████ 1.7 MB 726 kB/s
Installing collected packages: pip
  Attempting uninstall: pip
    Found existing installation: pip 21.2.4
    Uninstalling pip-21.2.4:
      Successfully uninstalled pip-21.2.4
```

图 2.38　NumPy 安装

NumPy 安装完成后，在命令行中输入 python，通过以下命令生成单位矩阵可测试 NumPy 库能否正常使用，出现图 2.39 所示的 array 即为测试成功。

```
>>>from numpy import *
>>>eye(4)
```

```
C:\Users\Nick>python
Python 3.9.9 (tags/v3.9.9:ccb0e6a, Nov 15 2021, 18:08:50) [MSC v.1929 64 bit (AMD64)] on win32
Type "help", "copyright", "credits" or "license" for more information.
>>> import numpy as ny
>>> eye(4)
Traceback (most recent call last):
  File "<stdin>", line 1, in <module>
NameError: name 'eye' is not defined
>>> from numpy import *
>>> eye(4)
array([[1., 0., 0., 0.],
       [0., 1., 0., 0.],
       [0., 0., 1., 0.],
       [0., 0., 0., 1.]])
>>>
```

图 2.39　NumPy 测试

视频讲解

2.4.3 数组创建

❶ 数组

NumPy 中的数组是一个值网格，所有类型都相同，并由非负整数元组索引。 维数是数组的排名，数组的形状是一个整数元组，给出了每个维度的数组大小。

视频讲解

说明：NumPy 中的基本变量类型。

函数：array()。

实例：创建一个大小为 2×3 的二维数组，由 4 字节的整型元素组成。

```
>>> x = np.array([[1, 2, 3], [4, 5, 6]], np.int32)
>>> type(x)        # 返回对象类型
```

```
<class 'numpy.ndarray'>
>>> x.shape      # 返回数组形状
(2, 3)
>>> x.dtype      # 返回数组元素类型
dtype('int32')
```

② 创建数组

指定数组特征，创建一个任意大小维数。

说明： 返回一个数组对象。

实例： 常用的数组创建函数。

```
>>> import numpy as np

>>> a = np.zeros((2,2))    # 创建全 0 数组
>>> print("a = ")
>>> print(a)

>>> b = np.ones((1,2))     # 创建全 1 数组
>>> print("b = ")
>>> print(b)

>>> c = np.full((2,2), 7)   # 创建常数数组
>>> print("c = ")
>>> print(c)

>>> d = np.eye(2)          # 创建 n 维对角数组
>>> print("d = ")
>>> print(d)

>>> e = np.random.random((2,2))   # 创建随机数组
>>> print("e = ")
>>> print(e)

>>> f = np.arrange(0,10,1) # 创建从 0 到 9，间隔为 1 的等差数列
>>> print("f = ")
>>> print(f)

>>> g = np.linspace (0,9,10) # 创建从 0 到 9，含有 10 个元素的等差数列
>>> print("g = ")
>>> print(g)
输出：
a =
[[0. 0.]
```

```
 [0. 0.]]
b =
[[1. 1.]]
c =
[[7 7]
 [7 7]]
d =
[[1. 0.]
 [0. 1.]]
e =
[[0.94310249 0.39902715]
 [0.71982074 0.43460291]]
f =
[0 1 2 3 4 5 6 7 8 9]
g =
[0 1 2 3 4 5 6 7 8 9]
```

视频讲解

2.4.4 元素访问

① 基本索引（访问单元素）

数组的单元素索引的工作方式与其他标准 Python 序列的工作方式完全相同。它从 0 开始，并接受从数组末尾开始索引的负索引。

说明：索引为整数。

实例：通过索引访问数组中的指定元素。

```
# 一维数组
>>> x = np.arange(10) # x = [0 1 2 3 4 5 6 7 8 9]
>>> x[2]
输出：
2
>>> x[-2]
输出：
8
# 多维数组
>>> x.shape = (2, 5)  # x = [[0 1 2 3 4]
[5 6 7 8 9]]
>>> x[1, 3] # x 第二行第四列元素
输出：
8
>>> x[1, -1] # x 第二行最后一列元素
输出：
9
```

```
# 注意，如果传入的指定索引数小于数组的维度，则会得到一个子维度数组
（类似于切片索引）
>>> x[0] # x 的第一子维度数组
输出：
array([0, 1, 2, 3, 4])

# 与 C 语言类似，二维数组也可以采取以下形式访问元素，x[0, 2]==x[0][2]
# 注意，第二种情况效率更低，因为程序在第一个索引之后创建一个新的临时数组
>>> x[0][2] # x 第一行第三列元素
输出：
2
```

❷ 切片索引（访问多元素）

与标准 Python 序列类似，可以使用冒号（:）对 NumPy 的数组进行切片。由于数组可能是多维的，因此必须为数组的每个维度指定一个切片。

说明 1：基本的切片语法是 i:j:k，其中 i 是开始索引，j 是停止索引，k 是步长。该语句将选择索引值为 i，i+k，…，i+（m−1）k 的 m 个元素（在相应维度中），其中 q 和 r 是通过将 j−i 除以 k 得到的商和余数（j−i=q*k+r），因此 i+（m−1）k<j。

实例：访问多维数组中某一维度所有元素。

```
>>> x = np.array([0, 1, 2, 3, 4, 5, 6, 7, 8, 9])
>>> x[1:7:2]
输出：
array([1, 3, 5])
```

说明 2：可以将基本索引与切片索引混合使用。但是，这样做会产生比原始数组更低级别的数组，这与 MATLAB 处理数组切片的方式完全不同。

实例：基本索引与切片索引混合使用。

```
>>> x = np.array([[1,2,3,4], [5,6,7,8], [9,10,11,12]])
>>> x[1, :]    # Rank 1 view of the second row of a
输出：
[5 6 7 8] # 一维数组
>>> x[1:2, :]  # Rank 2 view of the second row of a
输出：
[[5 6 7 8]] # 大小为 1×4 的二维数组
```

2.4.5 数组基本运算

视频讲解

❶ 元素运算

数组的算术运算按元素执行。创建一个新数组，并用计算结果填充。

说明：算术运算指加减乘除四则运算和简单的函数映射。

实例：数组算术运算。

```
>>> a = np.array([20, 30, 40, 50])
>>> b = np.arange(4)  # [0,1,2,3]
>>> a - b
输出：
array([20, 29, 38, 47])
>>> b**2 # == b*b 即 b 中元素的平方
输出：
array([0, 1, 4, 9])
>>> 10 * np.sin(a) # 10sin(a)
输出：
array([ 9.12945251, -9.88031624,  7.4511316 , -2.62374854])
>>> a < 35
输出：
array([ True,  True, False, False])

# 当使用不同类型的数组进行操作时，结果数组的类型对应于更一般或更精确的类型（一种称为向
# 上转换的行为）
>>> a = np.ones(3, dtype=np.int32) # 元素为 int 型
>>> b = np.linspace(0, pi, 3) # 元素为 float 型
>>> b.dtype.name
输出：
'float64'
>>> c = a + b
>>> c
输出：
array([1.        , 2.57079633, 4.14159265])
>>> c.dtype.name
输出：
'float64'
>>> d = np.exp(c * 1j)
>>> d
输出：
array([ 0.54030231+0.84147098j, -0.84147098+0.54030231j,
       -0.54030231-0.84147098j])
>>> d.dtype.name
'complex128'
```

❷ 矩阵运算

与许多矩阵语言不同，乘积运算符（*）在 NumPy 数组中按元素操作。可以使用 @ 运算符或点函数等方法执行矩阵乘积。

说明：@ 运算符需要 Python 版本 3.5 以上。

实例：数组矩阵运算。

```
>>> A = np.array([[1, 1],
                  [0, 1]])
>>> B = np.array([[2, 0],
                  [3, 4]])
>>> A * B      # 按元素相乘
输出：
array([[2, 0],
       [0, 4]])
>>> A @ B      # 矩阵相乘
输出：
array([[5, 4],
       [3, 4]])
>>> A.dot(B)   # 另一种矩阵相乘的形式
输出：
array([[5, 4],
       [3, 4]])
```

③ 其他常用运算

函数：sum()。

说明：对数组中所有元素求和，然而通过指定维度参数（axis=n），可以仅沿数组的指定维度 n 应用操作。

实例：数组求和运算。

```
>>> a = rg.random((2, 3))
>>> a
输出：
array([[0.82770259, 0.40919914, 0.54959369],
       [0.02755911, 0.75351311, 0.53814331]])
>>> a.sum()
输出：
3.1057109529998157
>>> a.sum(axis = 1)
输出：
array([1.78649542, 1.31921553])
```

函数：min()。

说明：求数组中所有元素的最小值，然而通过指定维度参数（axis=n），可以仅沿数组的指定维度 n 应用操作。

实例：数组求最小值运算。

```
>>> a = rg.random((2, 3))
>>> a
输出：
array([[0.82770259, 0.40919914, 0.54959369],
       [0.02755911, 0.75351311, 0.53814331]])
>>> a.min()
输出：
0.027559113243068367
>>> a.min(axis = 1)
输出：
array([0.40919914, 0.02755911])
```

函数：max()。

说明：求数组中所有元素的最大值，然而通过指定维度参数（axis=n），可以仅沿数组的指定维度 n 应用操作。

实例：数组求最大值运算。

```
>>> a = rg.random((2, 3))
>>> a
输出：
array([[0.82770259, 0.40919914, 0.54959369],
       [0.02755911, 0.75351311, 0.53814331]])
>>> a.max()
输出：
0.8277025938204418
>>> a.max(axis = 1)
输出：
array([0.82770259, 0.75351311])
```

函数：exp()。

说明：求数组中所有元素的指数。

实例：数组求指数运算。

```
>>> a = np.arange(3) # a = [0, 1, 2]
>>> np.exp(a)
输出：
array([1.        , 2.71828183, 7.3890561 ])
```

函数：sqrt()。

说明：求数组中所有元素的平方根。

实例：数组求平方根运算。

```
>>> a = np.arange(3) # a = [0, 1, 2]
>>> np.sqrt(a)
输出:
array([0.        , 1.        , 1.41421356])
```

2.5 基于 SciPy 的数值计算

2.5.1 SciPy 简介

SciPy 是一个开源的 Python 算法库和数学工具包。SciPy 是基于 NumPy 的科学计算库，用于数学、科学、工程学等领域，很多高阶抽象和物理模型需要使用 SciPy。SciPy 包含的模块有最优化、线性代数、积分、插值、特殊函数、快速傅里叶变换、信号处理和图像处理、常微分方程求解和其他科学与工程中常用的计算。

自 2001 年首次发布以来，SciPy 已经成为 Python 语言中科学算法的行业标准。SciPy 拥有超过 1100 位独特的代码贡献者，数以千计的相关开发包和超过 150 000 个依赖存储库以及每年数以百万计的下载量。

2.5.2 安装 SciPy

具体步骤如下所述。

（1）按 Win+R 组合键，输入 cmd 打开“命令提示符”窗口。

（2）输入命令 pip install scipy，完成 SciPy 包安装，出现图 2.40 所示的内容即为安装成功。

```
C:\WINDOWS\system32\cmd.exe
Microsoft Windows [版本 10.0.22000.434]
(c) Microsoft Corporation。保留所有权利。

C:\Users\Nick>pip install scipy
Collecting scipy
  Using cached scipy-1.7.3-cp39-cp39-win_amd64.whl (34.3 MB)
Requirement already satisfied: numpy<1.23.0,>=1.16.5 in c:\users\nick\appdata\local\programs\python\python39\lib\site-pa
ckages (from scipy) (1.22.1)
Installing collected packages: scipy
Successfully installed scipy-1.7.3

C:\Users\Nick>
```

图 2.40　SciPy 安装

SciPy 包安装完成后，在命令行中输入 python，通过以下命令导入 SciPy 中的常量模块 constants 可测试 SciPy 库能否正常使用，出现图 2.41 所示的结果即为测试成功。

```
>>>from scipy import constants
>>># 一英亩等于多少平方米
>>>print(constants.acre)
```

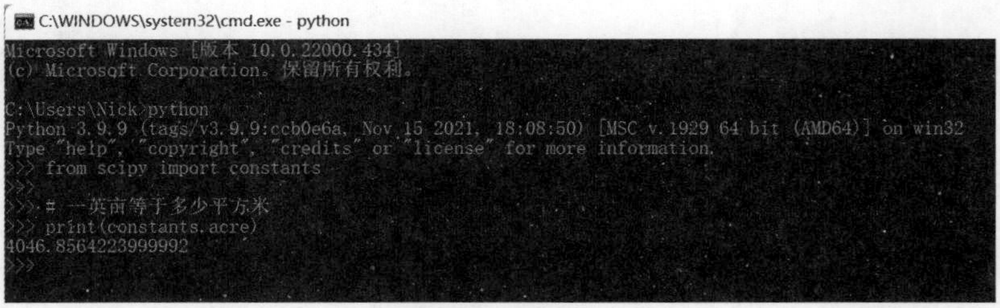

```
C:\WINDOWS\system32\cmd.exe - python
Microsoft Windows [版本 10.0.22000.434]
(c) Microsoft Corporation。保留所有权利。

C:\Users\Nick>python
Python 3.9.9 (tags/v3.9.9:ccb0e6a, Nov 15 2021, 18:08:50) [MSC v.1929 64 bit (AMD64)] on win32
Type "help", "copyright", "credits" or "license" for more information.
>>> from scipy import constants
>>>
>>> # 一英亩等于多少平方米
>>> print(constants.acre)
4046.8564223999992
>>>
```

图 2.41　SciPy 测试

2.5.3　SciPy 子工具包构成

SciPy 常用导入指令如下。

```
>>> import numpy as np
>>> import matplotlib as mpl
>>> import matplotlib.pyplot as plt
```

SciPy 子工具包名称及描述如表 2.11 所示。

表 2.11　SciPy 子工具包名称及描述

名称	描　述
cluster	Clustering Algorithms（聚类分析算法）
constants	Physical and Mathematical Constants（物理和数学常数）
fftpack	Fast Fourier transform （快速傅里叶变换）
integrate	Integration and Ordinary Differential Equation Solvers （积分和常微分方程求解）
interpolate	Interpolation and Smoothing Splines（插值和平滑样条曲线）
io	Input and Output（输入和输出）
linalg	Linear Algebra（线性代数）
ndimage	*N*-dimensional Image Processing（*N* 维图像处理）
odr	Orthogonal Distance Regression（正交距离回归）
optimize	Optimization and Root-Finding Routines（优化和寻根）
signal	Signal Processing（信号处理）
sparse	Sparse Matrix （稀疏矩阵）
spatial	Spatial Data Structures and Algorithms（空间数据结构和算法）
special	Special Functions（特殊函数）
stats	Statistical Distributions and Functions（统计分布和函数）

2.5.4　线性代数

scipy.linalg 包含 numpy.linalg 中的所有函数，并定义了更高级的函数功能。numpy.matrix 和 numpy.ndarray 两个类在使用中有不同：matrix 类定义方式更类似于 MATLAB 中的矩阵，支持默认运算符的操作，如矩阵乘法和转置等；而 2-D 的 array 类运算需要使用函数，输入参数为需要进行运算的两个实例化的 array 对象。为了防止用户在编程中使用混淆，更推荐在 Python 中使用 numpy.ndarray。以下所有函数的调用均在相关库以及 SciPy 导入的前提下进行。

❶ 矩阵基本操作

函数： linalg.inv(A) 或者当 A 为矩阵类时：A.I。

说明： 返回 n 维数组的逆矩阵。

实例： matrix 求逆。

```
>>> import numpy as np
>>> A = np.mat('[1 2;3 4]')
>>> A
matrix([[1, 2],
        [3, 4]])
>>> A.I
matrix([[-2. ,  1. ],
        [ 1.5, -0.5]])
```

实例： array 求逆。

```
>>> import numpy as np
>>> from scipy import linalg
>>> A = np.array([[1,2],[3,4]])
>>> A
array([[1, 2],
       [3, 4]])
>>> linalg.inv(A)
array([[-2. ,  1. ],
       [ 1.5, -0.5]])
```

函数： linalg.solve(A,b)。

说明： 求解线性方程组时可以使用 linalg.solve(A,b) 快速求得解向量，也可以通过逆向量乘以输出列向量求解 $A^{-1}b$，但是后者的速度更慢，结果不稳定，不推荐使用，且两种方法得到的解向量可以进一步代入检验。

实例： 假设需要求解以下线性方程组

$$\begin{cases} x+3y+5z=10 \\ 2x+5y+z=8 \\ 2x+3y+8z=3 \end{cases}$$

$\boldsymbol{A}=\begin{bmatrix} 1 & 3 & 5 \\ 2 & 5 & 1 \\ 2 & 3 & 8 \end{bmatrix}$为系数矩阵，$\boldsymbol{b}=\begin{bmatrix} 10 \\ 8 \\ 3 \end{bmatrix}$为输出列向量。

```
>>> import numpy as np
>>> from scipy import linalg
>>> A = np.array([[1,3,5],[2,5,1],[2,3,8]])
>>> A
array([[1, 3, 5],
       [2, 5, 1],
       [2, 3, 8]])
>>> linalg.inv(A)
array([[-1.48,  0.36,  0.88],
       [ 0.56,  0.08, -0.36],
       [ 0.16, -0.12,  0.04]])
>>> A.dot(linalg.inv(A))
# 基于数值计算，矩阵和其逆以矩阵乘法相乘，结果不为标准单位矩阵
array([[ 1.00000000e+00, -1.11022302e-16,  4.85722573e-17],
       [ 3.05311332e-16,  1.00000000e+00,  7.63278329e-17],
       [ 2.22044605e-16, -1.11022302e-16,  1.00000000e+00]])
```

函数：linalg.det(A)。

说明：求矩阵的行列式。

实例：矩阵行列式。

```
>>> import numpy as np
>>> from scipy import linalg
>>> A = np.array([[1,2],[3,4]])
>>> A
array([[1, 2],
      [3, 4]])
>>> linalg.det(A)
-2.0
```

* 求范数：linalg.norm。
* 求解线性最小二乘问题：linalg.lstsq 和 linalg.pinv 或者 linalg.pinv2。
* 广义逆矩阵：linalg.pinv 或者 linalg.pinv2。

② 矩阵分解

函数：linalg.eig(A)。

说明：求特征值和特征向量。

实例：矩阵特征值和特征向量。

```
>>> import numpy as np
>>> from scipy import linalg
>>> A = np.array([[1, 2], [3, 4]])
```

```
>>> la, v = linalg.eig(A)
>>> la    # 特征值，返回一个行向量
array([-0.37228132+0.j,  5.37228132+0.j])
>>> v             # 特征向量，返回一个列向量
array([[-0.82456484, -0.41597356],
       [ 0.56576746, -0.90937671]])
```

* 奇异值分解（Singular Value Decomposition）：可以认为是特征值问题对非平方矩阵的扩展，linalg.svd。

*LU 分解：linalg.lu。

* 乔莱斯基分解（Cholesky Decomposition）：linalg.cholesky。

* QR 分解：linalg.qr。

* 舒尔分解（Schur Decomposition）：linalg.schur。

* 插值分解（Interpolative Decomposition）：scipy.linalg.interpolative。

注：加 * 部分教学要求较低。

③ 矩阵函数

指数函数：linalg.expm。

对数函数：linalg.logm。

三角函数：linalg.sinm, linalg.cosm 和 linalg.tanm。

双曲三角函数：linalg.sinhm, linalg.coshm 和 linalg.tanhm。

* 任意函数：linalg.funm。

实例：指数函数、三角函数。

```
>>> from scipy.linalg import expm, sinm, cosm
>>> expm(np.zeros((2,2)))
array([[1., 0.],
       [0., 1.]])

>>> #Euler's identity(欧拉等式) exp(i*theta) = cos(theta) + i*sin(theta)
>>> a = np.array([[1.0, 2.0], [-1.0, 3.0]])
>>> expm(1j*a)
array([[ 0.4264593 +1.89217551j, -2.13721484-0.97811252j],
       [ 1.06860742+0.48905626j, -1.71075555+0.91406299j]])
>>> cosm(a) + 1j*sinm(a)
array([[ 0.4264593 +1.89217551j, -2.13721484-0.97811252j],
       [ 1.06860742+0.48905626j, -1.71075555+0.91406299j]])
```

实例：指数函数、对数函数。

```
>>> from scipy.linalg import logm, expm
```

```
>>> a = np.array([[1.0, 3.0], [1.0, 4.0]])
>>> b = logm(a)
>>> b
array([[-1.02571087,  2.05142174],
       [ 0.68380725,  1.02571087]])
>>> expm(b)         # Verify expm(logm(a)) returns a
array([[1., 3.],
       [1., 4.]])
```

④ 特殊矩阵

表 2.12 介绍了一些常用的特殊矩阵。

表 2.12 常用的特殊矩阵

矩阵名称	函 数	描 述
block diagonal	scipy.linalg.block_diag	从提供的数组创建块对角矩阵
circulant	scipy.linalg.circulant	创建循环矩阵
companion	scipy.linalg.companion	创建伴随矩阵
convolution	scipy.linalg.convolution_matrix	创建卷积矩阵
Discrete Fourier	scipy.linalg.dft	创建离散傅里叶变换矩阵
Fiedler	scipy.linalg.fiedler	创建对称菲德勒矩阵
Fiedler Companion	scipy.linalg.fiedler_companion	创建菲德勒伴随矩阵
Hadamard	scipy.linalg.hadamard	创建哈达马矩阵
Hankel	scipy.linalg.hankel	创建一个汉克尔矩阵
Helmert	scipy.linalg.helmert	创建赫尔默特矩阵
Hilbert	scipy.linalg.hilbert	创建希尔伯特矩阵
Inverse Hilbert	scipy.linalg.invhilbert	创建希尔伯特矩阵的逆矩阵
Leslie	scipy.linalg.leslie	创建莱斯利矩阵
Pascal	scipy.linalg.pascal	创建一个帕斯卡矩阵
Inverse Pascal	scipy.linalg.invpascal	创建帕斯卡矩阵的逆矩阵
Toeplitz	scipy.linalg.toeplitz	创建托普利兹矩阵
Van der Monde	numpy.vander	创建一个范德蒙矩阵

2.5.5 微积分

scipy.integrate 包含基于函数公式的积分和基于采样值的积分两类积分方法以及常微分方程求解。以下所有函数的调用均在相关库以及导入 SciPy 的前提下进行。

① 基于函数公式的积分

函数：integrate.quad(integrand, x1, x2, args=(a,b))。

说明：使用 quad( ) 进行通用积分，其中 integrand 为积分公式（或者函数），x1, x2 分别为积分下限和上限（可以为常数或者无穷 inf），args 为积分式中的其他参数，求积分前需要对其赋值。可以在定义 integrand 中使用 quad 对公式积分实现多重积分。

实例：假设求下列积分

$$I(a,b)=\int_0^1(ax^2+b)\mathrm{d}x$$

```
>>> from scipy.integrate import quad
>>> # 定义积分函数
>>> def integrand(x, a, b):
...     return a*x**2 + b
...
>>> a = 2          # 积分前必须对函数中的参数赋值
>>> b = 1
>>> I = quad(integrand, 0, 1, args=(a,b))
>>> I
(1.6666666666666667, 1.8503717077085944e-14)
```

函数：二重积分 integrate.dblquad(integrand, x1, x2, y1, y2)；

三重积分 integrate.tplquad()；

多重积分 integrate.nquad()。

说明：integrand 可以使用 lambda 函数定义变量，x1, x2 和 y1,y2 为两次积分边界，多重积分中边界可以定义为 list 型的 n 个常数区间或者无穷边界。

实例：假设求下列积分

$$I=\int_{y=0}^{1/2}\int_{x=0}^{1-2y}xy\mathrm{d}x\mathrm{d}y$$

```
>>> from scipy.integrate import dblquad     # 二重积分
>>> # 积分范围使用 lambda 函数 "：" 前为变量，后为函数式
>>> area = dblquad(lambda x, y: x*y, 0, 0.5, lambda x: 0, lambda x: 1-2*x)
>>> area
(0.010416666666666668, 4.101620128472366e-16)
```

实例：假设求下列积分

$$I_n=\int_0^\infty\int_1^\infty\frac{e^{-xt}}{t^n}\mathrm{d}t\mathrm{d}x, n=5$$

```
>>> from scipy import integrate                 # 多重积分
>>> N = 5
>>> def f(t, x):
...     return np.exp(-x*t) / t**N
...
>>> # 积分范围使用 list 给出
>>> integrate.nquad(f, [[1, np.inf],[0, np.inf]])
(0.2000000000189363, 1.3682975855986131e-08)
```

高斯型积分：

integrate.fixed_quad（固定阶高斯积分）；

integrate.quadrature（多阶高斯积分）；

integrate.romberg（Romberg 积分）。

❷ 基于采样值的积分

梯形法则：integrate.trapezoid。

辛普森法则：integrate.simpson。

❸ 常微分方程求解

函数：integrate.odeint()。

说明：用于求解以下形式的常微分方程

$$\frac{\mathrm{d}y}{\mathrm{d}t}=f\left(t,y\right),\quad y\left(t_0\right)=y_0$$

函数完整调用形式如下。

```
scipy.integrate.odeint(func, y0, t, args=(), Dfun=None, col_deriv=0,
full_output=0, ml=None, mu=None, rtol=None, atol=None, tcrit=None, h0=0.0,
hmax=0.0, hmin=0.0, ixpr=0, mxstep=0, mxhnil=0, mxordn=12, mxords=5,
printmessg=0, tfirst=False)
```

func 即 y 在 t 处的导数的函数式，y_0 为初始条件，用数组表示，t 为求解函数值对应的时间点的序列。序列的第一个元素是与初始条件 y_0 对应的初始时间 t_0；时间序列必须是单调递增或单调递减的，允许重复值。

实例：求解常微分方程 $\frac{\mathrm{d}y}{\mathrm{d}t}=\sin\left(t^2\right),y\left(-10\right)=1$ 。

```
# ode.py
from scipy.integrate import odeint
import numpy as np
import matplotlib.pyplot as plt

def dy_dt(y,t):
    return np.sin(t**2)

y0=[1]
t = np.arange(-10,10,0.01)
y=odeint(dy_dt,y0,t)

plt.plot(t, y)
plt.title("picture")
plt.show()
```

运行结果如图 2.42 所示。

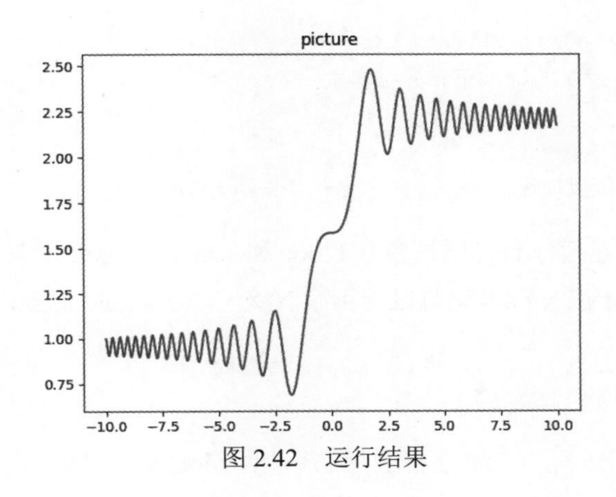

图 2.42　运行结果

2.5.6　概率统计

scipy.stats 包含随机变量生成、构建分布和样本分析等函数，可以处理连续和离散分布，以下仅列出部分函数功能。

❶ 随机变量生成（以连续分布为例，离散分布的特殊性由单独模块指出）

随机变量生成常用函数如表 2.13 所示。

表 2.13　随机变量生成常用函数

名　称	描　述
rvs( )	生成随机变量
pdf( )	概率密度函数
cdf( )	累积分布函数（pdf 积分）
sf( )	生存函数（1-cdf）
ppf( )	百分位函数（cdf 反函数）
isf( )	生存函数的反函数
stats( )	返回均值、方差、Fisher 偏度和峰度
moment( )	分布的非中心距

实例：随机变量生成。

```
>>> from scipy import stats
>>> from scipy.stats import norm
>>> # random 产生 loc 为 5 的标准正态分布随机数
>>> norm.cdf(0)  # 标准正态分布的 cdf 在 0 处函数值
0.5
>>> norm.mean(), norm.std(), norm.var()# 均值、范数、方差
(0.0, 1.0, 1.0)
>>> norm.rvs(size=3)
```

```
array([-0.35687759,  1.34347647, -0.11710531])
>>> # random 大小为 3 的标准正态分布向量
>>> norm.rvs(5)
5.471435163732493
>>> # 随机数生成还可以使用 numpy.random.Generator
```

偏移与缩放：所有连续分布可以调整参数 loc 和 scale，如标准正态分布 loc 是均值，scale 是标准差。通常使一个分布 X 标准化可以用指令 X(X − loc) / scale 得到，loc = 0，scale = 1。

```
>>> norm.stats(loc=3, scale=4, moments="mv")
(array(3.0), array(16.0))
```

形态参数：一般情况下，连续分布的形态可以由 loc 和 scale 确定，但有些情况需要额外参数确定分布的形态，如 gamma 分布中参数 a=1 时变为指数分布。

冻结分布：Python 函数中，可设置 norm 或者 gamma 中参数，当使用赋值语句生成随机变量后参数冻结，不可更改，如 rv== gamma(1, scale=2)。

离散分布的特殊之处：离散分布的大多数函数与连续分布类似，概率密度函数为 pmf，没有估计方法，scale 不是合法参数，关键字 loc 仍可以用于偏移。连续分布的 cdf 一般为严格递增，所以有唯一的反函数 ppf，而离散分布 cdf 为阶跃函数，所以 cdf 的反函数 ppf 定义不同于连续分布，如下所示。

```
ppf(q) = min{x : cdf(x) >= q, x integer}
```

分布拟合：非冻结分布的参数估计方法如下。

fit：分布参数的最大似然估计，包括 loc 与 scale。

fit_loc_scale：给定形态参数确定下的 loc 和 scale 参数的估计。

nnlf：负对数似然函数。

expect：计算函数 pdf 或 pmf 的期望值。

说明：运行速度因分布类型差异极大，精确计算一般更快，直接使用解析公式如 scipy.special 中的函数，随机变量 rvs 还可以使用 numpy.random 中的函数。scipy.stats 中的部分分布在特殊临界条件下可能会出现错误值。

② 构建分布

连续分布：继承 rv_continuous 类。

实例：构建连续随机变量分布。

```
>>> from scipy import stats
>>> class deterministic_gen(stats.rv_continuous):
...     def _cdf(self, x):
```

```
...         return np.where(x < 0, 0., 1.)
...     def _stats(self):
...         return 0., 0., 0., 0.
>>> deterministic = deterministic_gen(name="deterministic")
>>> deterministic.cdf(np.arange(-3, 3, 0.5))
array([ 0.,  0.,  0.,  0.,  0.,  0.,  1.,  1.,  1.,  1.,  1.,  1.])
>>> deterministic.pdf(np.arange(-3, 3, 0.5))
array([  0.00000000e+00,   0.00000000e+00,   0.00000000e+00,
         0.00000000e+00,   0.00000000e+00,   0.00000000e+00,
         5.83333333e+04,   4.16333634e-12,   4.16333634e-12,
         4.16333634e-12,   4.16333634e-12,   4.16333634e-12])
```

离散分布：继承 rv_discrete 类。

说明：构造一个任意离散的 rv，其中 $P\{X = \text{xk}\} = \text{pk}$，方法是将 rv_discrete 初始化时（通过 values= 关键字）传递一个序列元组（xk，pk），该元组仅描述那些以非零概率（pk）出现的 X(xk) 值。

③ 样本分析

描述统计：x 是一个 numpy 数组，直接查看数字特征，即 x.min, x.max, x.mean, x.var（np.var 是有偏估计）；使用 scipy.stats（stats.describe 是无偏估计）。

实例：构建离散随机变量分布。

```
>>> from scipy import stats
>>> x = stats.t.rvs(10, size=1000)
>>> #T 分布生成一个自由度为 10、大小为 1000 的随机变量
>>> print(x.min())    # 等价于 np.min(x)
-4.791173625654017
>>> print(x.max())    # 等价于 np.max(x)
4.58334872100337
>>> print(x.mean())  # 等价于 np.mean(x)
0.02380110096856749
>>> print(x.var())    # e 等价于 np.var(x))
1.2803416239455527


>>> m, v, s, k = stats.t.stats(10, moments='mvsk')
>>> # 返回 T 分布均值、方差、偏度、峰度
>>> n, (smin, smax), sm, sv, ss, sk = stats.describe(x)
>>> 返回 x 一个样本的均值、方差、偏度、峰度
>>> sstr = '%-14s mean = %6.4f, variance = %6.4f, skew = %6.4f, kurtosis
= %6.4f'
>>> print(sstr % ('distribution:', m, v, s ,k))
```

```
distribution:  mean = 0.0000, variance = 1.2500, skew = 0.0000, kurtosis = 1.0000
>>> print(sstr % ('sample:', sm, sv, ss, sk))
sample: mean = 0.0238, variance = 1.2816, skew = 0.0655, kurtosis = 0.8404
```

- T 检验和 KS 检验：使用 T 检验样本是否与给定均值（这里是理论均值）存在显著统计差异；使用 Kolmogorov-Smirnov 检验（KS 检验）检验样本是否来自一个标准的 *t* 分布。
- 比较两个样本是否属于同一个分布：检验均值或使用 KS 检验。
- 由样本函数估计分布概率密度：核密度估计，即单元估计或者多元估计。

2.5.7 快速傅里叶变换

scipy.fftpack 包含傅里叶变换的算法实现。傅里叶变换把信号从时域变换到频域，以便对信号进行处理，在信号与噪声处理、图像处理、音频信号处理等领域得到了广泛应用。以下所有函数的调用均在相关库以及 SciPy 导入的前提下进行。

❶ 快速傅里叶变换

函数：fftpack.fft(x, n=None, axis=−1, overwrite_x=False)。

说明：返回实序列或复序列的离散傅里叶变换。返回的复合数组包含 y(0), y(1), ⋯, y (n−1), 其中 y(j) = (x * exp(−2*pi*sqrt(−1)*j*np.arange(n)/n)).sum()。输入参数中，x 表示要进行傅里叶变换的数组；n 是傅里叶变换的长度，默认为 x 的长度；axis 表示要进行傅里叶变换的维度，默认为 x 的最后一个维度；overwrite_x 设置为 true 时，将变换结果写入 x 所在的内存。

注意：输出结果是“标准的”，即如果 A = fft(A, n)，那么 A[0] 包含零频率项，A[1:n/2] 包含正频率项，A[n/2:] 包含负频率项，按负频率递减的顺序排列。因此，对于一个 8 点变换，结果的频率是 [0,1,2,3,−4,−3,−2,−1]。要重新排列 fft 输出，使零频率分量居中，如 [−4, −3,−2,−1,0,1,2,3]，使用 fftshift。

实例：对序列执行快速傅里叶变换。

```
>>> from scipy.fftpack import fft, ifft
>>> x = np.arange(5)
>>> np.allclose(fft(ifft(x)), x, atol=1e-15)  # within numerical accuracy
True
函数：fftpack.ifft(x, n=None, axis=- 1, overwrite_x=False)
```

说明：返回实数序列或复数序列的离散傅里叶逆变换。返回的复合数组包含 y(0), y(1),⋯, y (n−1)，其中 y (j) = (x * exp(2 * π * j * np.arange (n) / n)) .mean()。输入参数中，x 表示要进行傅里叶逆变换的数组；n 是傅里叶逆变换的长度，默认为 x 的长度；axis 表示要进行傅里叶逆变换的维度，默认为 x 的最后一个维度；overwrite_x 设置为 true 时，将变换结果写入 x 所在的内存。

实例：判断序列经过快速傅里叶变换和快速傅里叶逆变换后，是否与原序列在数值上接近。

```
>>> from scipy.fftpack import fft, ifft
>>> import numpy as np
>>> x = np.arange(5)
>>> np.allclose(ifft(fft(x)), x, atol=1e-15)  # within numerical accuracy
True
```

快速傅里叶变换常用方法如表 2.14 所示。

表 2.14 快速傅里叶变换常用方法

方法名称	函数	描述
fft2	scipy.fftpack.fft2	二维离散傅里叶变换
ifft2	scipy.fftpack.ifft2	实数或复数序列的二维离散傅里叶逆变换
fftn	scipy.fftpack.fftn	返回多维离散傅里叶变换
ifftn	scipy.fftpack.ifftn	返回多维离散傅里叶逆变换
rfft	scipy.fftpack.rfft	实数序列的离散傅里叶变换
irfft	scipy.fftpack.irfft	返回实数序列 x 的离散傅里叶逆变换
dct	scipy.fftpack.dct	返回任意类型序列 x 的离散余弦变换
idct	scipy.fftpack.idct	返回任意类型序列的离散余弦反变换
dctn	scipy.fftpack.dctn	沿指定轴返回多维离散余弦变换
idctn	scipy.fftpack.idctn	沿指定轴返回多维离散反余弦变换
dst	scipy.fftpack.dst	返回任意类型序列 x 的离散正弦变换
idst	scipy.fftpack.idst	返回任意类型序列的离散反正弦变换
dstn	scipy.fftpack.dstn	沿指定轴返回多维离散正弦变换
idstn	scipy.fftpack.idstn	沿指定轴返回多维离散反正弦变换

② 微分和伪微分算子

函数：fftpack.hilbert(x, _cache={})。

说明：返回周期序列 x 的希尔伯特变换。如果 x_j 和 y_j 分别是周期函数 x 和 y 的傅里叶系数，则

$$y_j = \sqrt{-1} \times \text{sign}(j) \times x_j$$

$$y_0 = 0$$

输入参数中，x 表示要进行希尔伯特变换的数组，应该是周期数组；_cache 是一个字典，包含用于进行卷积的核。

函数：fftpack.ihilbert(x)。

说明：返回周期序列 x 的希尔伯特逆变换。如果 x_j 和 y_j 分别是周期函数 x 和 y 的傅里

叶系数，则

$$y_j = -\sqrt{-1} \times \text{sign}(j) \times x_j$$

$$y_0 = 0$$

微分和伪微分算子常用方法如表 2.15 所示。

表 2.15　微分和伪微分算子常用方法

方法名称	函　数	描　述
diff	scipy.fftpack.diff	返回周期序列 x 的第 k 个导数（或积分）
h-Tilbert	scipy.fftpack.tilbert	返回周期序列 x 的 h-Tilbert 变换
Inverse-h-Tilbert	scipy.fftpack.itilbert	返回周期序列 x 的 h-Tilbert 逆变换
cs_diff	scipy.fftpack.cs_diff	周期序列的 Return (a,b)-cosh/sinh 伪导数
sc_diff	scipy.fftpack.sc_diff	周期序列 x 的 (a,b)-sinh/cosh 伪导数
ss_diff	scipy.fftpack.ss_diff	返回周期序列 x 的 (a,b)-sinh/sinh 伪导数
cc_diff	scipy.fftpack.cc_diff	返回周期序列的 (a,b)-cosh/cosh 伪导数
平移	scipy.fftpack.shift	将周期序列 x 平移 a: y(u) = x(u+a)

③ 辅助函数

函数：fftpack.fftshift(x, axes=None)。

说明：将零频率分量移到频谱的中心。该函数为列出的所有坐标轴交换半空格（默认为 all）。注意，只有当 len(x) 是偶数时，y[0] 才是 Nyquist 分量。

实例：对序列执行快速傅里叶频谱搬移。

```
>>> freqs = np.fft.fftfreq(10, 0.1)
>>> freqs
array([ 0.,  1.,  2., ..., -3., -2., -1.])
>>> np.fft.fftshift(freqs)
array([-5., -4., -3., -2., -1.,  0.,  1.,  2.,  3.,  4.])
```

只沿第二轴移动零频分量：

```
>>> freqs = np.fft.fftfreq(9, d=1./9).reshape(3, 3)
>>> freqs
array([[ 0.,  1.,  2.],
       [ 3.,  4., -4.],
       [-3., -2., -1.]])
>>> np.fft.fftshift(freqs, axes=(1,))
array([[ 2.,  0.,  1.],
       [-4.,  3.,  4.],
       [-1., -3., -2.]])
```

函数：fftpack.ifftshift(x, axes=None)。

说明：fftshift 的逆，尽管对于偶数长度的 x，这两个函数是相同的，但对于奇数长度的 x，这两个函数只差一个样本。

实例：对序列执行逆快速傅里叶频谱搬移。

```
>>> freqs = np.fft.fftfreq(9, d=1./9).reshape(3, 3)
>>> freqs
array([[ 0.,  1.,  2.],
       [ 3.,  4., -4.],
       [-3., -2., -1.]])
>>> np.fft.ifftshift(np.fft.fftshift(freqs))
array([[ 0.,  1.,  2.],
       [ 3.,  4., -4.],
       [-3., -2., -1.]])
```

常见的辅助函数如表 2.16 所示。

表 2.16　常见的辅助函数

函　　数	描　　述
scipy.fftpack.fftfreq	返回离散傅里叶变换的样本频率
scipy.fftpack.rfftfreq	DFT 采样频率（用于 rfft、irfft）
scipy.fftpack.next_fast_len	找到下一个要进行 fft 的输入数据的快速大小，用于零填充等

2.6 Matplotlib 软件包

2.6.1 Matplotlib 简介

Matplotlib 的全称是 Mathematic Plot Library，这个名称非常简练准确地概括了它的功能：创建各种各样的可视化内容，这些内容可以是静态的、动态的，甚至是可交互的。Matplotlib 是用于数据可视化的较流行的 Python 包之一。它是一个跨平台库，用于根据数组中的数据制作 2D 图。Matplotlib 是用 Python 编写的，并使用了 Python 的数值数学扩展 NumPy，它提供了一个面向对象的 API，有助于使用 Python GUI 工具包（如 PyQt、WxPythonotTkinter）在应用程序中嵌入绘图。它可以用于 Python、IPython shell、Jupyter Notebook 和 Web 应用程序服务器。pyplot 是 Matplotlib 中的一个重要子库，它包含各种函数，从而使得 Matplotlib 的代码风格接近 MATLAB。

2.6.2 安装 Matplotlib

在命令行窗口输入以下命令进行安装。

```
pip install matplotlib
```

出现如图 2.43 所示的内容即安装成功。

```
C:\Users\Nick>python
Python 3.9.9 (tags/v3.9.9:ccb0e6a, Nov 15 2021, 18:08:50) [MSC v.1929 64 bit (AMD64)] on win32
Type "help", "copyright", "credits" or "license" for more information.
>>> import matplotlib.pyplot as plt
>>> labels='frogs','hogs','dogs','logs'
>>> sizes=15,20,45,10
>>> colors='yellowgreen','gold','lightskyblue','lightcoral'
>>> explode=0,0.1,0,0
>>> plt.pie(sizes,explode=explode,labels=labels,colors=colors,autopct='%1.1f%%',shadow=True,startangle=50)
([<matplotlib.patches.Wedge object at 0x000002DC8F050070>, <matplotlib.patches.Wedge object at 0x000002DC8F050A30>, <mat
plotlib.patches.Wedge object at 0x000002DC8F062400>, <matplotlib.patches.Wedge object at 0x000002DC8F062D90>], [Text(0.1
9101297852949148, 1.0832885312940832, 'frogs'), Text(-1.0392305063875689, 0.5999999621611969, 'hogs'), Text(0.1910130405
1130774, -1.083288520365016, 'dogs'), Text(0.9526279198459328, 0.5500000421181905, 'logs')], [Text(0.10418889737972262,
0.5908846534331362, '16.7%'), Text(-0.6062177953927483, 0.3499999779273648, '22.2%'), Text(0.10418893118798604, -0.59088
46474718268, '50.0%'), Text(0.5196152290068723, 0.30000002297355843, '11.1%')])
>>> plt.axis('equal')
(-1.2182175697473243, 1.11360285857795, -1.1087559272917165, 1.1164320127364205)
>>> plt.show()
>>>
```

图 2.43　Matplotlib 测试

同样地，在命令行窗口输入以下命令进行 Python 测试。

```
Python
```

输入如下代码：

```
import matplotlib.pyplot as plt
labels='frogs','hogs','dogs','logs'
sizes=15,20,45,10
colors='yellowgreen','gold','lightskyblue','lightcoral'
explode=0,0.1,0,0
plt.pie(sizes,explode=explode,labels=labels,colors=colors,autopct='%1.1f
%%',shadow=True,startangle=50)
plt.axis('equal')
plt.show()
```

弹出如图 2.44 所示的图窗即安装成功。

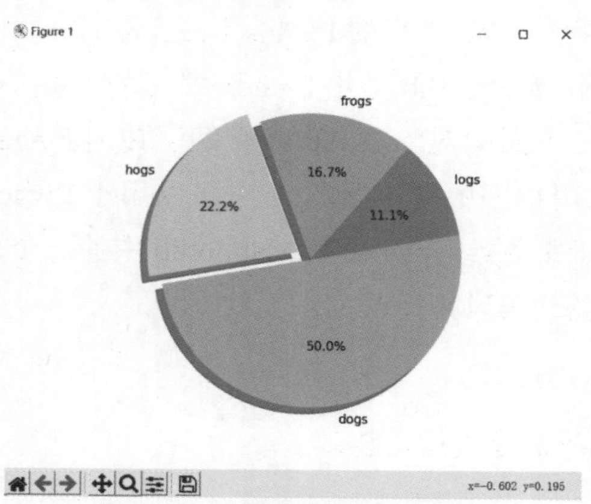

图 2.44　Matplotlib 绘制饼状图

2.6.3 基础图表绘制

pyplot 库支持绘制 5 种图表：连续平面图、散点图、柱状图、茎叶图、阶梯图。

连续平面图由 matplotlib.pyplot.plot 函数实现，典型范例代码如下：

```
import matplotlib.pyplot as plt
import numpy as np
x = np.linspace(0, 10, 100)
y = 4 + 2 * np.sin(2 * x)
plt.plot(x, y)
plt.show()
```

对比功能相同的 MATLAB 的代码：

```
x = linspace(0, 10, 100);
y = 4 + 2 * sin(2 * x);
plot(x, y);
```

可以发现，代码风格几乎相同，不同之处是前者还需要导入库，绘图的函数作为库中的方法呈现。此外，Matplotlib 画完图之后可能需要使用 show()函数将图窗显示出来。

其他 4 种图表与连续平面图绘制方法大同小异，欲绘制散点图，将本例中的 plot 函数改成 scatter 函数即可；同理，stem 函数绘制茎叶图，bar 函数绘制柱状图，step 函数绘制阶梯图。

再看本例，绘制图形时，传入的 x 和 y 必须是相同长度的数组，否则会出错。本例中只有一个 x 数组和一个 y 数组，若需要根据多个 x 数组和相同数量的 y 数组一次性画出多个图形，如 x1, x2 和 y1, y2，则需要将本例中的代码修改为以下代码即可。

```
plt.plot(x1, y1, x2, y2)
```

如果需要在同一个图窗里放置多个坐标系，在 MATLAB 中使用 subplot 函数，而 pyplot 子库也提供了相同名称的函数，用法完全相同。subplot(m,n,p) 表示将整个图窗分块为 m 行 n 列，每一块放置一个坐标系，各个分块的编号和平时写字的顺序是相同的：规定左上角为第 1 块，往右编号递增，下一行最左边的分块紧接着上一行最右边的分块，而接下来所有的绘图都在第 p 个分块的坐标系中进行。如果 m,n,p 都只有一位数，此时可以把逗号去掉，如 subplot(2,2,1) 可以写成 subplot(221)。

需要注意的是，在 MATLAB 中，如果连续两次调用绘图的函数，在第二次调用的时候，默认先擦除第一次所绘制的图像，除非在第二次绘图之前使用 hold on 语句让其保持。但 Matplotlib 刚好相反，连续绘制不会擦除之前的图像，除非使用 pyplot 中的 cla 函数清除当前坐标系中的图像，或使用 clf 函数清除当前图窗中所有坐标系的图像。

接下来的示例较为综合地应用了上述的知识点。

```
import matplotlib.pyplot as plt
x = [1,2,3,4,5,7.2];
y = [1,3,1,2,4,1];
# 连续图和散点图画在同一个图里
plt.subplot(321)
plt.plot(x,y)
plt.scatter(x,y)
# 柱状图
plt.subplot(222)
plt.bar(x,y)
# 茎叶图
plt.subplot(223)
plt.stem(x,y)
# 阶梯图
plt.subplot(224)
plt.step(x,y)

plt.show()
```

最终弹出如图 2.45 所示的图窗（在 Jupyter Notebook 中弹不出图窗），Matplotlib 允许使用多种格式保存图像，这里采用 .svg 矢量图。

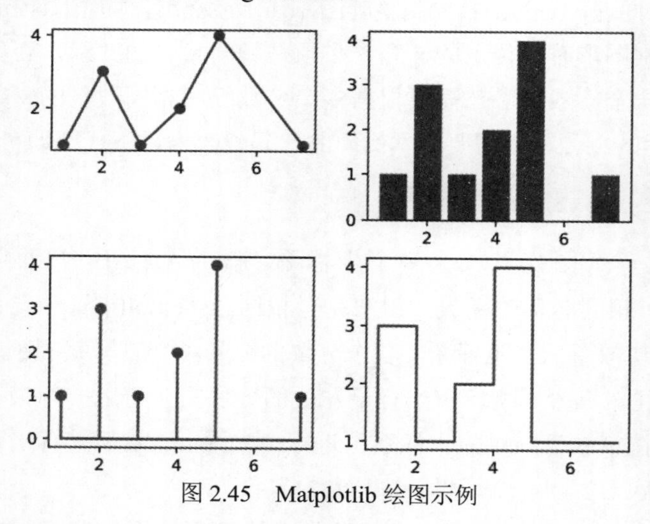

图 2.45　Matplotlib 绘图示例

此外，该图窗还允许与这些坐标系互动，如缩放、平移等。

2.6.4　线条和标识

线条属性既可以作为绘图函数的参数输入，又可以在事后再修改。plot 函数的线条有几个常用的属性，如表 2.17 所示。

表 2.17　线条属性

属　性	含　义	对应函数	取　值
linewidth	线宽	set_linewidth	浮点数，默认为 1.0
linestyle	线的风格	set_linestyle	字符串，如 '-' 或 'solid'
color	颜色	set_color	字符串，如 'red' 或 '#ff0000'
marker	数据点的标记	set_marker	字符串，如 '.', 'o', '^'
label	数据标签	set_label	字符串，用于图例

使用方法一：在绘制的时候当作参数输入。

```
plt.plot(x, y, linewidth=2, linestyle='dashdot', color='g', marker='^')
```

使用方法二：plot 函数返回线条对象列表（指定多少组 x-y 数组就有多少个线条对象），调用线条对象的“对应函数”（如表 2.17 所示）。

```
lines = plt.plot(x, y)
lines[0].set_linewidth(2)
lines[0].set_linestyle('dashdot')
lines[0].set_color('green')
lines[0].set_marker('^')
```

以上两段代码效果相同。

坐标区域的属性设置和 MATLAB 相似，在 MATLAB 中，使用 xlabel 函数来设置横坐标的标签，ylabel 函数用来设置纵坐标的标签，title 函数用来设置坐标区域的标题，xlim 用来设置 x 轴的范围，ylim 用来设置 y 轴的范围，legend 用来设置图例。pyplot 子库也提供了名称和用法完全相同的函数。

2.6.5　文字说明

在 MATLAB 中，使用 text 函数向坐标区中的某个点（坐标）添加文字，pyplot 子库也提供了同名同功能的函数。最简单的用法如下所示。

```
plt.text(x, y, str)
```

这一行代码将文字 str 添加在当前坐标区的 (x,y) 处，默认情况下，最后一行文字的水平中心线为 y，且文字添加在该点的右侧，这些都可以修改，作为参数调用 text 函数。text 函数如表 2.18 所示。

表 2.18　text 函数

属　性	含　义	取　值
fontfamily	字体名称	字符串，如 'Simsun'（宋体）
fontsize	字体大小	浮点数或 'small', 'medium', 'large' 等

续表

属　性	含　义	取　值
fontweight	字体粗细	0~1000 的数值或 'normal', 'regular', 'bold' 等
color	字体颜色	同线条的 color 属性
multialignment	对齐方式	字符串，可取 'left', 'right', 'center'
position	文字位置	表示坐标的数组，主要用于事后修改

同线条属性，文字属性也可以事后再设置，text 函数返回文字对象，调用文字对象的 set_xxx 函数便可以设置，如以下代码：

```
plt.text(2, 3, 'string', fontfamily='Arial', fontsize='14', fontweight =
'regular')
```

以下代码等效于上述代码。

```
txt = plt.text(2, 3, 'string')
txt.set_fontfamily('Arial')
txt.set_fontsize(14)
txt.set_fontweight('regular')
```

一种更灵活的注释方式是 pyplot 的 annotate 函数，可以看作带箭头的 text 函数，效果是箭头指向需要注释的点，可以设置字体的属性，也可以设置箭头的属性。

最简单的例子是：

```
plt.annotate('string', xy=(2,3), xytext=(3,4), arrowprops=dict(facecolor
='black'))
```

结合 2.6.3 节的例子，效果如图 2.46 所示。

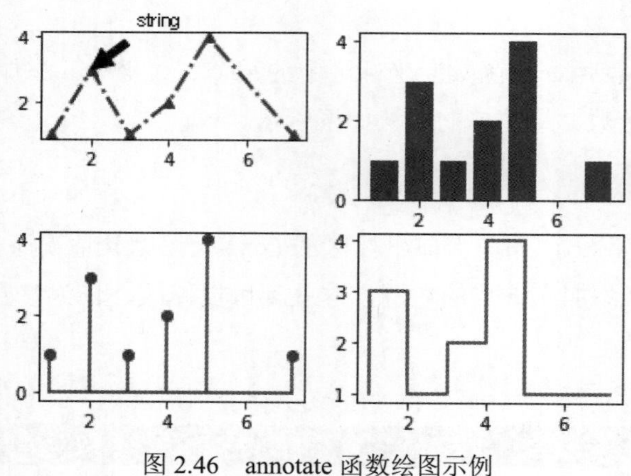

图 2.46　annotate 函数绘图示例

即创建了一个注释，注释的点是第一个坐标区的 (2,3)，文字放在 (3,4)处并且左对齐。

第3章 信号生成和预处理

信号生成和预处理是信号处理中的重要环节，它涉及信号的产生、采集、处理和分析等方面。在信号处理中，信号的质量和准确性往往取决于信号的生成和预处理过程。信号生成和预处理的目的是提高信号的质量和准确性，以便后续的信号处理和分析能够更加准确和有效。本章将介绍信号生成和预处理的基本概念、常用方法和技术，以及其在不同领域中的应用。

3.1 平滑和去噪

从信号中去除不需要的峰值、趋势和离群值。使用 Savitzky-Golay 滤波器、移动平均值、移动中位数、线性回归或二次回归对信号进行平滑处理。

3.1.1 使用到的 Python 函数

平滑和去噪中使用到的 Python 函数如表 3.1 所示。

表 3.1 平滑和去噪中使用到的 Python 函数

序号	函数名	功能描述
1	scipy.signal.detrend	去除多项式趋势
2	hampel	使用 hampel 标识符删除离群值
3	isoutlier	查找数据中的离群值
4	scipy.signal.medfilt	一维中值滤波
5	scipy.stats.median_abs_deviation	移动中位数绝对偏差
6	scipy.ndimage.median	计算标记区域上数组值的中位数
7	scipy.signal.savgol_filter	Savitzky-Golay 滤波
8	scipy.signal.savgol_coeffs	计算一维 Savitzky-Golay FIR 滤波器的系数
9	scipy.interpolate	对数据进行构造平滑样条曲线

3.1.2 信号平滑处理

平滑可以在数据中发现关键特征的同时忽略不重要噪声，可以使用滤波来实现平滑。平滑的目标是产生缓慢的值变化，以便更容易看到数据的趋势。下面的示例程序中的数据来源于 2011 年 1 月整个月份中每小时在洛根机场采样的温度。

```
import numpy as np
from sciPy.io import loadmat
import matplotlib.pyplot as plt

tempC = loadmat("bostemp.mat")
days = (np.arange(31*24)+1)/24
fig,ax = plt.subplots()
ax.plot(days,tempC['tempC'],linewidth=0.6)
ax.set_title('Logan Airport Dry Bulb Temperature (source: NOAA)')
ax.set_xlabel('Time elapsed from Jan 1, 2011 (days)')
ax.set_ylabel('Temp ($ ^\circ $C)')
ax.autoscale(tight=True)
```

运行程序，效果如图 3.1 所示。

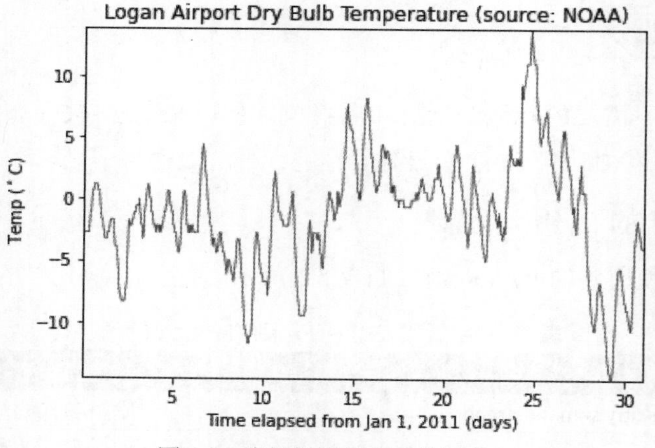

图 3.1　洛根机场每小时的温度

由图 3.1 可看出一天中的时间对温度读数的影响。如果只关注一个月内的每日温度变化，则每小时的波动中包含尖锐的噪声，使得每日的温度变化很难辨别。为了去除时间的影响，接下来使用移动平均滤波器来平滑处理数据。

长度为 N 的移动平均滤波器的最简单形式是取波形的每 N 个连续采样的平均值。为了对每个数据点应用移动平均滤波器，构造滤波器的系数使得每个点的权重相等且占比为总均值的 1/24。这样可以得出每 24 小时的平均温度，程序代码如下所示。

```
from scipy import signal
hoursPerDay = 24
coeff24hMA = np.ones(hoursPerDay)/hoursPerDay
```

```
zi = signal.lfilter_zi(coeff24hMA,1)*0
avg24hTempC,_ = signal.lfilter(coeff24hMA,1,tempC['tempC'].flatten(),zi=zi)
fig,ax = plt.subplots()
ax.plot(days,tempC['tempC'],linewidth=0.6,label='Hourly Temp')
ax.plot(days,avg24hTempC,linewidth=0.6,label='24 Hour Average (delayed)')
ax.legend()
ax.set_title('Logan Airport Dry Bulb Temperature (source: NOAA)')
ax.set_xlabel('Time elapsed from Jan 1, 2011 (days)')
ax.set_ylabel('Temp ($ ^\circ $C)')
ax.autoscale(tight=True)
```

运行程序，效果如图 3.2 所示。

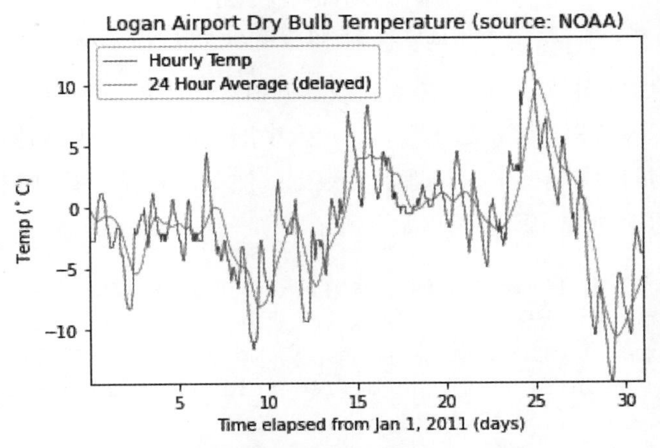

图 3.2　洛根机场每 24 小时的平均温度

由图 3.2 可看出，因为移动平均滤波器有延迟，滤波后的输出存在大约 12 小时的延迟。长度为 N 的任何对称滤波器都存在 $(N-1)/2$ 个采样的延迟，可以人为去除这种延迟，程序代码如下所示。

```
fDelay = (coeff24hMA.size-1)/2;
fig,ax = plt.subplots()
ax.plot(days,tempC['tempC'],linewidth=0.6,label='Hourly Temp')
ax.plot(days-fDelay/24,avg24hTempC,linewidth=0.6,label='24 Hour Average')
ax.legend()
ax.set_title('Logan Airport Dry Bulb Temperature (source: NOAA)')
ax.set_xlabel('Time elapsed from Jan 1, 2011 (days)')
ax.set_ylabel('Temp ($ ^\circ $C)')
ax.autoscale(tight=True)
```

运行程序，效果如图 3.3 所示。

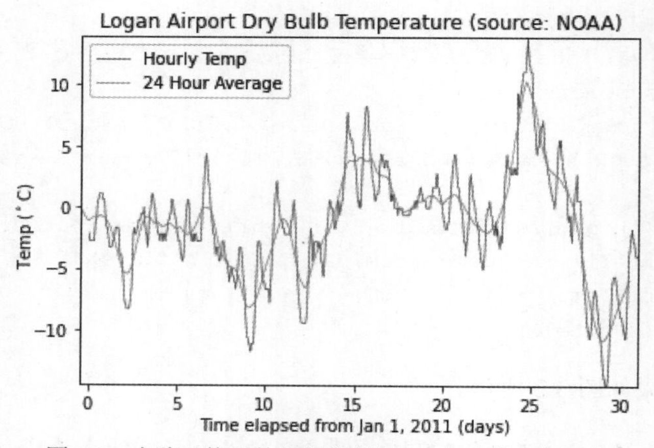

图 3.3　去除干扰后的洛根机场每 24 小时的平均温度

由图 3.3 可看出，去除延迟后，两条曲线的峰值在横坐标（时间）上进行了对齐。

可以使用移动平均滤波器来更好地估计一天中的时间如何影响整体温度。为此，首先从每小时的温度测量值中减去平滑处理后的数据；然后，将差值数据按天数分段连接，取一月中所有 31 天的平均值。程序代码如下所示。

```
deltaTempC = tempC['tempC'].flatten() - avg24hTempC;
fig,ax = plt.subplots()
ax.plot(np.arange(24)+1,np.mean(deltaTempC.reshape(31,24),0))
ax.set_title('Mean temperature differential from 24 hour average')
ax.set_xlabel('Hour of day (since midnight)')
ax.set_ylabel('Temperature difference ($ ^\circ $C)')
ax.autoscale(tight=True)
```

运行程序，效果如图 3.4 所示。

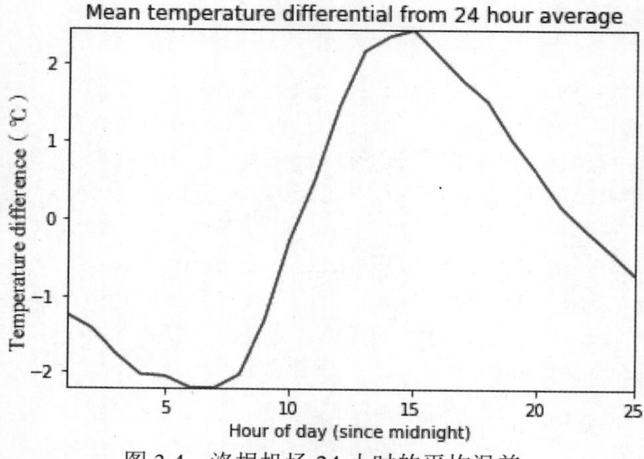

图 3.4　洛根机场 24 小时的平均温差

由图 3.4 可清楚地看出哪些时刻的温度是高于平均温度的，哪些时刻是低于平均温度的。此外，还能很容易看出一天中最高温和最低温分别在哪个时刻。

温度信号的高低每天都有变化，有时希望对这种变化有平滑变化估计。为此，可以使用 signal.find_peaks 函数来连接在 24 小时内的某个时段检测到的极高值和极低值。在此示例中，确保在每个极高值和极低值之间有至少 16 小时，还可以通过取两个极端点之间的平均值来了解高点和低点的趋势，程序代码如下所示。

```
from scipy import interpolate
envHigh_index,_ = signal.find_peaks(tempC['tempC'].flatten(),distance=16)
envHigh = (interpolate.UnivariateSpline(days[envHigh_index],
        tempC['tempC'][envHigh_index].flatten(),s=0))
envLow_index,_ = signal.find_peaks(-tempC['tempC'].flatten(),distance=16)
envLow = (interpolate.UnivariateSpline(days[envLow_index],
        tempC['tempC'][envLow_index].flatten(),s=0))
envMean = (envHigh(days)+envLow(days))/2;
fig,ax = plt.subplots()
ax.plot(days,tempC['tempC'],linewidth=0.6,label='Hourly Temp')
ax.plot(days,envHigh(days),linewidth=0.6,label='High')
ax.plot(days,envMean,linewidth=0.6,label='Mean')
ax.plot(days,envLow(days),linewidth=0.6,label='Low')
ax.legend()
ax.set_title('Logan Airport Dry Bulb Temperature (source: NOAA)')
ax.set_xlabel('Time elapsed from Jan 1, 2011 (days)')
ax.set_ylabel('Temp ($ ^\circ $C)')
ax.autoscale(tight=True)
```

运行程序，效果如图 3.5 所示。

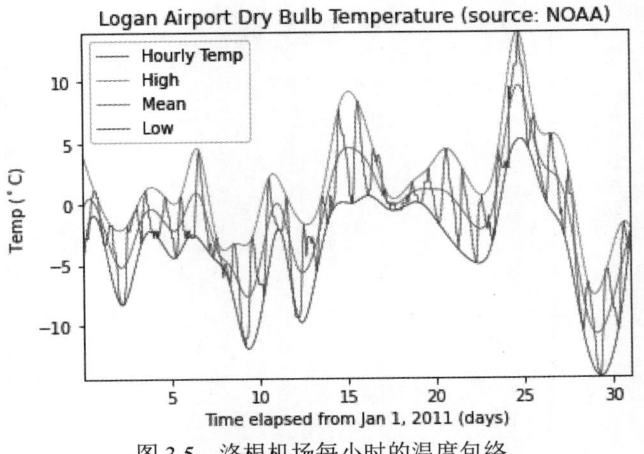

图 3.5　洛根机场每小时的温度包络

由图 3.5 可看出橙色曲线、红色曲线和蓝色曲线（本书为彩色印刷，具体效果颜色见程序运行结果）分别反映了极高值、极低值和平均值的变化。利用这 3 条曲线可以估计高点和低点在 24 小时内的变化趋势和大致的取值范围。

其他类型的移动平均滤波器并不对每个采样进行同等加权。另一种常见的滤波器遵循 $[1/2,1/2]^n$ 的二项式展开。对于大的 n 值，这种类型的滤波器逼近正态曲线。对于小的 n 值，这种滤波器适合滤除高频噪声。要找到二项式滤波器的系数，需对 [1/2,1/2] 进行自身卷积，然后用 [1/2,1/2] 与输出以迭代方式进行指定次数的卷积。在此示例中，总共使用 5 次迭代。程序代码如下所示。

```
h = np.array([1/2,1/2])
binomialCoeff = signal.convolve(h,h)
for n in range(4):
    binomialCoeff = signal.convolve(binomialCoeff,h)
fDelay = (len(binomialCoeff)-1)/2
zi = signal.lfilter_zi(binomialCoeff,1)*0
binomialMA,_ = signal.lfilter(binomialCoeff,1,tempC['tempC'].flatten(),zi=zi)
fig,ax = plt.subplots()
ax.plot(days,tempC['tempC'],linewidth=0.6,label='Hourly Temp')
ax.plot(days-fDelay/24,binomialMA,linewidth=0.6,label='Binomial Weighted Average')
ax.legend()
ax.set_title('Logan Airport Dry Bulb Temperature (source: NOAA)')
ax.set_xlabel('Time elapsed from Jan 1, 2011 (days)')
ax.set_ylabel('Temp ($ ^\circ $C)')
ax.autoscale(tight=True)
```

运行程序，效果如图 3.6 所示。

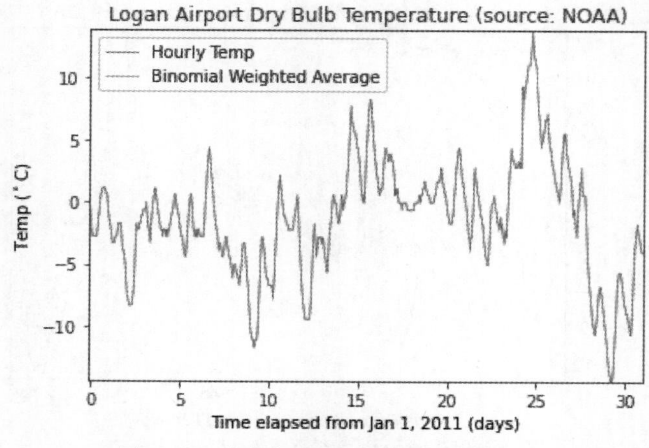

图 3.6　5 次加权移动平均迭代滤波结果

由图 3.6可看出，5 次加权移动平均迭代滤波的曲线与原曲线大体上吻合，在存在细小尖刺的位置，滤波后的曲线更加平滑，可见滤波器成功滤除了高频噪声。

另一种有点类似高斯展开滤波器的滤波器是指数移动平均滤波器。这种类型的加权移动平均滤波器易于构造，并且不需要窗的宽度很大。可以通过介于 0 和 1 之间的 alpha 参数来调整指数加权移动平均滤波器。alpha 值越高，平滑度越低。程序代码如下所示。

```
    alpha = 0.45
    zi = signal.lfilter_zi(np.array([alpha]),np.array([1,alpha-1]))*0
    exponentialMA,_ = (signal.lfilter(np.array([alpha]),np.array([1,alpha-1]),
                       tempC['tempC'].flatten(),zi=zi))
    fig,ax = plt.subplots()
    ax.plot(days,tempC['tempC'],linewidth=0.6,label='Hourly Temp')
    ax.plot(days-fDelay/24,binomialMA,linewidth=0.6,label='Binomial Weighted
Average')
    ax.plot(days-1/24,exponentialMA,linewidth=0.6,label='Exponential
Weighted Average')
    ax.legend()
    ax.set_title('Logan Airport Dry Bulb Temperature (source: NOAA)')
    ax.set_xlabel('Time elapsed from Jan 1, 2011 (days)')
    ax.set_ylabel('Temp ($ ^\circ $C)')
    ax.autoscale(tight=True)
```

运行程序，效果如图 3.7 所示。

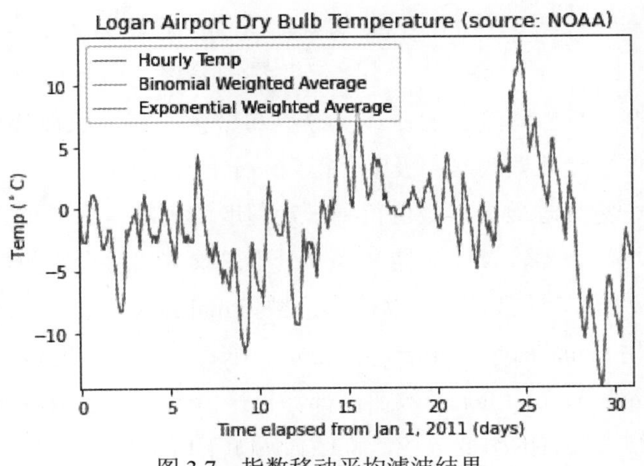

图 3.7　指数移动平均滤波结果

由图 3.7 可看出，指数移动平均滤波后的曲线与 5 次加权移动平均迭代滤波后的曲线高度重合，因此指数移动平均滤波器也成功滤除了高频噪声。

放大一天读数，程序代码如下所示。

```
    fig,ax = plt.subplots()
    ax.plot(days,tempC['tempC'],linewidth=0.6,label='Hourly Temp')
    ax.plot(days-fDelay/24,binomialMA,linewidth=0.6,label='Binomial Weighted Average')
    ax.plot(days-1/24,exponentialMA,linewidth=0.6,label='Exponential Weighted
Average')
    ax.legend()
    ax.set_title('Logan Airport Dry Bulb Temperature (source: NOAA)')
    ax.set_xlabel('Time elapsed from Jan 1, 2011 (days)')
    ax.set_ylabel('Temp ($ ^\circ $C)')
    ax.set_xlim([3,4])
    ax.set_ylim([-5,2])
```

运行程序，效果如图 3.8 所示。

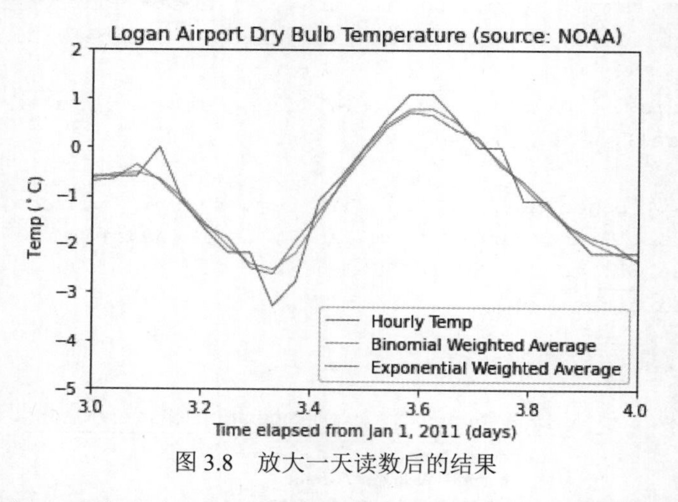

图 3.8　放大一天读数后的结果

由图 3.8 可看出，两种滤波后的曲线（绿色和橙色）相比原曲线（蓝色）更加平滑，极值减小。因此通过平滑处理数据，极值会得到一定程度的削减。

可以看到通过平滑处理数据，极值得到一定程度的削减。为了更紧密地跟踪信号，可以使用加权移动平均滤波器，该滤波器尝试以最小二乘方式对指定数量的采样进行指定阶数的多项式拟合。为了方便起见，可以使用函数 signal.savgol_filter 来实现 Savitzky-Golay 平滑滤波器。要使用 signal.savgol_filter，需指定一个奇数长度段的数据和严格小于该段长度的多项式阶。signal.savgol_filter 函数在内部计算平滑多项式系数，执行延迟对齐，并处理数据记录开始和结束位置的瞬变效应，程序代码如下所示。

```
    cubicMA = signal.savgol_filter(tempC['tempC'].flatten(),7,3)
    quarticMA = signal.savgol_filter(tempC['tempC'].flatten(),7,4)
    quinticMA = signal.savgol_filter(tempC['tempC'].flatten(),9,5)
    fig,ax = plt.subplots()
```

```
ax.plot(days,tempC['tempC'],linewidth=0.6,label='Hourly Temp')
ax.plot(days,cubicMA,linewidth=0.6,label='Cubic-Weighted MA')
ax.plot(days,quarticMA,linewidth=0.6,label='Quartic-Weighted MA')
ax.plot(days,quinticMA,linewidth=0.6,label='Quintic-Weighted MA')
ax.legend()
ax.set_title('Logan Airport Dry Bulb Temperature (source: NOAA)')
ax.set_xlabel('Time elapsed from Jan 1, 2011 (days)')
ax.set_ylabel('Temp ($ ^\circ $C)')
ax.autoscale(tight=True)
ax.set_xlim([3,5])
ax.set_ylim([-5,2])
```

运行程序，效果如图 3.9 所示。

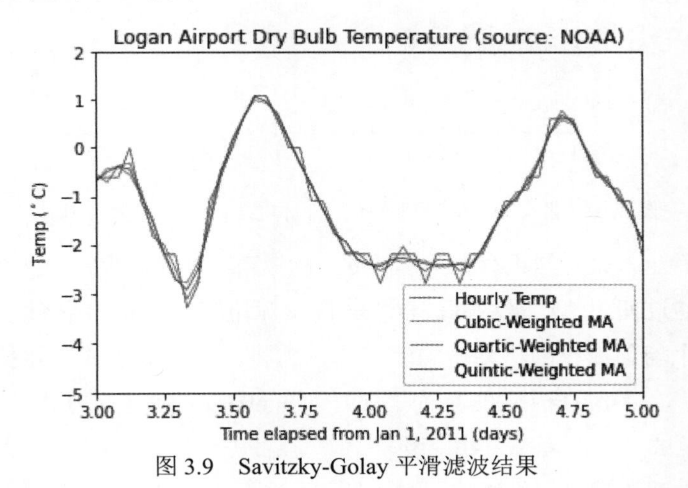

图 3.9　Savitzky-Golay 平滑滤波结果

从图 3.9 可看出，Quartic -Weighted MA 曲线相较于 Cubic -Weighted MA 曲线更加接近原始曲线，但 Cubic -Weighted MA 曲线更平滑。可见，在保持数据长度一致的情况下，阶数越小，滤波后曲线越平滑，越大越接近原始曲线；Quintic -Weighted MA 曲线相较于 Quartic -Weighted MA 曲线更平滑也更接近原始曲线，因此数据长度越大，滤波后曲线更接近原始曲线。

有时为了正确应用移动平均值，需要对信号进行重采样。在以下示例中，某模拟仪器输入端存在 60 Hz 交流电噪声干扰，以 1 kHz 采样频率对开环电压进行采样。程序代码如下所示。

```
openLoopVoltage = loadmat("openloop60hertz.mat")
fs = 1000
t = np.arange(openLoopVoltage['openLoopVoltage'].size)/fs
fig,ax = plt.subplots()
ax.plot(t,openLoopVoltage['openLoopVoltage'],linewidth=0.6)
ax.set_ylabel('Voltage (V)')
```

```
    ax.set_xlabel('Time (s)')
    ax.set_title('Open-loop Voltage Measurement')
    ax.autoscale(tight=True)
```

运行程序，效果如图 3.10 所示。

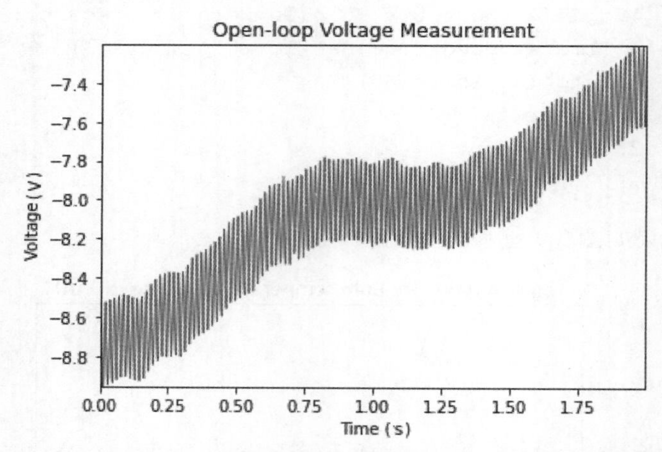

图 3.10　带有 60 Hz 噪声干扰的开环电压，采样频率为 1kHz

从图 3.10 可看出，采样结果存在大量的 60 Hz 噪声，其交流电噪声干扰波纹幅度较大。接下来尝试通过使用移动平均滤波器来去除交流电噪声干扰的影响。

如果构造一个均匀加权的移动平均滤波器，它将去除相对于滤波器持续时间而言具有周期性的任何分量。以 1 kHz（1000 Hz）采样时，在 60 Hz 的完整周期内，大约有 1000 / 60 ≈ 16.667 个采样。尝试“向上舍入”并使用一个 17 点滤波器，这将在 1000 Hz / 17 ≈ 58.82 Hz 的基频下提供最大滤波效果。程序代码如下所示。

```
    fig,ax = plt.subplots()
    ax.plot(t,signal.savgol_filter(openLoopVoltage['openLoopVoltage'].flatten(),
17,1),linewidth=0.6,label='Moving average filter operating at 58.82 Hz')
    ax.set_ylabel('Voltage (V)')
    ax.set_xlabel('Time (s)')
    ax.set_title('Open-loop Voltage Measurement')
    ax.legend(loc='lower right')
    ax.autoscale(tight=True)
```

运行程序，效果如图 3.11 所示。

从图 3.11 可以看出，虽然电压明显经过平滑处理，但它仍然包含小的 60 Hz 波纹。如果对信号进行重采样，以便通过移动平均滤波器捕获 60 Hz 信号的完整周期，就可以显著减弱该波纹。如果以 17 × 60 Hz = 1020 Hz 对信号进行重采样，可以使用 17 点移动平均滤波器来去除 60 Hz 的电线噪声。程序代码如下所示。

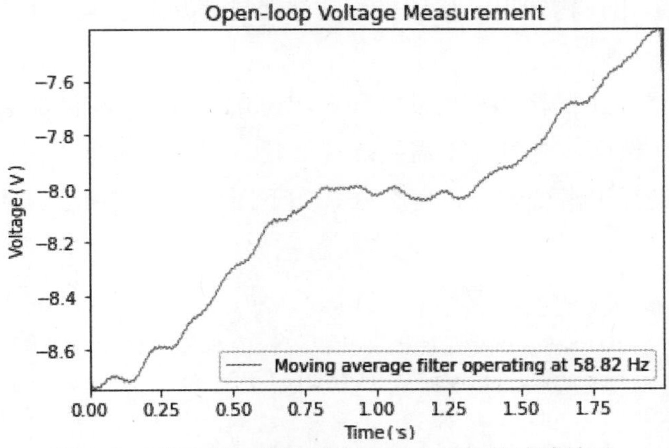

图 3.11　移动平均滤波器在 58.82 Hz 下的滤波效果

```
    fsResamp = 1020
    vResamp = signal.resample(openLoopVoltage['openLoopVoltage'].flatten(),int
(openLoopVoltage['openLoopVoltage'].size/fs*fsResamp))
    tResamp = np.arange(vResamp.size)/fsResamp
    vAvgResamp = signal.savgol_filter(vResamp,17,1)
    fig,ax = plt.subplots()
    ax.plot(tResamp,vAvgResamp,linewidth=0.6,label='Moving average filter
operating at 60 Hz')
    ax.set_ylabel('Voltage (V)')
    ax.set_xlabel('Time (s)')
    ax.set_title('Open-loop Voltage Measurement')
    ax.legend(loc='lower right')
    ax.autoscale(tight=True)
```

运行程序，效果如图 3.12 所示。

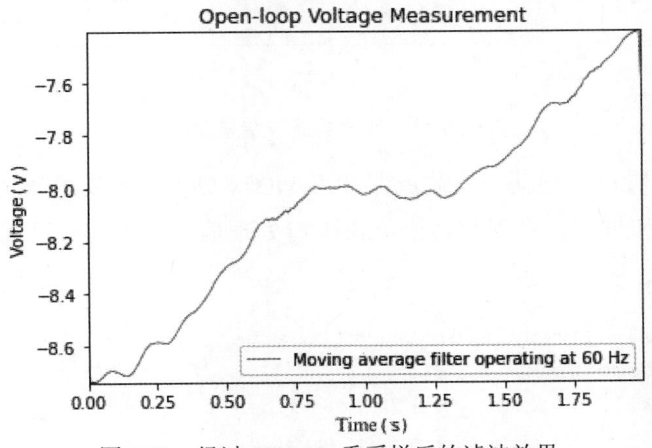

图 3.12　经过 1020 Hz 重采样后的滤波效果

从图 3.12 可以看出，构造出的移动平均滤波器显著减弱了电压中的 60 Hz 波纹，使电压曲线变得更平滑。

移动平均滤波器、加权移动平均滤波器和 Savitzky-Golay 滤波器会对它们滤波的所有数据进行平滑处理。然而，有时并不需要这种处理。例如，如果数据取自时钟信号并且不希望对其中的锐边进行平滑处理，该怎么办？如下面程序代码所示，到目前为止讨论的滤波器都不太适用。

```
clock = loadmat('clockex.mat')
yMovingAverage = signal.convolve(clock['x'].flatten(),np.ones(5)/5,mode='same')
ySavitzkyGolay = signal.savgol_filter(clock['x'].flatten(),5,3)
fig,ax = plt.subplots()
ax.plot(clock['t'],clock['x'],linewidth=0.6,label='original signal')
ax.plot(clock['t'],yMovingAverage,linewidth=0.6,label='moving average')
ax.plot(clock['t'],ySavitzkyGolay,linewidth=0.6,label='Savitzky-Golay')
ax.set_ylim([-0.5,3.5])
ax.legend(loc='upper right')
ax.autoscale(enable=True, axis='x', tight=True)
```

运行程序，效果如图 3.13 所示。

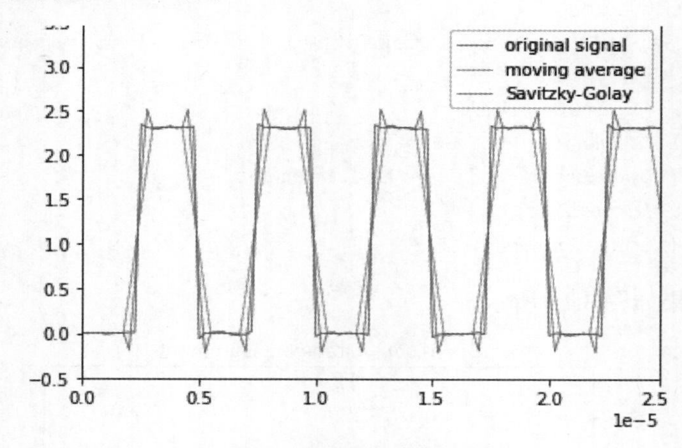

图 3.13　滤波器滤波结果对比

从图 3.13 可以看出，移动平均滤波器和 Savitzky-Golay 滤波器分别会在时钟信号的边沿附近进行欠校正和过校正。保留边沿但仍平滑处理信号电平的一种简单方法是使用中值滤波器，程序代码如下所示。

```
yMedFilt = signal.medfilt(clock['x'].flatten(),5)
fig,ax = plt.subplots()
ax.plot(clock['t'],clock['x'],linewidth=0.6,label='original signal')
```

```
ax.plot(clock['t'],yMedFilt,linewidth=0.6,label='median filter')
ax.set_ylim([-0.5,3])
ax.legend(loc='upper right')
ax.autoscale(enable=True, axis='x', tight=True)
```

运行程序，效果如图 3.14 所示。

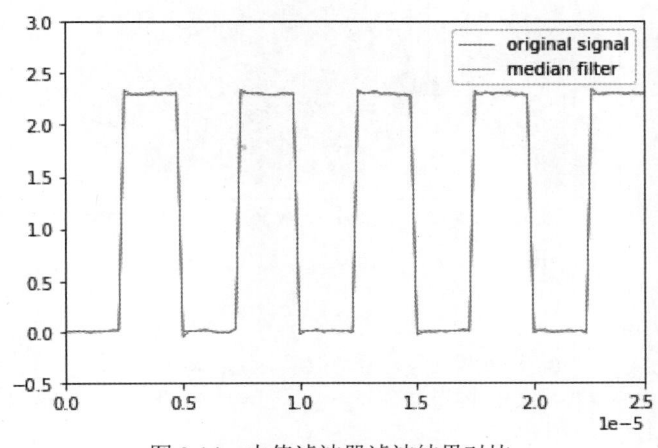

图 3.14　中值滤波器滤波结果对比

从图 3.14 可以看出，中值滤波器不仅会对时钟信号电平进行平滑处理，还能够保留信号边缘。

许多滤波器对离群值很敏感。与中值滤波器密切相关的一种滤波器是 Hampel 滤波器，此滤波器有助于在不过度平滑处理数据的情况下去除信号中的离群值。为了演示这一点，加载一段火车鸣笛的录音，并添加一些人为噪声尖峰，程序代码如下所示。

```
y = loadmat('train.mat')
y_addnoise = y['y'].flatten()
y_addnoise[::400] = 2.1
fig,ax = plt.subplots()
ax.scatter(np.arange(12880)+1,y_addnoise,s=1)
ax.plot(y_addnoise,linewidth=0.6,label='original signal')
ax.set_ylim([-1,2.5])
ax.set_xlim([0,14000])
```

运行程序，效果如图 3.15 所示。

如图 3.15 所示，人为添加噪声尖峰后可观察到信号中的尖峰持续时间，由于引入的每个尖峰只有一个采样的持续时间，可以使用只包含 3 个元素的中值滤波器来去除尖峰。程序代码如下所示。

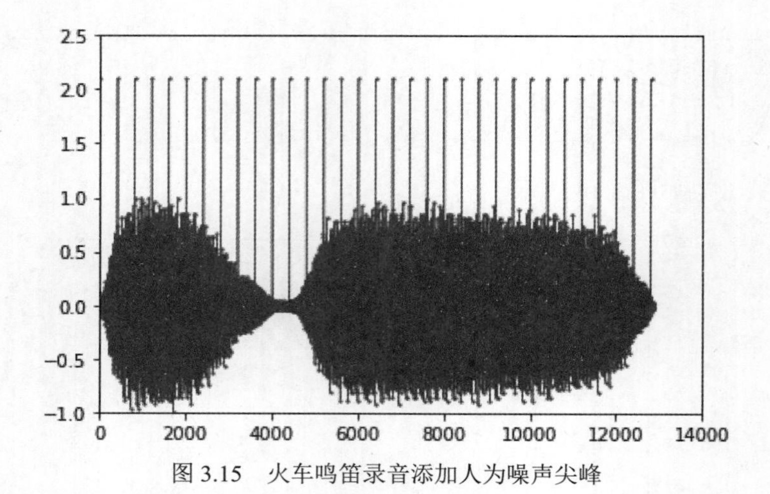

图 3.15　火车鸣笛录音添加人为噪声尖峰

```
fig,ax = plt.subplots()
ax.scatter(np.arange(12880)+1,y_addnoise,s=1)
ax.plot(y_addnoise,linewidth=0.6,label='original signal')
ax.set_ylim([-1,2.5])
ax.set_xlim([0,14000])
ax.plot(signal.medfilt(y_addnoise,3),linewidth=0.6,label='filtered signal')
ax.legend()
```

运行程序，效果如图 3.16 所示。

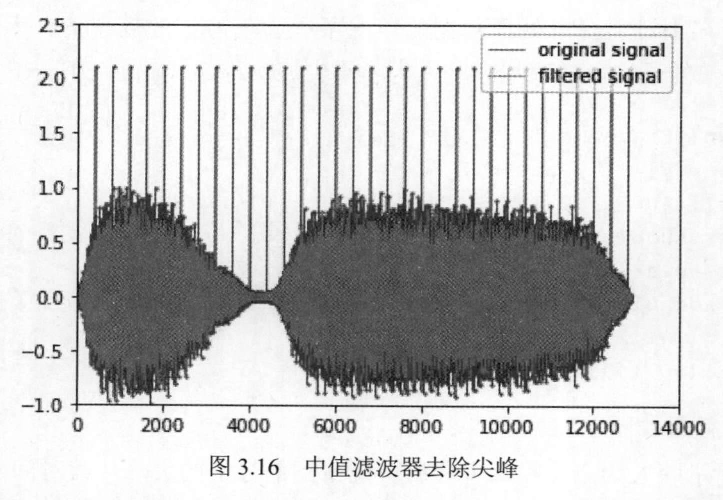

图 3.16　中值滤波器去除尖峰

如图 3.16 所示，该滤波器去除了尖峰，但同时去除了原始信号的大量数据点。Hampel 滤波器的工作原理类似于中值滤波器，但它仅替换与局部中位数值相差几倍标准差的值。程序代码如下所示。

```
    from hampel import hampel
    import pandas as pd

    y_an_series = pd.Series(y_addnoise.tolist())
    y_addnoise_imp = hampel(y_an_series,window_size=11,imputation=True)
    y_addnoise_out = hampel(y_an_series, window_size=11)
    fig,ax = plt.subplots()
    ax.plot(y_addnoise,linewidth=0.6,label='original signal')
    ax.scatter(np.arange(12880)+1,y_addnoise,s=3)
    ax.plot(y_addnoise_imp,linewidth=0.5,label='filtered signal')
    ax.scatter(y_addnoise_out,y_addnoise[np.array(y_addnoise_out)],c='w',
marker='s',edgecolors='black',label='outliers')
    ax.legend(loc=(0.65,0.6))
```

运行程序，效果如图 3.17 所示。

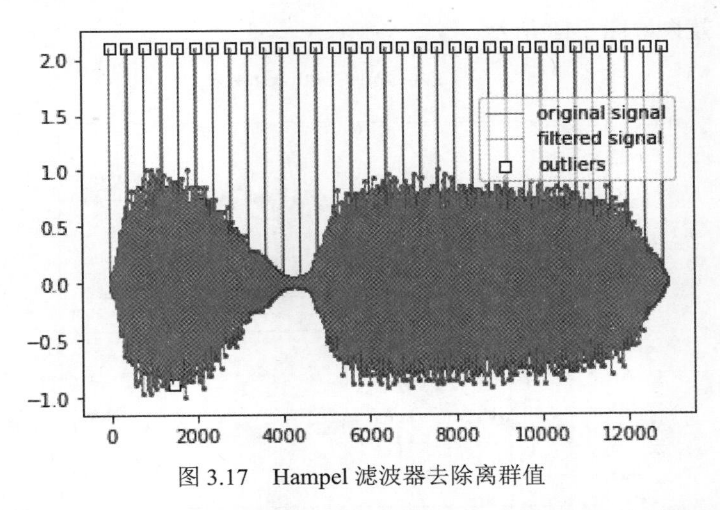

图 3.17　Hampel 滤波器去除离群值

从图 3.17 可看出，只有与局部中位数值相差几倍标准差的值即离群值从原始信号中被去除。

3.1.3　对数据去趋势

测量的信号可能显示数据中非固有的整体模式，这些趋势有时会妨碍数据分析，因此必须进行去趋势。而心电图（Electrocardiogram，ECG）信号对电源干扰等扰动很敏感，因此以具有不同趋势的两种 ECG 信号为例，首先先绘制两种带趋势的信号，程序代码如下所示。

```
    from scipy.io import loadmat
    import matplotlib.pyplot as plt
    import numpy as np

    ecgl = loadmat("ecgl.mat")
```

```
ecgnl = loadmat("ecgnl.mat")

t = len(ecgl['ecgl'])
x = np.linspace(0, t, t)

fig, (ax1, ax2) = plt.subplots(2, 1)

ax1.plot(ecgl['ecgl'])
fig.suptitle('ECG Signals with Trends')
ax1.grid()
plt.ylabel('Voltage (mV)')

ax2.plot(ecgnl['ecgnl'])
ax2.grid()
plt.ylabel('Voltage (mV)')
```

运行程序，效果如图 3.18 所示。

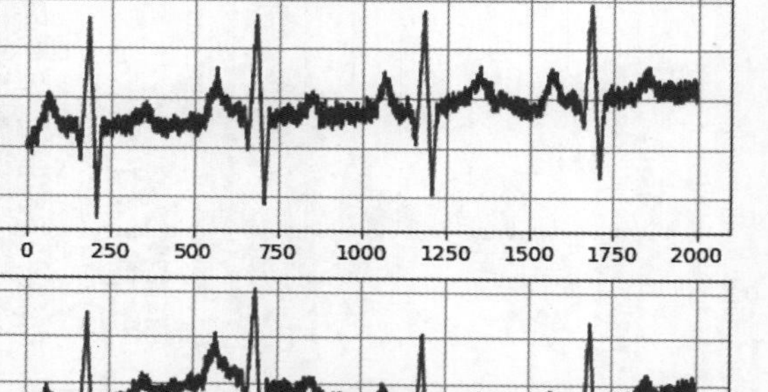

图 3.18　带趋势的两种 ECG 信号

如图 3.18 所示，第一个绘图上的信号为线性趋势。要对信号进行去趋势处理，需要用到 detrend 函数。第二个信号的趋势是非线性的，需要用到 polyfit 和 polyval 函数。程序代码如下所示。

```
from scipy.io import loadmat
import matplotlib.pyplot as plt
import numpy as np

ecgl = loadmat("ecgl.mat")
```

```
ecgnl = loadmat("ecgnl.mat")

t = len(ecgl['ecgl'])
x = np.linspace(0, t, t)

fig, (ax1, ax2) = plt.subplots(2, 1)

ax1.plot(ecgl['ecgl'])
fig.suptitle('ECG Signals with Trends')
ax1.grid()
plt.ylabel('Voltage (mV)')

ax2.plot(ecgnl['ecgnl'])
ax2.grid()
plt.ylabel('Voltage (mV)')
```

运行程序，效果如图 3.19 所示，这些趋势已有效地去除，与原始信号相比，可以看到信号的基线已不再偏移，它们现在可用于进一步处理。

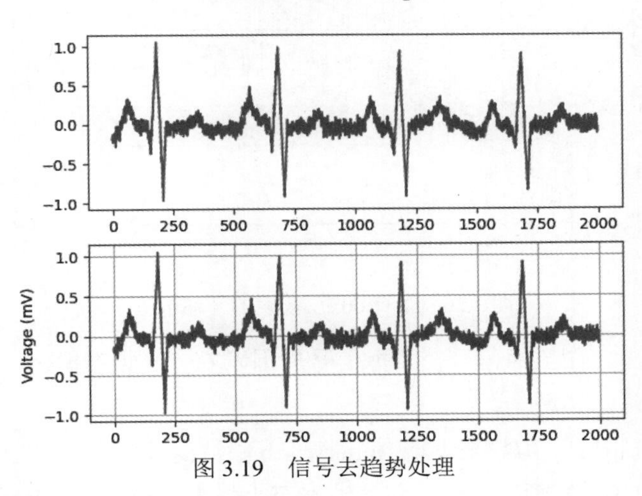

图 3.19　信号去趋势处理

3.1.4　从信号中去除 60 Hz 干扰

交流电一般以 60 Hz 的频率振荡，而在信号处理过程中，这些振荡通常会干扰测量结果，因此必须将其减去。本实验在存在 60 Hz 电力线噪声的情况下，研究模拟仪器的输入的开环电压。程序代码如下所示，其中电压采样频率为 1 kHz。

```
import numpy as np
from scipy.io import loadmat
```

```
import matplotlib.pyplot as plt

openLoop = loadmat('openloop60hertz.mat')
Fs = 1000
t = np.arange(len(openLoop['openLoopVoltage']))/Fs
fig,ax = plt.subplots()
ax.plot(t,openLoop['openLoopVoltage'],linewidth=0.6)
ax.set_ylabel('Voltage (V)')
ax.set_xlabel('Time (s)')
ax.set_title('Open-Loop Voltage with 60 Hz Noise')
ax.grid()
ax.set_ylim(-9,-7.2);ax.set_xlim(0,2)
```

运行程序，效果如图 3.20 所示。

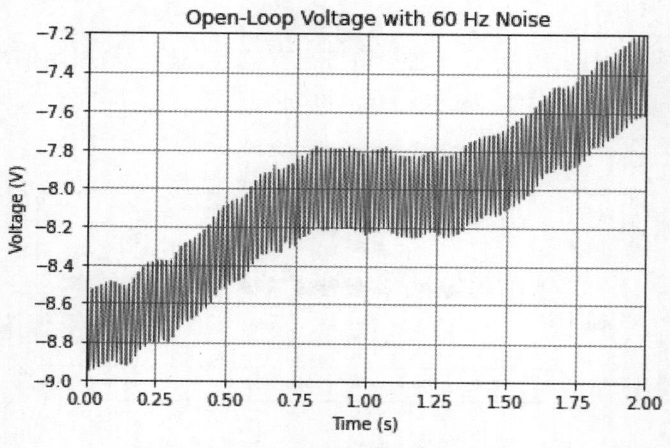

图 3.20　带有 60 Hz 噪声的开环电压

从图 3.20 可看出，图上的信号在目标信号周围以 60 Hz 频率振荡，无法看出目标信号的具体形状。

这里使用 signal.iirfilter 函数来设计 Butterworth 陷波滤波器，消除 60 Hz 噪声：陷波的宽度定义为 59 至 61 Hz 的频率区间，此滤波器至少能去除该范围内频率分量的一半功率，接着绘制滤波器的频率响应。值得一提的是，此陷波滤波器可提供高达 30 dB 的衰减，程序代码如下所示。

```
from scipy import signal

b,a = (signal.iirfilter(N=5,Wn=[59,61],btype='bandstop',analog=False,ftype
='butter',fs=Fs))
freq,h = signal.freqz(b,a,fs=Fs)
```

```
fig,ax = plt.subplots()
ax.plot(freq,20*np.log10(np.abs(h)))
ax.set_ylabel('Magnitude (dB)')
ax.set_xlabel('Frequency (Hz)')
ax.set_title('Magnitude Response (dB)')
ax.set_xticks(np.arange(0,501,50))
ax.grid()
ax.autoscale(enable=True,axis='x',tight=True)
```

运行程序，效果如图 3.21 所示。

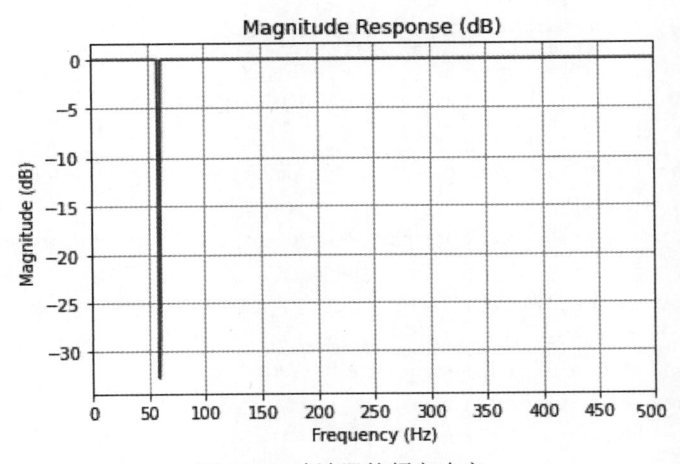

图 3.21　滤波器的频率响应

从图 3.21 可看出，图中 Butterworth 陷波滤波器只对 60 Hz 处信号有 30 dB 的衰减。

再使用 signal.filtfilt 对信号进行滤波，来补偿滤波延迟，注意观察振荡是如何显著减少的，程序代码如下所示。

```
buttLoop = signal.filtfilt(b,a,openLoop['openLoopVoltage'].flatten())
fig,ax = plt.subplots()
ax.plot(t,openLoop['openLoopVoltage'],linewidth=0.6,label='Unfiltered')
ax.plot(t,buttLoop,linewidth=0.6,label='Filtered')
ax.set_ylabel('Voltage (V)')
ax.set_xlabel('Time (s)')
ax.set_title('Open-Loop Voltage')
ax.legend();ax.grid()
ax.autoscale(enable=True,axis='x',tight=True)
```

运行程序，效果如图 3.22 所示。

从图 3.22 可看出，滤波后的信号与滤波前相比，去除了震荡的分量，电压曲线变得清晰。

之后使用周期图查看 60 Hz 处的“尖峰”是否已消除，程序代码如下所示。

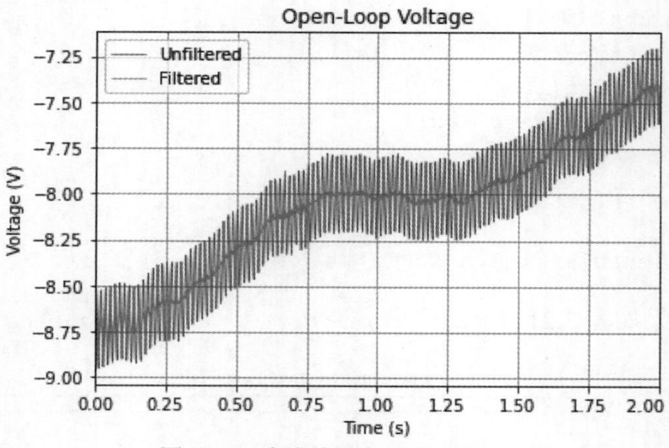

图 3.22　滤波前后电压变化对比

```
    fopen,Popen = (signal.periodogram(openLoop['openLoopVoltage'].
flatten(),fs=Fs,nfft=2048))
    fbutt,Pbutt = signal.periodogram(buttLoop,fs=Fs,nfft=2048)
    fig,ax = plt.subplots()
    ax.plot(fopen,20*np.log10(np.abs(Popen)),linewidth=0.6,label='Unfiltered')
    ax.plot(fbutt,20*np.log10(np.abs(Pbutt)),linewidth=0.6,label='Filtered')
    ax.set_ylabel('Power/frequency (dB/Hz)')
    ax.set_xlabel('Frequency (Hz)')
    ax.set_title('Power Spectrum')
    ax.set_ylim(-160,60)
    ax.set_xticks(np.arange(0,501,50))
    ax.legend();ax.grid()
    ax.autoscale(enable=True,axis='x',tight=True)
```

运行程序，效果如图 3.23 所示。

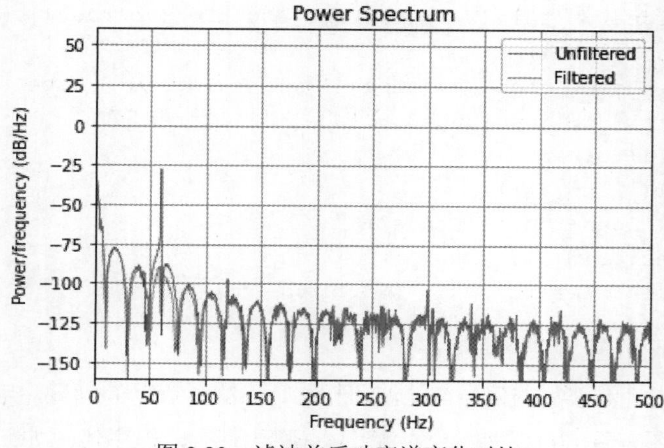

图 3.23　滤波前后功率谱变化对比

从图 3.23 可看出，与滤波前相比，滤波后的信号在 60 Hz 处分量基本被滤除，验证了滤波的效果。

3.1.5 去除信号中的峰值

在处理数据时，有时数据会出现不必要的瞬变（即峰值），消除它的好方法是中位数滤波。这里以存在 60 Hz 电线噪声时模拟仪器输入的开环电压为例进行仿真，采样频率为 1 kHz，程序代码如下所示。

```
import numpy as np
from matplotlib import pyplot as plt
import scipy.signal as signal
import scipy.io as scio

data = scio.loadmat('openloop60hertz.mat')
hz_60 = data['openLoopVoltage']
datalen = len(hz_60)
T = np.arange(0, datalen)

plt.plot(T, hz_60)
plt.show()
```

运行程序，效果如图 3.24 所示。

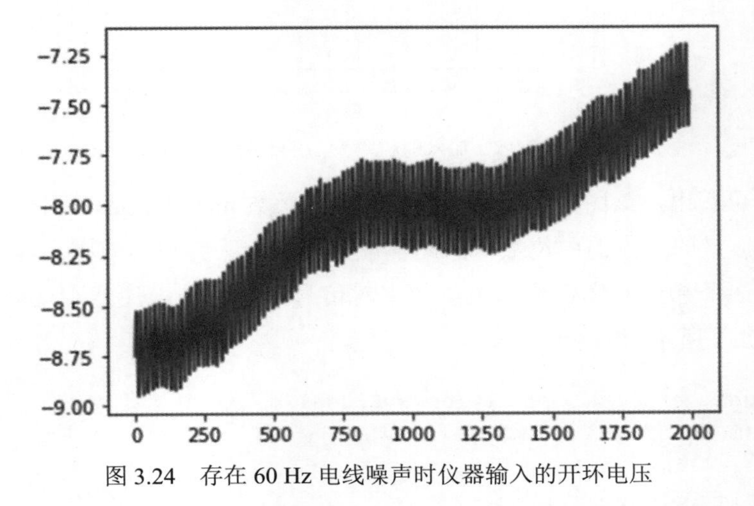

图 3.24 存在 60 Hz 电线噪声时仪器输入的开环电压

从图 3.24 可看出，此为存在 60 Hz 电线噪声时仪器输入的开环电压。通过使用 random 函数在随机点添加随机符号来加入瞬变以破坏信号，并通过重置随机数生成器以获得可再现性，程序代码如下所示。

```
spikeSignal = np.zeros(datalen)
spks = np.arange(10, 1990, 100)
randadd = np.random.randint(-10, 10, size=len(spks))
spikeSignal[spks + randadd] = np.random.randn(len(spks))
hz_60 = hz_60.reshape(len(hz_60),)
noisySignal = hz_60 + spikeSignal
plt.plot(T, noisySignal)
plt.xlabel('Time (s)')
plt.ylabel('Voltage (V)')
plt.title('Voltage with Added Spikes')
plt.show()
```

运行程序，效果如图 3.25 所示。

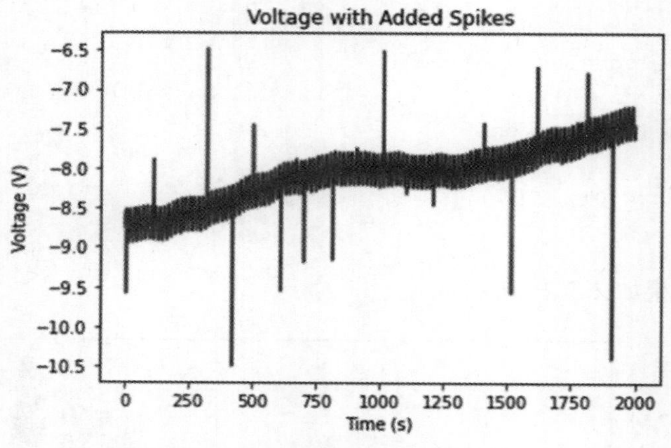

图 3.25　加入随机瞬变后的开环电压

从图 3.25 可看出，该图像出现许多随机峰值。函数 medfiltSignal 将信号的每个点替换为该点和指定数量的邻点的中位数，因此中位数滤波会丢弃与其周围环境相差很大的点，以下通过使用 3 个邻点的集合计算中位数来对信号进行滤波，注意观察峰值是如何消失的，程序代码如下所示。

```
medfiltSignal = signal.medfilt(noisySignal)
plt.plot(medfiltSignal)
plt.xlabel('Time (s)')
plt.ylabel('Voltage (V)')
plt.title('Voltage with Added Spikes')
plt.grid()
plt.show()
```

运行程序，效果如图 3.26 所示。

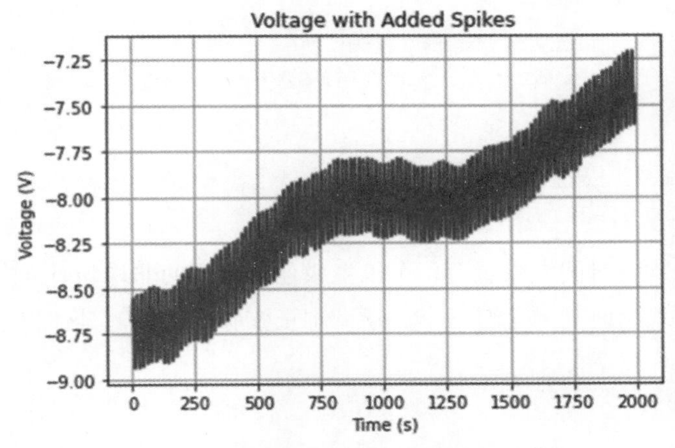

图 3.26　经过峰值中位数处理后的开环电压

从图 3.26 可看出，随机峰值都被消除，函数图像包络十分平滑。

3.2 波形生成

使用 chirp 生成线性、二次和对数 chirp。使用 square、rectpuls 和 sawtooth 创建方波、矩形波和三角形波。

3.2.1 使用到的 Python 函数

波形生成中使用到的 Python 函数如表 3.2 所示。

表 3.2　波形生成中使用到的 Python 函数

序号	函 数 名	功 能 描 述
1	scipy.signal.chirp	扫频余弦发生器
2	scipy.signal.gausspulse	返回高斯调制正弦曲线
3	scipy.signal.max_len_seq	最大长度序列（Maximum Length Sequence，MLS）生成器
4	scipy.signal.sawtooth	返回周期性锯齿或三角波形
5	scipy.signal.square	返回周期性方波波形
6	scipy.signal.sweep_poly	扫频余弦发生器，具有与时间相关的频率
7	scipy.signal.unit_impulse	单位脉冲信号（离散增量函数）或单位基向量

3.2.2 创建均匀和非均匀时间向量

如果在创建时间向量时，知道时间区间的开始、结束以及样本数量，可以用 np.linspace() 函数创建所需均匀时间向量。下面代码假设启动秒表 3 s 后停止它，并获得 20001 个读数。

```
import numpy as np
from scipy.io import loadmat
import matplotlib.pyplot as plt

gpl1 = loadmat("gpl1.mat")
gpl2 = loadmat("gpl2.mat")
Tcont = np.linspace(0,3,20001)
```

将多个不同的均匀时间向量组合，可以生成任意特征的非均匀时间向量。

利用设计的非均匀时间向量对一个高斯调制正弦脉冲采样，具体程序代码如下所示。

```
Ffast = 100
Tf = 1/Ffast
Nslow = 5
tdisc = np.linspace(0,1,Nslow)
Nfast = (2-1)/Tf
tdisc1 = np.linspace(1,2,99)
tdisc = np.append(tdisc,tdisc1)
tdisc2 = np.linspace(2,3,Nslow)
tdisc = np.append(tdisc,tdisc2)

plt.plot(tdisc,gpl2['gpl2'].flatten(),'o',ms = 5,mfc='w',mew=1,mec='b')
plt.plot(Tcont,gpl1['gpl1'])
plt.title('Triangular_pulse Wave')
plt.xlabel('Time (sec)')
plt.ylabel('Amplitude')
Text(0, 0.5, 'Amplitude')
```

运行程序，效果如图 3.27 所示。

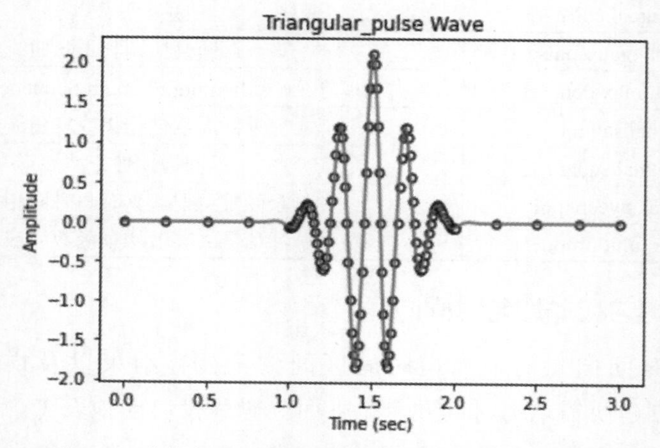

图 3.27　非均匀时间向量对高斯调制正弦脉冲采样结果

从图 3.27 可看出，非均匀时间向量在不同时段对高斯调制正弦脉冲采样效果不同。该脉冲在 1.0 s 至 2.0 s 区间内变化迅速，但在第一秒和第三秒内变化缓慢。以 100 Hz 的频率对感兴趣的区域进行采样，在之前和之后只各采集 5 个样本。

3.2.3 波形生成：时间向量和正弦波

视频讲解

大多数工具箱函数要求从表示时间的向量开始。例如，假设以 1000 Hz 采样频率生成数据。合适的时间向量是 np.linspace(0,1,1001)。

在给定 t 的情况下，可以创建由两个正弦波组成的示例信号 y，第一个正弦波的频率为 50 Hz，第二个的频率为 120 Hz 且幅值是第一个正弦波的两倍。程序代码如下所示。

```
import numpy as np
import matplotlib.pyplot as plt

t = np.linspace(0,1,1001)
y = np.sin(2 * np.pi * 50 * t )+np.sin(2 * np.pi * 120 * t )
```

由向量 t 构成的新变量 y 的长度也是 1001 个元素。可以将正态分布的白噪声添加到信号中，并绘制前 50 个点，程序代码如下所示。

```
n = 1001
white_noise = np.random.standard_normal(size=n)
yn = y + white_noise
plt.plot(t[1:50],y[1:50])
plt.show()
```

运行程序，效果如图 3.28 所示。

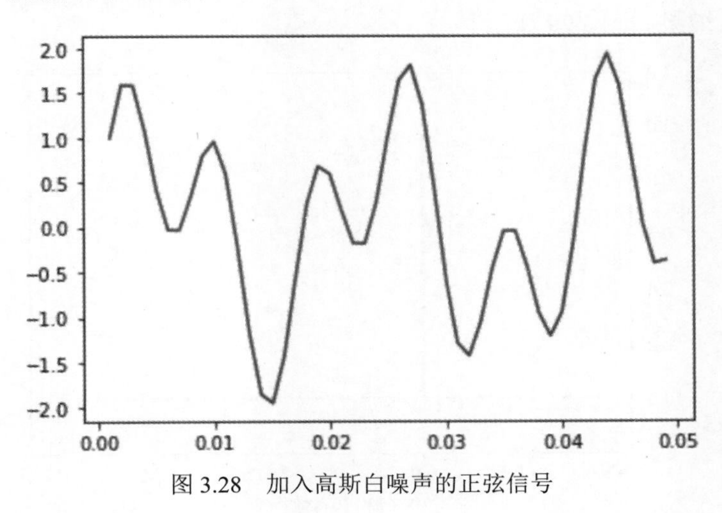

图 3.28　加入高斯白噪声的正弦信号

从图 3.28 可以看出，利用上个示例提到过的时间向量可以创建两个正弦波组成的信号，且加入了高斯白噪声的正弦波信号波形产生了一些随机扰动，增加了整个信号的噪声水平。

视频讲解

3.2.4 脉冲函数、阶跃函数和斜坡函数

脉冲函数是一种理想化的信号，它在时间轴上只有一个非零值，且该值为无限大，持续时间为 0。脉冲函数可以用于分解信号，以便更好地理解信号的性质和行为。例如，将复杂输入信号分解为脉冲函数的加权和，可以根据线性系统的可加性和齐次性，得到系统的响应。绘制脉冲函数的图像可以帮助更好地理解脉冲函数的性质和行为。

下面的程序创建了一个幅度为 1 的脉冲波形。

```
import numpy as np
import matplotlib.pyplot as plt

def impulse_wave(x,c):
    if x==c:
        r=1.0
    else:
        r=0.0
    return r

x=np.linspace(-1,2,1000)
y=np.array([impulse_wave(t,0.0) for t in x])
plt.ylim(-0.2,1.2)
plt.plot(x,y)
plt.show()
```

运行程序，效果如图 3.29 所示。

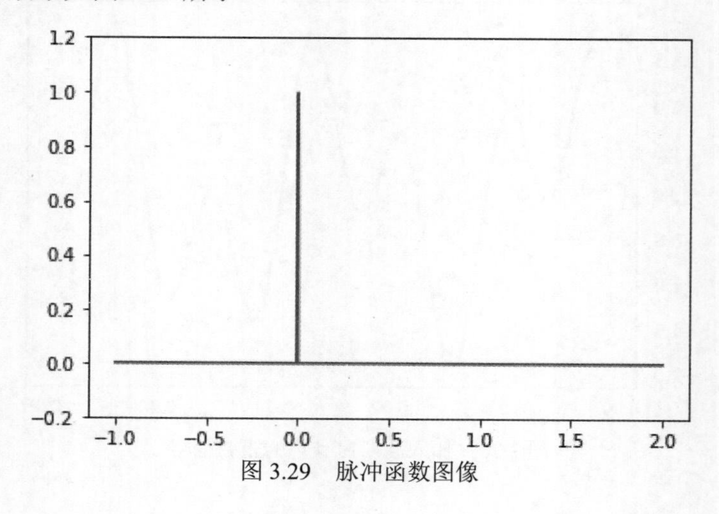

图 3.29　脉冲函数图像

从图 3.29 可看出，脉冲函数仅在 x=0.0 时有值，在 x ≠ 0.0 时值均为 0。

下面的程序创建了一个幅度为 1 的阶跃函数。

```
import numpy as np
import matplotlib.pyplot as plt

def unitstep_wave(x,c):
    if x>=c:
        r=1.0
    else:
        r=0.0
    return r

x=np.linspace(-1,2,1000)
y=np.array([unitstep_wave(t,0.0) for t in x])
plt.ylim(-0.2,1.2)
plt.plot(x,y)
plt.show()
```

该程序首先自定义了阶跃函数 unitstep_wave，然后使用 Matplotlib 库绘制图像。运行程序，效果如图 3.30 所示。

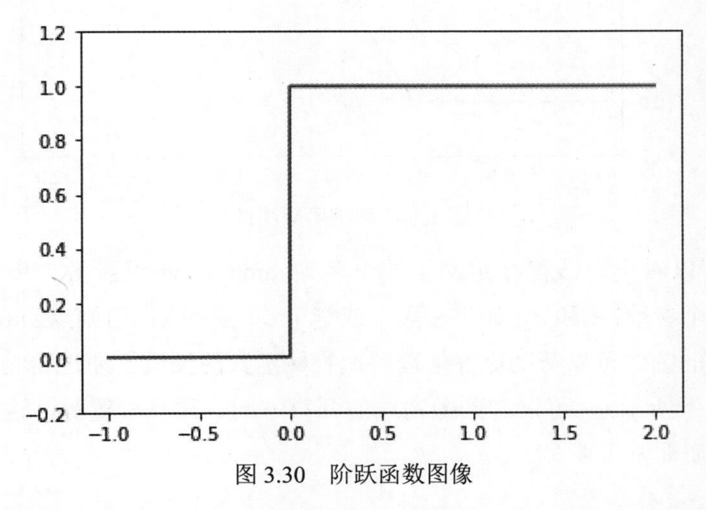

图 3.30　阶跃函数图像

从图 3.30 可看出，当自变量小于 0.0 时，函数值为 0.0；当自变量大于 0.0 时，函数值为 1.0，这符合阶跃函数的定义。

下面的程序创建了一个斜率为 1 的斜坡函数。

```
import numpy as np
import matplotlib.pyplot as plt
```

```
def ramp_wave(x,c):
    if x>=c:
        r=x
    else:
        r=0.0
    return r

x=np.linspace(-1,2,1000)
y=np.array([ramp_wave(t,0.0) for t in x])
plt.ylim(-0.2,1.2)
plt.plot(x,y)
plt.show()
```

运行程序，效果如图 3.31 所示。

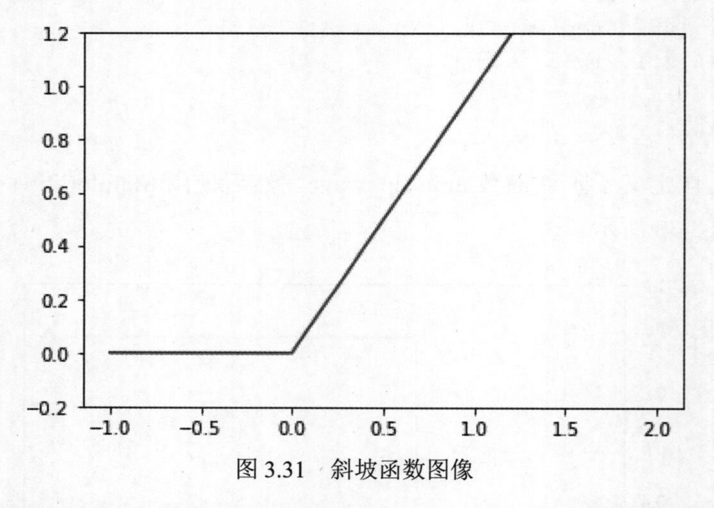

图 3.31　斜坡函数图像

从图 3.31 可以看出，该程序定义了一个名为 ramp_wave 的函数，用于生成一个斜坡波形。它接受两个参数：x 和 c。如果 x 大于或等于 c，返回 x；否则返回 0.0。

抛物线函数的图像可以帮助更好地理解抛物线函数的性质。通过绘制抛物线函数的图像（程序代码如下所示），可以看到抛物线的开口方向、顶点位置等，这些信息对于理解抛物线函数的性质非常重要。

```
import numpy as np
import matplotlib.pyplot as plt

def quad_wave(x,c):
    if x>=c:
        r=x**2
    else:
```

```
        r=0.0
    return r

x=np.linspace(-1,2,1000)
y=np.array([quad_wave(t,0.0) for t in x])
plt.ylim(-0.2,1.2)
plt.plot(x,y)
plt.show()
```

运行程序，效果如图 3.32 所示。

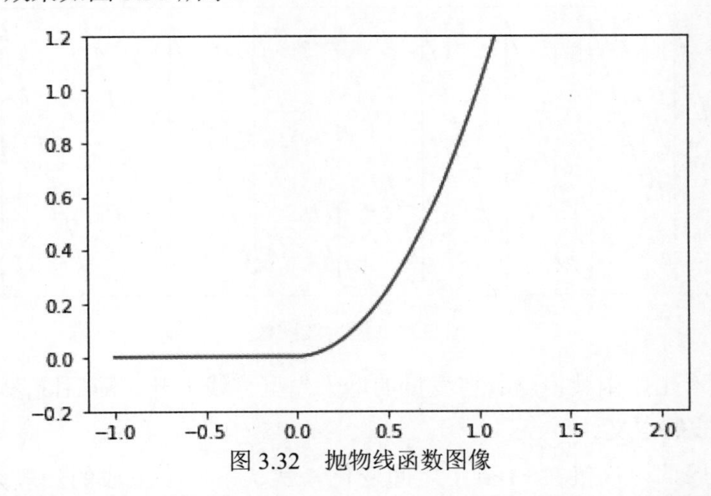

图 3.32　抛物线函数图像

从图 3.32 可看出，抛物线函数在 x<0.0 时，y 的值为 0.0，在 x ⩾ 0.0 时，y 的值为 x 坐标值的平方。

3.2.5　常见的周期性波形

下面这段程序创建了一个峰值为 1 的锯齿波。

```
import numpy as np
import matplotlib.pyplot as plt

def rect_square_wave(origin=0, size=20,x_unit=1, y0=0, y1=1):
    d = []
    for  start in range(origin, origin + x_unit * size, x_unit):
        d.append((start, y1))
        middle = start + x_unit
        d.append((middle, y0))
        end = start + x_unit
        d.append((end, y0))
```

```
    return d

d = np.array(rect_square_wave(origin=0, size=10, x_unit=1, y0=1, y1=-1))
plt.figure(figsize=(15, 5))
plt.plot(d[:, 0], d[:, 1])
plt.show()
```

该程序首先自定义了锯齿波函数 rect_square_wave，然后使用 Matplotlib 库绘制图像。运行程序，效果如图 3.33 所示。

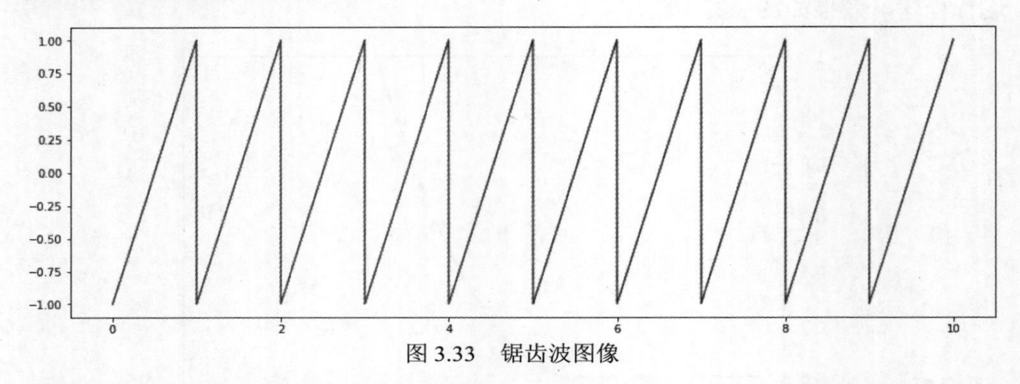

图 3.33　锯齿波图像

从图 3.33 可看出，函数值随着自变量的增大先呈直线上升，随后陡落，再上升，如此反复，符合锯齿波的定义。

方波的一个周期内，值在 -1 到 1 之间变化。默认条件下生成的一般为等宽方波，但方波的占空比是可以根据参数进行调节的。假设要绘制满足如下几个要求的矩形方波图：高低位分别是 1 和 -1，起始位置为 0，周期为 10，每个周期的长度为 1，高、低占空比分别是 0.4 和 0.6。具体的程序代码如下所示。

```
import numpy as np
import matplotlib.pyplot as plt

def rect_square_wave(origin=0, size=20, ratio=0.5, x_unit=1, y0=0, y1=1):
    d = []
    for  start in range(origin, origin + x_unit * size, x_unit):
        d.append((start, y0))
        middle = start + x_unit * ratio
        d.append((middle, y0))
        d.append((middle, y1))
        end = start + x_unit
        d.append((end, y1))

    return d
```

```
    d = np.array(rect_square_wave(origin=0, size=10, ratio=0.4, x_unit=1, y0=1, y1=-1))
    plt.figure(figsize=(15, 5))
    plt.plot(d[:, 0], d[:, 1])
    plt.show()
```

运行程序，效果如图 3.34 所示。

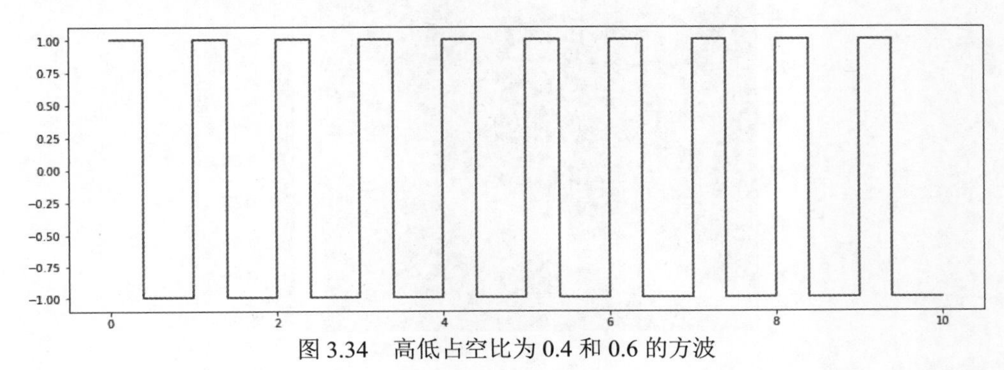

图 3.34 高低占空比为 0.4 和 0.6 的方波

从图 3.34 可看出，在每个周期中，方波值在 -1 和 1 之间变化，且波形的高低占空比为 0.4 和 0.6，符合代码预期。

3.2.6 常见的非周期性波形

视频讲解

计算采样频率为 1 kHz，从直流开始，总长 2 s 并在 1 s 处瞬时频率为 150 Hz 的线性 chirp 信号。绘制 chirp 的频谱图，默认模式为“linear”。指定相邻窗段之间的重叠为 90%。程序代码如下所示。

```
from scipy.signal import chirp
from scipy import signal
import matplotlib.pyplot as plt
import numpy as np
import scipy

t = np.arange(0, 2, 1/1000)
y = chirp(t, f0=0, f1=150, t1=1)
fig,ax = plt.subplots()
Pxx, freqs, bins, im = ax.specgram(y,noverlap=250,NFFT=256,Fs=1000,cmap='plasma')
cax = ax.imshow(10*np.log10(Pxx), cmap='plasma',aspect='auto')
fig.colorbar(cax)
ax = plt.gca()
ax.xaxis.set_ticks_position('bottom')
ax.invert_yaxis()
```

```
plt.xlabel('Time(ms)')
plt.ylabel('Frequency(Hz)')
ax2 = ax.twinx()
ax2.set_ylabel('Power/frequency(dB/Hz)',labelpad=70)
ax2.set_yticks([])
```

运行程序，效果如图 3.35 所示。

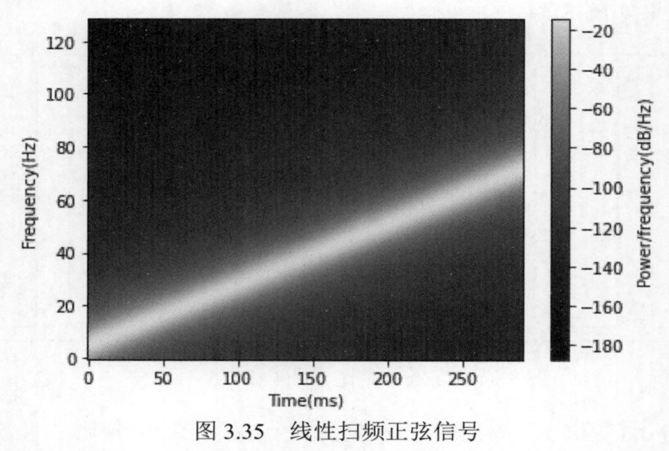

图 3.35　线性扫频正弦信号

从图 3.35 可看出，线性 chirp 信号的频率随着时间的增加而线性增加。

使用 signal.gausspulse 绘制带宽为 60%、采样频率为 1 MHz 的 50 kHz 高斯 RF 脉冲。当包络比峰值低 40 dB 时，截断脉冲。程序代码如下所示。

```
tc = signal.gausspulse('cutoff',fc=50e3,bw=0.6,bwr=-6,tpr=-40)
t = np.arange(-tc, tc, 1e-6)
yi = signal.gausspulse(t,50e3,0.6)
plt.plot(t,yi)
```

运行程序，效果如图 3.36 所示。

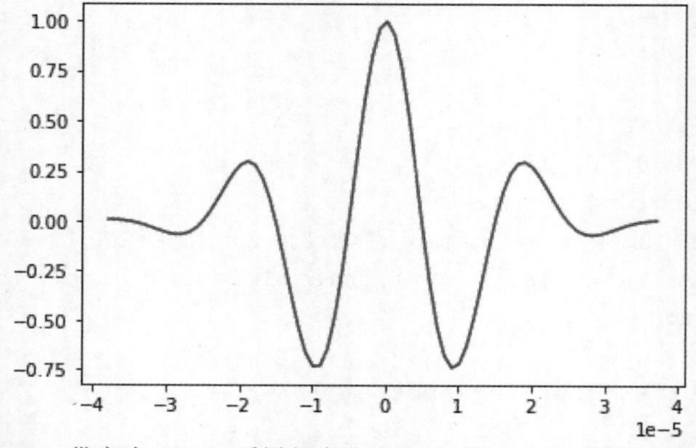

图 3.36　带宽为 60%、采样频率为 1 MHz 的 50 kHz 高斯 RF 脉冲

如图 3.36 所示，使用 signal.gausspulse 成功绘制了带宽为 60%、采样频率为 1 MHz 的 50 kHz 高斯 RF 脉冲，并且当包络比峰值低 40 dB 时，脉冲被截断。

3.2.7 pulstran 函数

pulstran 函数基于连续的或采样的原型脉冲生成脉冲序列。以下程序生成由高斯脉冲多次延迟插值之和组成的脉冲序列，该脉冲序列定义为具有 50 kHz 的采样频率，10 ms 的脉冲序列长度和 1 kHz 的脉冲重复率；T 为指定脉冲序列的采样时刻，D1 为指定每次脉冲重复的延迟，D2 为指定每次重复的可选衰减。要构造该脉冲序列，将 gauspuls 函数的名称以及附加参数（用于指定带宽为 50% 的 10 kHz 高斯脉冲）传递给 pulstran 函数。程序代码如下所示。

```
from scipy import signal
import matplotlib.pyplot as plt
import numpy as np

T = np.arange(0, 10e-3 + 1/50e3, 1/50e3)
D1 = np.arange(0, 10e-3 + 1/1e3, 1/1e3)
D2 = np.array([0.8**0, 0.8**1, 0.8**2, 0.8**3, 0.8**4, 0.8**5, 0.8**6,
0.8**7, 0.8**8, 0.8**9, 0.8**10])
print(D1)
gauspuls = signal.gausspulse(T-0.002, fc=10e3)
print(D1[1])
Y = 0
for i in range(11):
    Y = Y + D2[i]*signal.gausspulse(T-D1[i], fc=10e3)
plt.plot(T, Y)
```

运行程序，效果如图 3.37 所示。

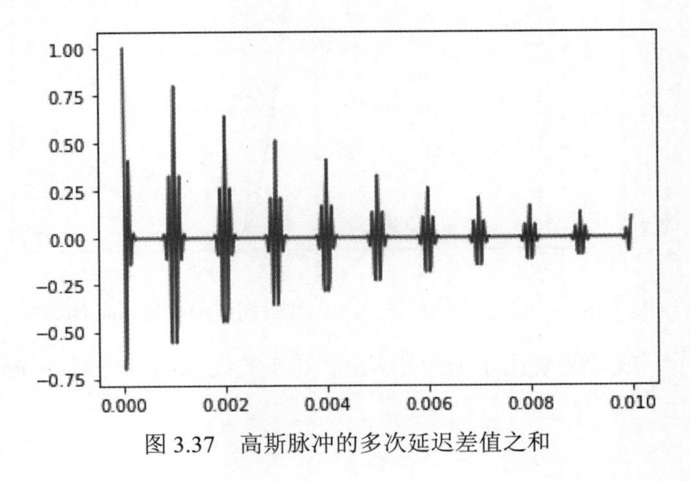

图 3.37　高斯脉冲的多次延迟差值之和

从图 3.37 可看出，该程序对一个高斯脉冲进行了延迟并插值补零，且对后续的脉冲进行了幅度 0.8 倍的步进，以实现对后续重复脉冲的衰减。

3.2.8 sinc 函数

sinc 函数计算输入向量或矩阵 x 的数学正弦函数。作为时间或空间的函数，sinc 函数是以零为中心、宽度为 2π 并具有单位高度频率的矩形脉冲的傅里叶逆变换。程序代码如下所示。

```
import numpy as np
import matplotlib.pyplot as plt

def sinc(x):
    def function(x):
        if x==0:
            return 1
        else:
            return np.sin(np.pi*x)/(np.pi*x)
    return np.array([function(t) for t in x])
x = np.linspace(-5,5)
y=sinc(x)
plt.plot(x,y)
plt.grid()
```

运行程序，效果如图 3.38 所示。

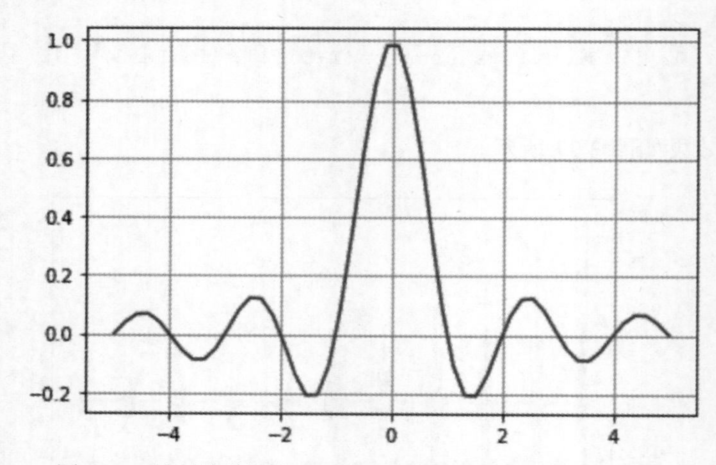

图 3.38　绘制值范围从 −5 到 5 的线性间距向量的 sinc 函数

如图 3.38 所示，成功绘制出了值范围从 −5 到 5 的线性间距向量的 sinc 函数。

第4章 测量和特征提取

常见的测量信号的特征包括：定位信号波峰并确定其高度、宽度和与邻点的距离；测量时域特征，如峰间幅值和信号包络；测量脉冲指标，如过冲和占空比。在频域中，测量基频、均值频率、中位数频率和谐波频率、通道带宽和频带功率。通过测量无乱真动态范围、信噪比、总谐波失真、信号与噪声失真比和三阶截断能够有效地表征系统。本章将介绍测量和特征提取的基本概念、常用方法和技术，以及其在不同领域中的应用。

4.1 描述性统计量

使用 findpeaks 定位信号的局部最大值，并按高度、宽度或相对高差对峰值进行排序。使用 peak2rms/get_rms 函数确定信号的波峰因子，并计算常见的描述性统计量，如最大值、最小值、标准差和均方根（Root Mean Square，RMS）水平。在更大的数据集中搜索感兴趣的信号，并按时间对齐信号。定位信号突然变化或漂移出目标范围的点。对信号添加标签以用于分析或机器和深度学习应用。

4.1.1 使用到的 Python 函数

① 统计量

统计量使用到的 Python 函数如表 4.1 所示。

表 4.1 统计量使用到的 Python 函数

序号	函数名	功能描述
1	scipy.signal.hilbert	使用希尔伯特变换计算解析信号，获取信号包络
2	scipy.signal.find_peaks	根据峰值属性查找信号内的峰值
3	scipy.signal.peak_widths	计算信号中每个峰的宽度

② 特征提取

特征提取使用到的 Python 函数如表 4.2 所示。

表 4.2　特征提取使用到的 Python 函数

序号	函 数 名	功 能 描 述
1	scipy.signal.correlate	互相关两个 N 维数组
2	dtw	使用动态时间扭曲的信号之间的距离
3	scipy.signal.correlation_lags	计算一维互相关的滞后 / 位移索引数组

③ 峰值发现

峰值发现使用到的 Python 函数如表 4.3 所示。

表 4.3　峰值发现使用到的 Python 函数

序号	函 数 名	功 能 描 述
1	scipy.signal.argrelmin	计算数据的相对最小值
2	scipy.signal.argrelmax	计算数据的相对最大值
3	scipy.signal.argrelextrema	计算数据的相对极值
4	scipy.signal.find_peaks	根据峰值属性查找信号内部的峰值
5	scipy.signal.find_peaks_cwt	使用小波变换查找一维数组中的峰值
6	scipy.signal.peak_prominences	计算信号中每个峰值的突出度
7	scipy.signal.peak_widths	计算信号中每个峰值的宽度

4.1.2　确定峰宽

由钟形曲线之和组成的信号可以生成高斯信号，以便在信号处理、图像处理、模式识别、机器学习等领域中进行数据模拟和分析。通过编写这样的程序，可以在生成具有不同特征的高斯信号之后将多个高斯信号叠加在一起，以模拟复杂的数据分布并对生成的高斯信号进行进一步的处理和分析，如峰值检测、峰值拟合、峰值提取等，以获取有用的信息。创建由钟形曲线之和组成的信号，指定每条曲线的位置、高度和宽度，程序代码如下所示。

```
import numpy as np
import matplotlib.pyplot as plt
import scipy.signal as sig

x = np.linspace(0,1,1000)
Pos = np.array([1,2, 3, 5, 7, 8 ])/10
Hgt = np.array([4,4,2,2,2,3])
Wdt = np.array([3, 8, 4, 3, 4, 6])/100
Gauss = np.zeros((len(x),len(Pos)))
for n in range(len(Pos)):
```

```
    Gauss[:,n] = Hgt[n]*np.exp(  -((x-Pos[n])/Wdt[n])**2 )
PeakSig = np.zeros((1000,1))
for i in range(len(x)):
    PeakSig[i] = np.sum(Gauss[i,:])
print(x.shape)
print(Gauss.shape)
print(Gauss[:,0].shape)
print(PeakSig.shape)
for i in range(len(Pos)):
    plt.plot(x,Gauss[:,i],'--')
plt.plot(x,PeakSig)
plt.yticks(np.arange(0,5.5,0.5))
plt.xticks(np.arange(0,1.1,0.1))
plt.grid()
```

运行程序，效果如图 4.1 所示。

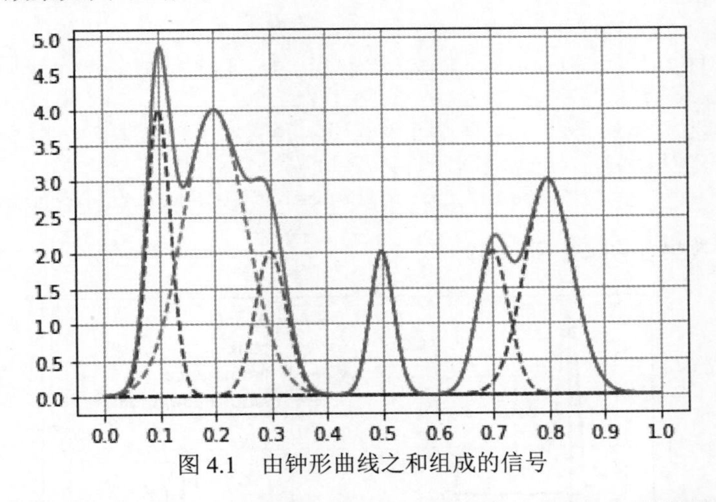

图 4.1　由钟形曲线之和组成的信号

从图 4.1 可以看出，由钟形曲线之和组成的信号图像呈现出典型的钟形曲线，即中心位置有一个峰值，两侧逐渐变平。峰值位置、峰值宽度和峰值强度可以根据高斯分布的参数进行调节，且具有多峰分布的特点。

可以使用 sig.find_peaks() 来寻找峰值，能够获取波峰的高度、宽度等信息。在相对高差的一半处测量波峰的宽度，程序代码如下所示。

```
type(PeakSig.transpose())
peaks = PeakSig.transpose()
peaks = peaks.ravel()
PP = peaks.ravel()
peaks,pros = sig.find_peaks(peaks,height=1,width=0,prominence=0)
```

```
    left_ips =pros['left_ips']
    right_ips =pros['right_ips']
    prominences = pros['prominences']
    left_bases = pros['left_bases']
    right_bases = pros['right_bases']

    def baseCorrect(left_bases,right_bases):
        for i in range(len(left_bases)-1):
            if(left_bases[i]==left_bases[i+1]):
                left_bases[i+1]=right_bases[i]
            if (right_bases[i]>left_bases[i+1]):
                right_bases[i] = left_bases[i+1]
        return left_bases,right_bases
    plt.plot(PeakSig)
    plt.grid()
    plt.plot(peaks,PeakSig[peaks],'x')
    for i in range(len(peaks)):
    plt.plot([peaks[i],peaks[i]],[PeakSig[peaks[i]],PeakSig[peaks[i]]-
prominences[i]],'r')
        plt.plot([left_ips[i],right_ips[i]], [PeakSig[int(left_
ips[i])],PeakSig[int(left_ips[i])]], 'b')
    plt.legend(["signal","peak","prominence","width(half-prominence)"])
```

运行程序，效果如图 4.2 所示。

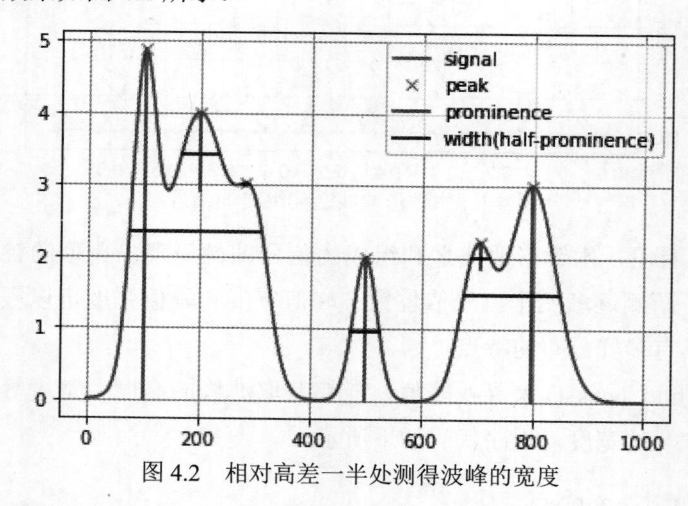

图 4.2　相对高差一半处测得波峰的宽度

从图 4.2 可以看出，在相对高差一半处测得的信号波峰的高度、宽度及峰值与其两侧的谷值之间的垂直距离信息。

再次测量宽度，此时在半高处测量，程序代码如下所示。

```
    plt.plot(PeakSig)
    plt.grid()
    plt.plot(peaks,PeakSig[peaks],'x')
    left_bases,right_bases = baseCorrect(left_bases,right_bases)
    for i in range(len(peaks)):
        plt.plot([peaks[i],peaks[i]],[PeakSig[peaks[i]],PeakSig[peaks[i]]-
prominences[i]],'r')
        plt.plot([left_ips[i],right_ips[i]], [PeakSig[int(left_
ips[i])],PeakSig[int(left_ips[i])]], 'b')
        plt.plot([right_bases[i],right_bases[i]],[PeakSig[right_bases
[i]],0],'black')
    plt.legend(["signal","peak","prominence","width(half-prominence)",
"border"])
    half_width,width_heights,half_left_ips,half_right_ips=sig.peak_
widths(PP,peaks,rel_height=0.5)

    plt.plot(PeakSig)
    plt.grid()
    plt.plot(peaks,PeakSig[peaks],'x')
    left_bases,right_bases = baseCorrect(left_bases,right_bases)
    for i in range(len(peaks)):
        plt.plot([half_left_ips[i],half_right_ips[i]], [width_
heights[i],width_heights[i]], 'b')
        plt.plot([right_bases[i],right_bases[i]],[PeakSig[right_bases
[i]],0],'black')
    plt.legend(["signal","peak","prominence","width(half-prominence)",
"border"])
```

运行程序，效果如图 4.3 所示。

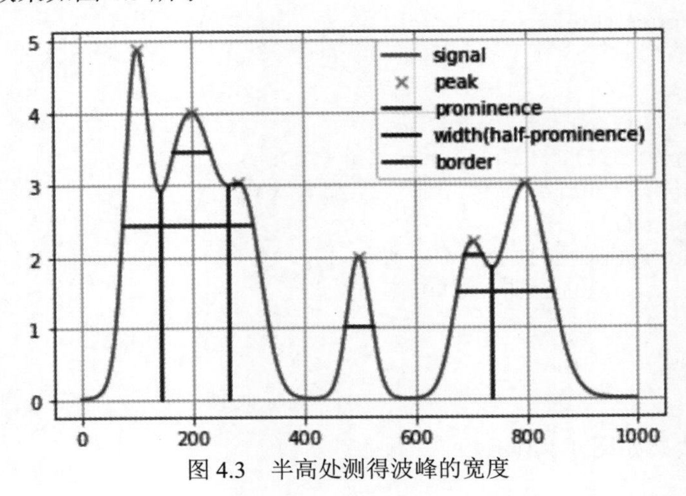

图 4.3　半高处测得波峰的宽度

从图 4.3 可以看出，在半高处测得的信号波峰的高度、宽度及峰值与其两侧的谷值之间的垂直距离信息。

4.1.3 周期波形的 RMS 值

本例中的波形是连续时间对应波形的离散时间版本。

RMS 创建频率为 p/4 rad/sample。信号的长度为 16 个样本，等于正弦波的两个周期。程序代码如下所示。

```
import numpy as np
import math
from sympy import *
from scipy import fftpack,signal
import matplotlib.pyplot as plt
%matplotlib inline

n = np.arange(16)
x = np.cos(np.pi / 4 * n)
def get_rms(records):
    return math.sqrt(np.sum(np.power(records, 2)) / len(records))

def rect_square_wave(origin=0, size=10, ratio=0.25, x_unit=0.1, y0=0, y1=1):
    d = []
    for  start in np.arange(origin-0.0125, origin + x_unit * size, x_unit):
        d.append((start, y0))
        middle = start + x_unit * ratio
        d.append((middle, y0))
        d.append((middle, y1))
        end = start + x_unit
        d.append((end, y1))

    return d
rmsval = get_rms(x)
t = np.linspace(0, 1, 100, endpoint=False)
x = 2 * signal.square(2 * np.pi * 10 * t)
fig = plt.figure()
ax1 = fig.add_subplot(111)
ax1.stem(t, x, markerfmt='o')
plt.xlim(0, 1)
plt.ylim(-2.5, 2.5)
(-2.5, 2.5)
```

运行程序，效果如图 4.4 所示。

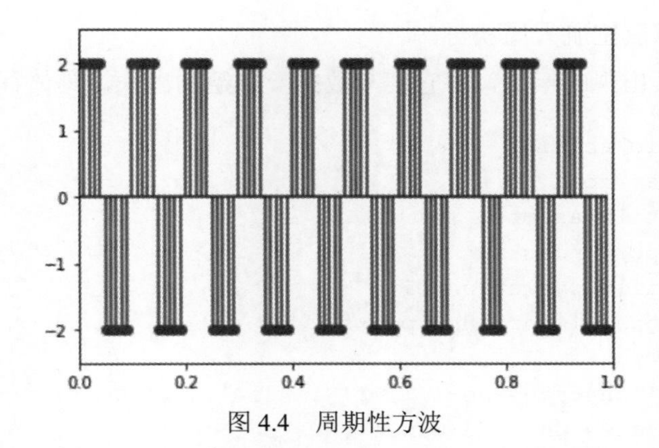

图 4.4　周期性方波

从图 4.4 可看出，创建了一个周期为 0.1 s 的周期性方波，方波值在 −2 和 2 之间不断变换。

下面创建一个 1 kHz 采样频率的矩形脉冲序列：在整个 1 s 时间间隔内，每个 0.1 s 内，脉冲在前 0.025 s 内取值为 1，在后 0.075 s 内取值为 0。最终创建的脉冲周期为 0.1 s，占空比为 1 ∶ 4，具体程序代码如下所示。

```
    d = np.array(rect_square_wave(origin=0, size=10, ratio=0.25, x_unit=0.1, y0=1, y1=0))
    figure = plt.figure()
    plt.plot(d[:, 0], d[:, 1])
    plt.xlim(0, 1)
    plt.show()
```

运行程序，效果如图 4.5 所示。

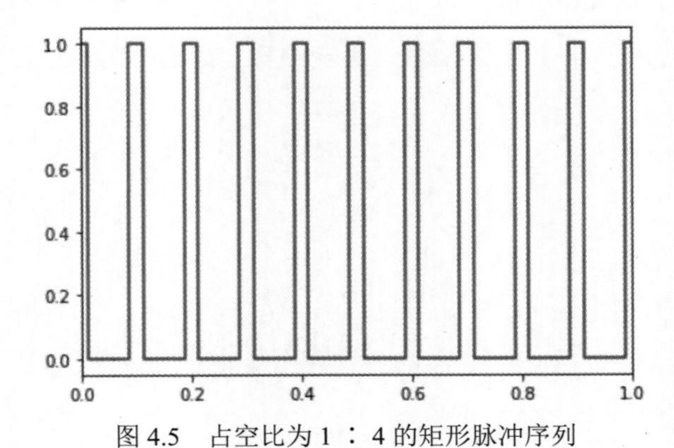

图 4.5　占空比为 1 ∶ 4 的矩形脉冲序列

从图 4.5 可以看出，产生了占空比为 1 ∶ 4 的矩形脉冲序列。

4.1.4　在数据中查找峰值

文件 spots_num.mat 中包含从 1749—2012 年每年观测到的太阳黑子的平均数量。这些数据可以从美国国家航空航天局获得。

求出最大值及其出现的年份，将它们与数据一起绘制出来，具体程序代码如下所示。

```
import scipy.io as sio
import numpy as np
import matplotlib as mpl
from numpy import ndarray
import matplotlib.pyplot as plt
from scipy.signal import find_peaks

plt.rcParams['font.sans-serif']=['SimHei']
plt.rcParams['axes.unicode_minus']=False

data = sio.loadmat('spots_num.mat')
year = data['year']
avSpots = data['avSpots']
avSpots = avSpots.squeeze()
peaks,_ =find_peaks(avSpots)
plt.figure(figsize=(15,8),dpi=300)
plt.plot(year,avSpots)
plt.plot(year[peaks],avSpots[peaks],"or")
plt.xlabel('Year',fontsize=20)
plt.ylabel('Number',fontsize=20)
plt.title('Sunspots',fontsize=20)
plt.show()
```

运行程序，效果如图 4.6 所示。

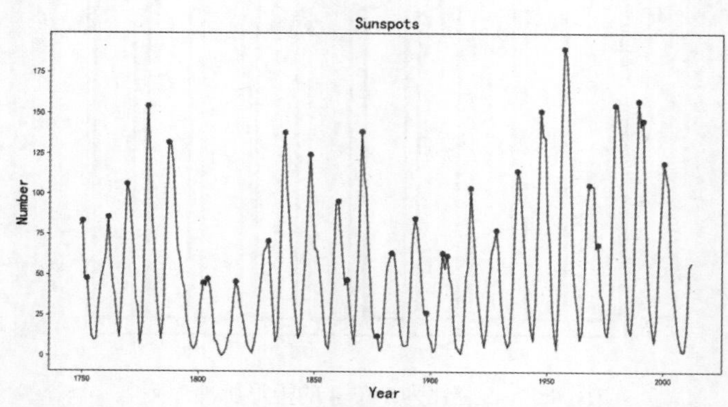

图 4.6　1749—2012 年太阳黑子数量最大值及数据变化曲线

从图 4.6 可以看出，一些峰值彼此非常接近。有些峰值不会周期性重复出现。每 50 年大约有 5 个这样的峰值。

为了更好地估计周期持续时间，再次使用 find_peaks 函数，这次将峰间间隔限制为至少 6 年。 根据如下程序代码计算最大值之间的间隔均值。

```
peaks,_ =find_peaks(avSpots,distance=6)
plt.figure(figsize=(15,8),dpi=300)
plt.plot(year,avSpots)
plt.plot(year[peaks],avSpots[peaks],"or")
plt.xlabel('Year',fontsize=20)
plt.ylabel('Number',fontsize=20)
plt.title('Sunspots',fontsize=20)
plt.legend([r"Data",r"peaks"])
plt.show()
```

运行程序，效果如图 4.7 所示。

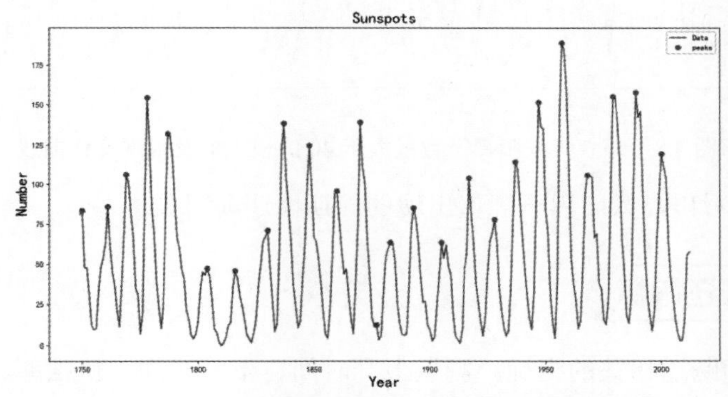

图 4.7　每 6 年太阳黑子数量最大值及数据变化曲线

从图 4.7 可以看出，最大值之间的间隔逐渐具有周期性，基本位于数据峰顶，不再有非常接近的峰值出现。

更进一步，使用 find_peaks 函数，在将峰间间隔限制为至少 6 年的基础上，指定低于 40 的太阳黑子最大值数据都不考虑，来估计周期持续时间，具体程序代码如下所示。

```
Cycles = np.diff(peaks)
Cycles = abs(Cycles)
meanCycle = np.mean(Cycles)
print(meanCycle)
peaks,_ =find_peaks(avSpots,height=40,distance=6)
plt.figure(figsize=(15,8),dpi=300)
plt.plot(year,avSpots)
plt.plot(year[peaks],avSpots[peaks],"or")
plt.xlabel('Year',fontsize=20)
plt.ylabel('Number',fontsize=20)
```

```
plt.title('Sunspots',fontsize=20)
plt.legend([r"Data",r"peaks"])
plt.show()
```

运行程序，效果如图 4.8 所示。

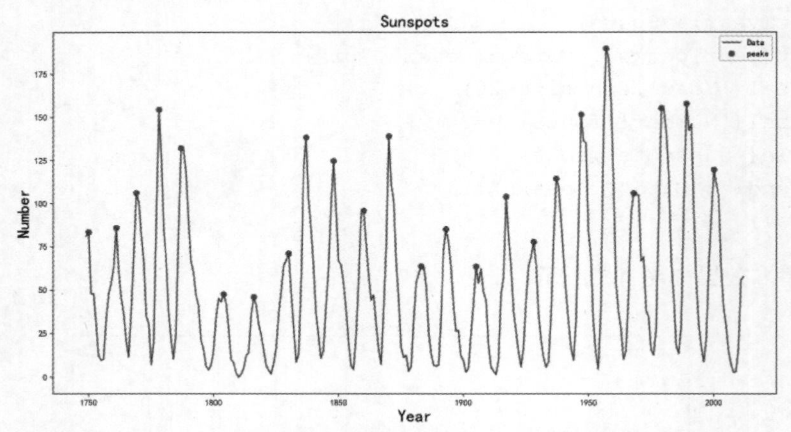

图 4.8　每 6 年太阳黑子数量大于 40 的最大值及数据变化曲线

从图 4.8 可以看出，太阳黑子峰值出现的周期性逐渐明显。

4.2 脉冲和跃迁指标

计算与脉冲和跃迁相关的指标。测量上升时间、下降时间、压摆率、过冲、下冲、稳定时间、脉冲宽度、脉冲周期和占空比。

4.2.1 使用到的 Python 函数

脉冲和跃迁指标使用到的 Python 函数如表 4.4 所示。

表 4.4　脉冲和跃迁指标使用到的 Python 函数

序号	函 数 名	功 能 描 述
1	scipy.signal.square	返回周期性方波波形
2	scipy.signal.chirp	扫频余弦发生器
3	scipy.signal.gausspulse	返回高斯调制正弦曲线
4	scipy.signal.max_len_seq	最大长度序列（MLS）生成器
5	scipy.signal.sawtooth	返回周期性锯齿波或三角波
6	scipy.signal.sweep_poly	扫频余弦发生器，具有与时间相关的频率
7	scipy.signal.unit_impulse	单位脉冲信号（离散 δ 函数）或单位基向量

4.2.2 矩形脉冲波形的占空比

可以将矩形脉冲波形想象成一系列的开启和关闭状态。一个脉冲周期是一个开启和关闭状态的总持续时间。脉冲宽度是开启状态的持续时间。占空比是脉冲宽度与脉冲周期的比率。矩形脉冲的占空比描述脉冲处于开启状态的时间占一个脉冲周期的比率。

创建一个以 1 GHz 采样的矩形脉冲。脉冲处于开启状态（即等于 1），持续时间为 1 μs。如果脉冲处于关闭状态（即等于 0），持续时间为 3 μs。脉冲周期为 4 μs。绘制波形的程序代码如下所示。

```
import scipy.signal as sig
import numpy as np
import matplotlib.pyplot as plt

Fs =1e9
t = np.linspace(0,4e-5,40001)
x = sig.square(2*np.pi*250000*t,duty=0.25)
plt.plot(t,x)
x = np.array(x)
```

运行程序，效果如图 4.9 所示。

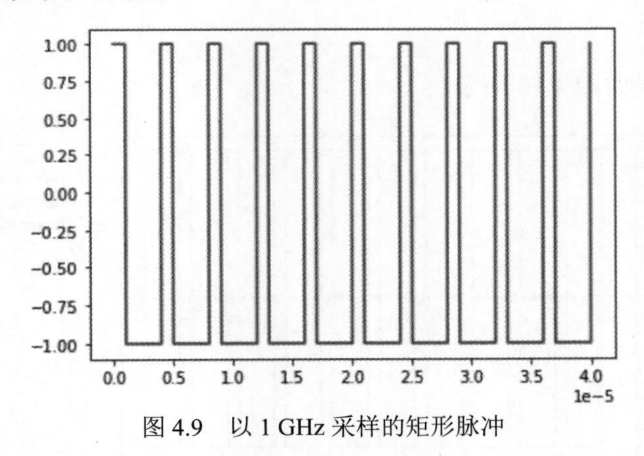

图 4.9　以 1 GHz 采样的矩形脉冲

如图 4.9 所示，利用函数成功创建了一个以 1 GHz 采样的矩形脉冲，且脉冲处于开启状态（即等于 1）的持续时间为 1 μs。

findEdge(x) 用于寻找周期方波的切换边沿，输入方波序列，返回 c，d。c 为上升沿，d 为下降沿。

```
def findEdge(x):
    c = []
    d = []
    for i in range(len(x)-1):
        if(x[i]==-1 and x[i+1]==1 ):
            c.append(i)
```

```
            if(x[i]==1 and x[i+1]==-1):
                d.append(i)
        print(len(c),len(d))
        return c,d
```

以下程序代码为使用相应的函数并作出标注，每个检测到的脉冲的占空比是相同的，都等于 0.25。这是预期的占空比，因为脉冲在每 4 μs 的周期内开启 1 μs，关闭 3 μs。因此，脉冲在每个周期的 1/4 内处于开启状态。以百分比表示，即 25% 的占空比。

```
    pos,neg = findEdge(x)

    plt.plot(x)
    plt.plot(np.array(pos),np.zeros(len(pos)),'x',color = 'r')
    plt.plot(np.array(neg),np.zeros(len(pos)),'x',color = 'r')
    plt.plot([0,40000],[0,0],'--',color = 'b')
    plt.plot([0,40000],[1,1],'--',color = 'g')
    plt.plot([0,40000],[-1,-1],'--',color = 'y')
    plt.legend(["signal","mid reference","upper state","lower state"],bbox_
to_anchor = (1,1))
```

运行程序，效果如图 4.10 所示。

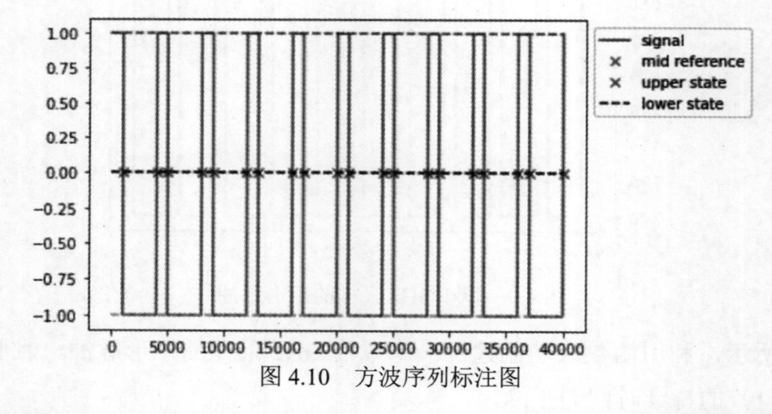

图 4.10　方波序列标注图

如图 4.10 所示，方波序列中的上升沿、下降沿、开启状态、关闭状态与脉冲为 -1 处均有对应标注。

dutycycle 为计算周期的函数。输入序列，能够返回每一个周期的占空比。程序代码如下所示。

```
    def dutycycle(x):
        pos,neg =findEdge(x)
        cycle = []
        precent = []
```

```
    duty = []
    for i in range(len(pos)-1):
        cycle.append(pos[i+1]-pos[i])
        precent.append(neg[i+1]-pos[i])
        duty.append(round(precent[i]/cycle[i],2))
    return duty
duty = dutycycle(x)
print(duty)
def plotFig(x,t):
    plt.plot(t,x)
    duty = dutycycle(x)
    plt.title("Duty cycle  is {}".format(duty[0]))
```

使用相同的采样频率和脉冲周期，更改占空比，并计算占空比。绘制脉冲波形，并在绘图标题中显示占空比值。占空比随着脉冲宽度的增加从 0.25 (1/4) 增加到 0.75 (3/4)。

```
x = sig.square(2*np.pi*250000*t,duty=0.25)
y = sig.square(2*np.pi*250000*t,duty=0.5)
z = sig.square(2*np.pi*250000*t,duty=0.75)
plt.subplot(3,1,1)
plotFig(x,t)
plt.subplot(3,1,2)
plotFig(y,t)
plt.subplot(3,1,3)
plotFig(z,t)
plt.subplots_adjust(hspace=1)
```

运行程序，效果如图 4.11 所示。

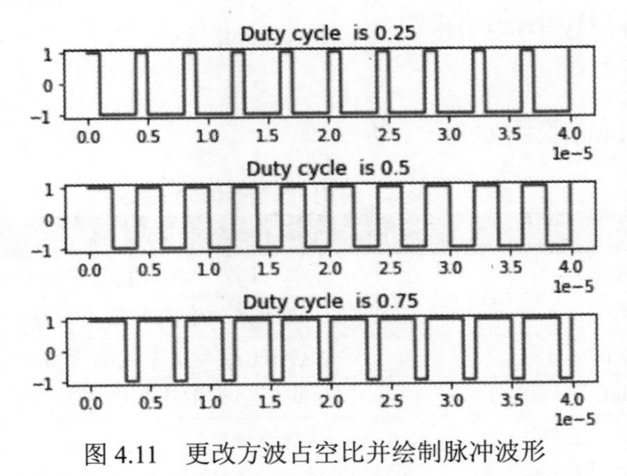

图 4.11　更改方波占空比并绘制脉冲波形

如图 4.11 所示，利用函数更改占空比后，成功绘制脉冲波形并在标题中显示占空比值，且占空比随着脉冲宽度的增加从 0.25 (1/4) 增加到 0.75 (3/4)。

第5章 变换、相关性和建模

信号的分析处理过程中，变换、相关性和建模是常见的3个关键词。信号的变换包括快速傅里叶变换（Fast Fourier Transform，FFT）、离散余弦变换（Discrete Cosine Transform，DCT）、Hilbert变换等；相关性包括自相关和互相关，以及通过相关性研究信号的周期性、相似性等方法；建模主要包括线性预测和自回归建模。本章将介绍信号变换、相关性和建模的基本概念、常用方法和技术，以及其在不同领域中的应用。

5.1 变换

Signal Processing Toolbox提供了多种常用的转换函数，包括快速傅里叶变换、离散余弦变换和Walsh-Hadamard变换等，支持信号包络的提取和分析信号估计瞬时频率的功能。时频域分析可以轻松实现，同时探索幅值—相位关系、估计基频，并借助倒频谱检测频谱的周期性。此外，还可使用二阶Goertzel算法来计算离散傅里叶变换，为信号处理提供更多选择。

5.1.1 使用到的Python函数

❶ FFT函数

FFT使用到的Python函数如表5.1所示。

表5.1 FFT使用到的Python函数

序号	函 数 名	功能描述
1	scipy.fft.fft	计算一维离散傅里叶变换
2	scipy.fft.ifft	计算一维离散傅里叶逆变换
3	scipy.fft.dct	返回任意类型序列的离散余弦变换
4	scipy.fft.idct	返回任意类型序列的离散余弦逆变换

❷ 变换函数

变换使用到的Python函数如表5.2所示。

表 5.2　变换使用到的 Python 函数

序号	函 数 名	功能描述
1	scipy.signal.czt	计算 Z 平面中围绕螺旋的频率响应
2	scipy.signal.zoom_fft	仅针对 fn 范围内的频率计算 x 的 DFT
3	scipy.signal.CZT	创建一个可调用的 Chirp Z- 变换函数
4	scipy.signal.ZoomFFT	创建一个可调用的缩放 FFT 函数
5	scipy.signal.czt_points	返回计算 Chirp Z- 变换的点

5.1.2　离散傅里叶变换

视频讲解

离散傅里叶变换是一种将离散序列（如数字信号或数字图像）转换为频域表示的方法。离散傅里叶变换广泛应用于信号处理、图像处理、通信等领域，它可以用于信号分析、频谱估计、滤波、图像压缩等。快速傅里叶变换是一种高效计算离散傅里叶变换（Discrete Fourier Transform，DFT）的算法。它利用傅里叶变换的对称性和重复性，显著减少了计算 DFT 所需的操作数量。快速傅里叶逆变换（Inverse Fast Fourier Transform，IFFT）是 FFT 的逆操作，它将频域表示（经过 FFT 变换得到的结果）转换回时域表示。IFFT 算法与 FFT 算法非常相似，只是在计算过程中使用了逆旋转因子。

借助 SciPy 中提供的 fft 和 ifft 两个函数，可以对信号进行 FFT 和 IFFT 两种变换。在不指定点数 n 的情况下，默认长度为信号长度，绘制变换后信号的幅值和相位，程序代码如下所示。

```
import matplotlib.pyplot as plt
from math import pi
import numpy as np
from scipy.fftpack import fft

t=np.arange(0,10,1/100)
x=np.array([np.sin(2*pi*15*t) +np.sin(2*pi*40*t)])
y=fft(x)
y=y.reshape(len(t))
m=abs(y)
y[m<1e-6]=0
p=np.unwrap(np.angle(y))

f=np.arange(0,len(t),1)*100/len(t)
plt.subplot(211)
plt.plot(f,m)
plt.title('Magnitude')
plt.xticks([15,40,60,85])
plt.subplot(212)
```

```
plt.plot(f,p*180/pi)
plt.title('Phase')
plt.xticks([15,40,60,85])
plt.show()
```

运行程序，效果如图 5.1 所示。

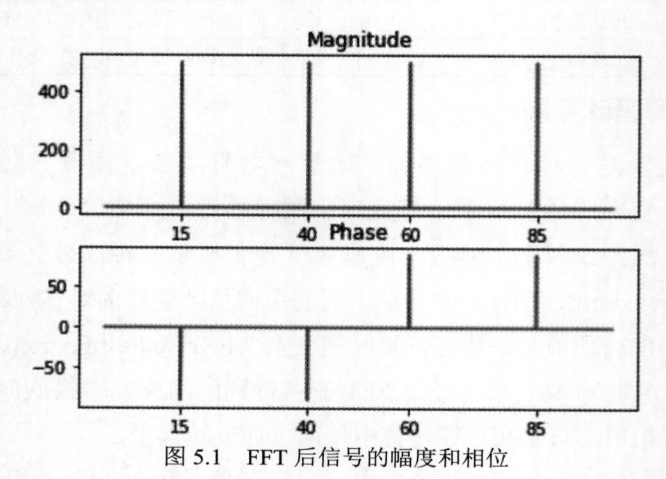

图 5.1　FFT 后信号的幅度和相位

从图 5.1 可以看出，信号的幅值是 A×n/2，其中 A 是原始幅值，n 是 FFT 点数，相位为 ±90°，符合 fft 的定义。

fft 的第二个参数指定变换的点数 n，表示 DFT 的长度。指定长度为 512，绘制变换后信号的幅度和相位，程序代码如下所示。

```
import matplotlib.pyplot as plt
from math import pi
import numpy as np
from scipy.fftpack import fft

t=np.arange(0,10,1/100)
x=np.array([np.sin(2*pi*15*t) +np.sin(2*pi*40*t)])
n=512
y=fft(x,n)
y=y.reshape(n)
m=abs(y)
p=np.unwrap(np.angle(y))
f=np.arange(0,n,1)*100/n

plt.subplot(211)
plt.plot(f,m)
plt.title('Magnitude')
```

```
plt.xticks([15,40,60,85])

plt.subplot(212)
plt.plot(f,p*180/pi)
plt.title('Phase')
plt.xticks([15,40,60,85])
plt.show()
```

运行程序，效果如图 5.2 所示。

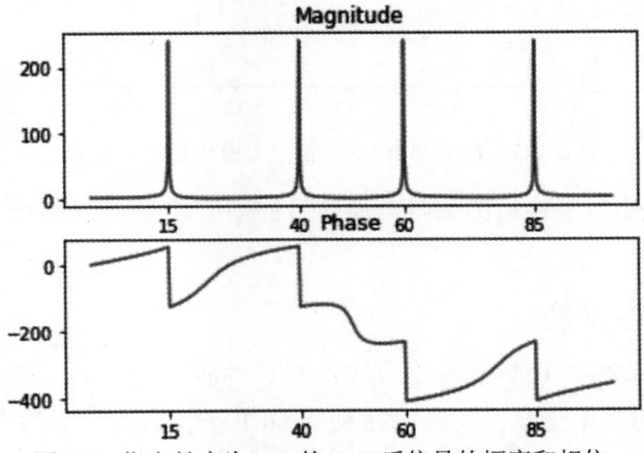

图 5.2　指定长度为 512 的 FFT 后信号的幅度和相位

从图 5.2 可以看出，信号的幅度和相位相比默认长度时均发生了变化，幅度变为长度的一半，即 256。

对信号先后进行 FFT 和 IFFT，再与原信号做差，可以看出变换引入的误差。程序代码如下所示。

```
import matplotlib.pyplot as plt
from math import pi
import numpy as np
from scipy.fftpack import fft, ifft

t=np.arange(0,1,1/255)
x=np.array([np.sin(2*pi*120*t)])
y=np.real(ifft(fft(x)))
x=x.reshape(len(t))
y=y.reshape(len(t))
plt.plot(t,x-y)
plt.show()
```

运行程序，效果如图 5.3 所示。

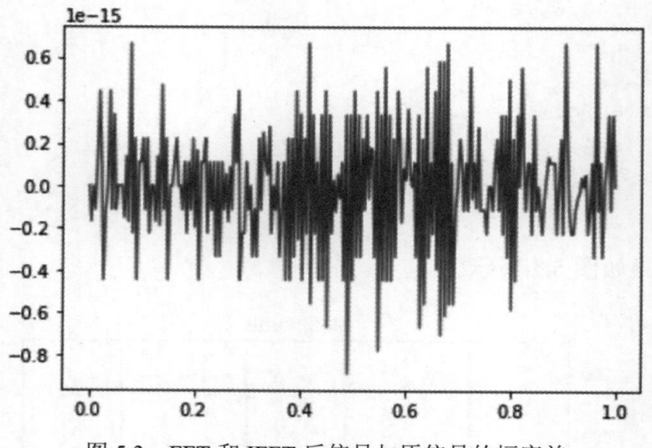

图 5.3　FFT 和 IFFT 后信号与原信号的幅度差

从图 5.3 可以看出，变换后的信号与原信号的幅度差在 10^{-15} 量级，在实际应用时可忽略不计。

视频讲解

5.1.3　Chirp Z- 变换

Chirp Z- 变换（CZT）能够在单位圆以外的等高线上进行 Z- 变换。Chirp Z- 变换比 DFT 算法计算变换的效率更高，在计算序列的 DFT 子集时也是非常有用的。CZT 计算 Z- 变换沿 Z- 平面的螺旋轮廓为输入序列。与 DFT 不同的是，CZT 不受沿单位圆工作的约束，而是可以沿描述的等高线计算 Z- 变换，如下所示。

$$Z\ell = AW^{-\ell}, \ell = 0,\cdots,M-1$$

其中 A 是复起点，W 是描述等高线上点间复比的复标量，M 是变换的长度。

参考程序：

```
import matplotlib.pyplot as plt
import numpy as np
from scipy.signal import czt_points

m, w, a = 91, 0.995*np.exp(-1j*np.pi*.05), 0.8*np.exp(1j*np.pi/6)
points = czt_points(m, w, a)
plt.plot(points.real, points.imag, 'x')
plt.gca().add_patch(plt.Circle((0,0), radius=1, fill=False, alpha=.3))
plt.axis('equal')
plt.xlabel("Real Part")
plt.ylabel("Imaginary Part")
```

运行程序，效果如图 5.4 所示。

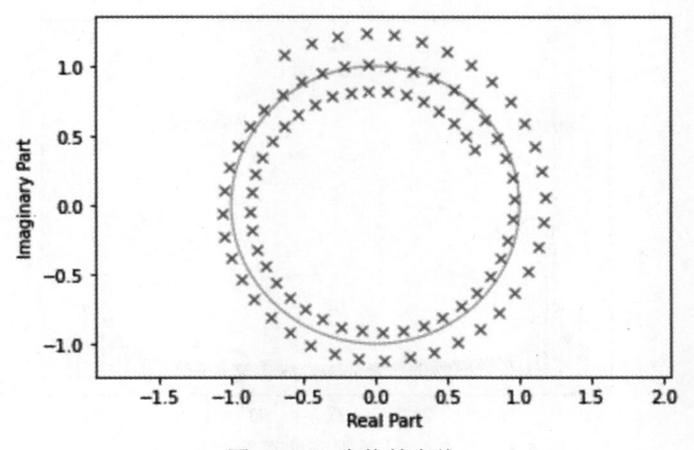

图 5.4　Z- 变换等高线

如图 5.4所示，计算出 Z- 变换沿描述的等高线后，成功绘制等高线图。

$\mathrm{CZT}(x,m,w,a)$ 计算 x 在这些点上的 Z- 变换。用 $A=1$ 和 $W=\exp(-\mathrm{j}\pi/M)$ 参数化了单位圆周围的 m 个等距样本，这是一个有趣而有用的螺旋集。这个等高线上的 Z- 变换就是 CZT 得到的 DFT，程序代码如下所示。

```
import numpy as np
from math import pi
from scipy.fftpack import fft
from scipy.signal import czt
import matplotlib.pyplot as plt

M=64
m=np.arange(0,M,1)
x=np.sin(2*pi*m/15)
FFT=fft(x)
CZT=czt(x,M,np.exp(-2j*np.pi/M),1)

plt.stem(m,abs(FFT))
plt.stem(m,abs(CZT),markerfmt='C3.')
plt.legend(["fft","czt"])
```

运行程序，效果如图 5.5 所示。

如图 5.5 所示，利用 $\mathrm{CZT}(x,m,w,a)$ 计算 x 在这些点上的 Z- 变换绘制出了对应的 DFT 图。

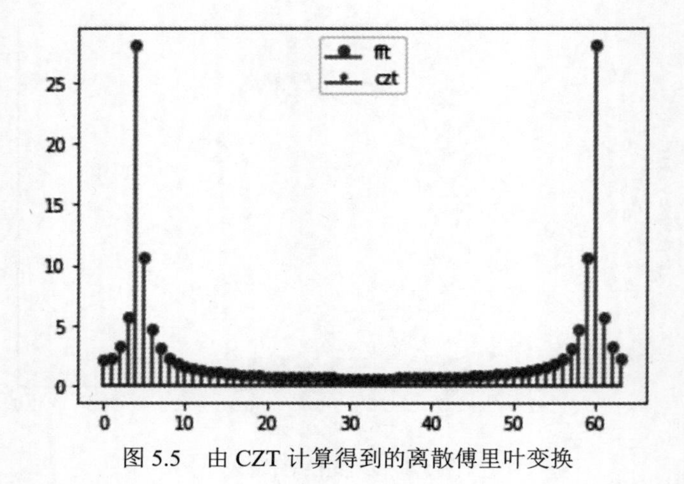

图 5.5　由 CZT 计算得到的离散傅里叶变换

5.1.4　离散余弦变换

离散余弦变换与离散傅里叶变换密切相关。DFT 实际上是计算序列 DCT 的一个步骤。然而，DCT 比 DFT 具有更好的能量压缩能力，其用几个变换系数就代表了序列中大部分的能量。DCT 的这一特性使得它在数据通信和信号编码等应用中非常有用。DCT 有 4 个标准变体。对于长度为 N 的信号 x，在使用克罗内克函数时，转换由以下方法定义。

DCT-1：

$$y(k)=\sqrt{\frac{2}{N}}\sum_{n=1}^{N}x(n)\frac{1}{\sqrt{1+\delta_{n1}+\delta_{nN}}\sqrt{1+\delta_{k1}+\delta_{kN}}}\cos\left(\frac{\pi}{N-1}(n-1)(k-1)\right)$$

DCT-2：

$$y(k)=\sqrt{\frac{2}{N}}\sum_{n=1}^{N}x(n)\frac{1}{\sqrt{1+\delta_{k1}}}\cos\left(\frac{\pi}{2N}(2n-1)(k-1)\right)$$

DCT-3：

$$y(k)=\sqrt{\frac{2}{N}}\sum_{n=1}^{N}x(n)\frac{1}{\sqrt{1+\delta_{n1}}}\cos\left(\frac{\pi}{2N}(n-1)(2k-1)\right)$$

DCT-4：

$$y(k)=\sqrt{\frac{2}{N}}\sum_{n=1}^{N}x(n)\cos\left(\frac{\pi}{4N}(2n-1)(2k-1)\right)$$

这里用信号处理工具箱函数 DCT 计算输入阵列的逆 DCT。DCT 的所有变体都是正交的，所以如果要找到它们的逆变换，在每个定义中分别切换 k 和 n 即可。DCT-1 和 DCT-4 是自己的逆，而 DCT-2 和 DCT-3 是相互为逆的。

逆 DCT-1：

$$x(n)=\sqrt{\frac{2}{N}}\sum_{k=1}^{N}y(k)\frac{1}{\sqrt{1+\delta_{k1}+\delta_{kN}}\sqrt{1+\delta_{n1}+\delta_{nN}}}\cos\left(\frac{\pi}{N-1}(k-1)(n-1)\right)$$

逆 DCT-2：

$$x(n)=\sqrt{\frac{2}{N}}\sum_{k=1}^{N}y(k)\frac{1}{\sqrt{1+\delta_{k1}}}\cos\left(\frac{\pi}{2N}(k-1)(2n-1)\right)$$

逆 DCT-3：

$$x(n)=\sqrt{\frac{2}{N}}\sum_{k=1}^{N}y(k)\frac{1}{\sqrt{1+\delta_{n1}}}\cos\left(\frac{\pi}{2N}(2k-1)(n-1)\right)$$

逆 DCT-4：

$$x(n)=\sqrt{\frac{2}{N}}\sum_{k=1}^{N}y(k)\cos\left(\frac{\pi}{4N}(2k-1)(2n-1)\right)$$

函数 idct 可用于计算输入序列的逆 DCT，从完整或部分 DCT 系数集重构信号。由于 DCT 的能量压缩特性，可以从其 DCT 系数的一小部分重构一个信号。例如，产生一个 25 Hz 正弦序列，采样频率为 1 kHz。计算此序列的 DCT 并仅使用值大于 0.1 的分量重构信号。确定原始数据中有多少系数满足要求，并且绘制原始序列和重建序列。程序代码如下所示。

```
import numpy as np
from scipy.fftpack import dct,idct
import matplotlib.pyplot as plt

t=np.arange(0,1.001,1/1000)
x=np.sin(2*np.pi*25*t)
y=dct(x,norm='ortho')
y2=np.argwhere(abs(y)<0.1)
y2=y2.reshape(len(y2))
y[y2]=np.zeros(np.size(y2))
z=idct(y,norm='ortho')
howmany=len(np.argwhere(y))
print(howmany)
print(np.linalg.norm(x-z)/np.linalg.norm(x)*100)
plt.subplot(211)
plt.title('Original Signal')
plt.plot(t,x)
plt.subplot(212)
plt.plot(t,z)
plt.title('Reconstructed Signal')
plt.show()
```

运行程序，输出结果如下：

```
howmany = 64
1.9437
```

效果如图 5.6 所示。

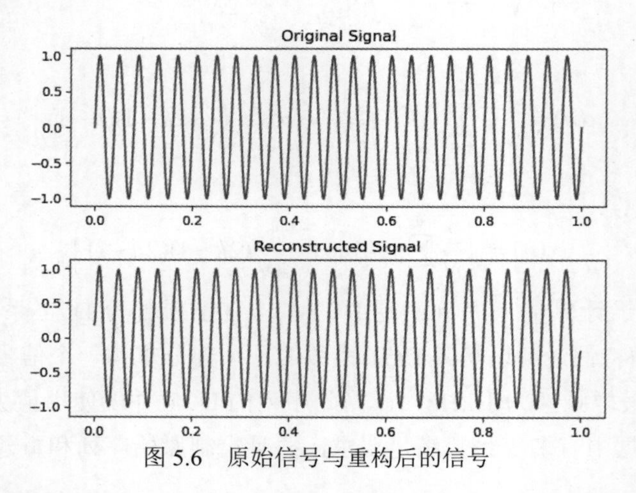

图 5.6　原始信号与重构后的信号

由第一个数据可以看出，在 1000 个 DCT 系数中只有 64 个数据大于 0.1，因此可以用这一小部分系数的值来对信号进行重构，体现出 DCT 的压缩特性。用这 64 个数据进行逆 DCT 运算，得到的结果如图 5.6 所示，可以看出两函数图像非常相似，逆运算将原函数还原。

对重构信号精度进行定量研究。重建精度的度量为原始信号和重建信号之间差的范数除以原始信号的范数，计算此估计值并将其表示为百分比。由结果可知损失的能量大概为 1.94%，因此重建的信号保留了原始信号中大约 98% 的能量。

5.1.5　用于语音信号压缩的 DCT

加载一个包含“strong”这个单词的语音文件，音频中这个单词是由一个女人对一个男人说的。信号在 8 kHz 处采样，利用离散余弦变换对女性语音信号进行压缩，将信号分解为 DCT 基向量。分解中的项数和信号中的样本数一样多。向量 X 的展开系数测量每个分量中存储了多少能量，将系数从大到小排序，并找出在信号中能代表 99.9% 的能量的 DCT 系数数量，将其表示为总数的百分比。再将经过 DCT 压缩的信号重构，同时绘制原始信号、重构信号和二者之间的差值信号，具体程序代码如下所示。

```
from scipy.io import loadmat
from scipy.fft import dct,idct
import numpy as np
```

```
import matplotlib.pyplot as plt

m=loadmat("strong.mat")
x=m['her']
x=x.reshape(-1,1)
X=dct(x,norm='ortho')
X=X.reshape(len(X))
XA=abs(X)
XX=sorted(XA,reverse=True)
ind=sorted(range(len(X)), key=lambda k: XA[k])
need=1
while np.linalg.norm(X[ind[1:need+1]])/np.linalg.norm(X)<0.999:
  need = need+1
xpc = need/len(X)*100
X[ind[need+1:]]=0
xx=idct(X)
plt.plot(x)
plt.plot(xx)
plt.plot(x-xx)
plt.legend(["Original","45% of coeffs","Differences"])
plt.show()
```

运行程序，结果如图 5.7 所示。

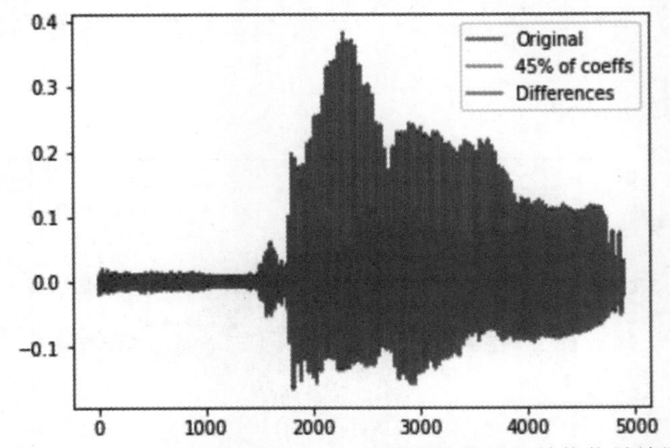

图 5.7　女性语音原始信号、DCT 压缩重构信号和差值信号结果

从图 5.7 可以看出，在女性语音原始信号和 DCT 压缩重构信号之间，信号能量超过 99.9 % 的 DCT 系数占 45%。

分析男性语音信号，找出有多少 DCT 系数的信号能量超过 99.9%，并将其表示为总数的百分比。再将其余的系数设置为零，并将 DCT 压缩信号进行重构。绘制原始信号、重构信号和二者的差值信号，具体操作程序代码如下所示。

```
from scipy.io import loadmat
from scipy.fft import dct,idct
import numpy as np
import matplotlib.pyplot as plt

m=loadmat("strong.mat")
y=m['him']
y=y.reshape(-1,1)
Y=dct(y,norm='ortho')

Y=Y.reshape(len(Y))
YA=abs(Y)
YY=sorted(YA,reverse=True)
ind=sorted(range(len(Y)), key=lambda k: YA[k])
need=1
while np.linalg.norm(Y[ind[1:need+1]])/np.linalg.norm(Y)<0.999:
  need = need+1
ypc=need/len(Y)*100
Y[ind[need+1:]]=0
yy=idct(Y)
plt.plot(y)
plt.plot(yy)
plt.plot(y-yy)
plt.legend(["Original","57% of coeffs","Differences"])
plt.show()
```

运行程序，结果如图 5.8 所示。

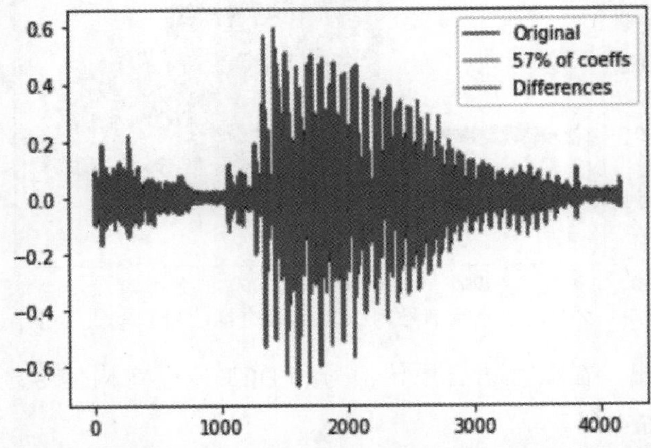

图 5.8　男性语音原始信号、DCT 压缩重构信号和差值信号结果

从图 5.8 可以看出，在男性语音原始信号和 DCT 压缩重构信号之间，信号能量占 99.9% 的 DCT 系数占 57%。

在这两种情况下，大约一半的 DCT 系数足以合理地重构语音信号。如果所需能量分数为 99%，则所需系数的数目将减少到总能量的 20% 左右。重构的结果是低劣的，但仍然是可理解的。对这些和其他样本的分析表明，需要更多的系数来表征男人的声音，而不是女人的声音。

5.1.6 Hilbert 变换

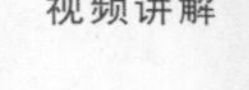
视频讲解

Hilbert 变换可用于形成解析信号。解析信号在通信领域中很有用，尤其是在带通信号处理中。SciPy 工具箱中的函数 hilbert 计算实数输入序列 x 的 Hilbert 变换，并返回相同长度的复数结果，即 y = hilbert(x)，其中 y 的实部是原始实数数据，虚部是实际 Hilbert 变换。在涉及连续时间解析信号时，y 有时被称为解析信号。离散时间解析信号的关键属性是它的 Z- 变换在单位圆的下半部分为 0。解析信号的许多应用与此属性相关，如用解析信号能够避免带通采样时发生的混叠效应。解析信号的幅值是原始信号的复包络。

Hilbert 变换对实际数据作 90 度相移；正弦变为余弦，反之亦然。程序代码如下所示。

```
import numpy as np
import scipy
from scipy.signal import hilbert
import matplotlib.pyplot as plt

t = np.arange(0,1,1/1024)
x = np.sin(2*np.pi*60*t)
y = hilbert(x)

plt.plot(t[1:50],y.real[1:50],label = 'Real Part')
plt.plot(t[1:50],y.imag[1:50],label = 'Imaginary Part')
plt.axis([0,0.05,-1.1,2])
plt.legend(loc = 'upper right')
```

运行程序，结果如图 5.9 所示。

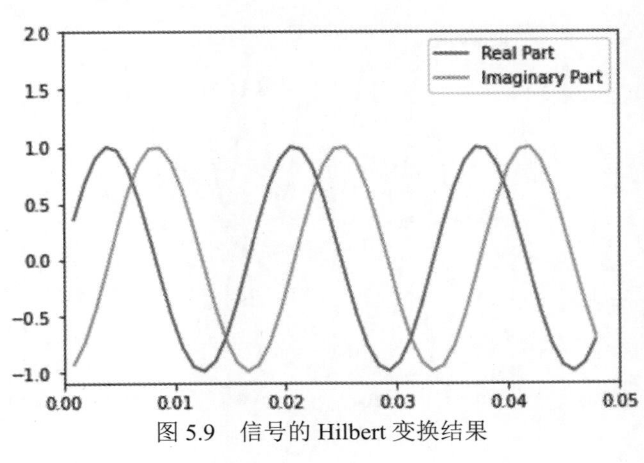

图 5.9 信号的 Hilbert 变换结果

解析信号可用于计算时间序列的瞬时属性，即时间序列在任一时间点的属性。该过程要求信号是单分量的。

5.1.7　余弦解析信号

本例展示确定解析信号的方式，并演示余弦信号对应的解析信号的虚部是一个同频率的正弦信号。如果该余弦信号的均值非零（具有直流偏置），那么它的解析信号的实部是一个具有相同均值的余弦信号，但虚部的均值为零。

创建一个频率为 100 Hz 的余弦信号，采样频率为 10 kHz，并添加 2.5 的直流偏置。程序代码如下所示。

```
import numpy as np
from scipy.signal import hilbert
import matplotlib.pyplot as plt
from mpl_toolkits.mplot3d import Axes3D
t = np.arange(0,1,1e-4)
x = 2.5 + np.cos(2*np.pi*100*t)
```

使用 hilbert 函数来获取解析信号。解析信号的实部等于原信号，虚部是原信号的 Hilbert 变换。将实部与虚部绘制出来进行比较。程序代码如下所示。

```
y = hilbert(x)
plt.plot(t,y.real)
plt.plot(t,y.imag)
plt.xlim([0,0.1])
plt.axis([0,0.1,-1,4])
plt.text(0.015,3.7,'Real Part \u2193')
plt.text(0.015,1.2,'Imaginary Part \u2193')
```

运行程序，结果如图 5.10 所示。

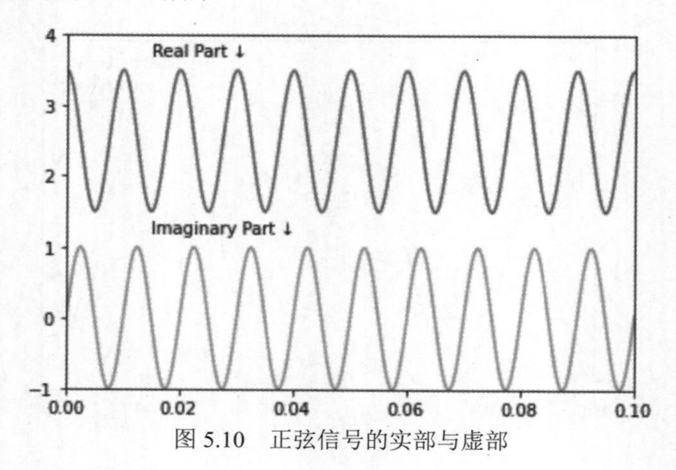

图 5.10　正弦信号的实部与虚部

从图 5.10 可以看出，虚部是一个与实部具有相同频率的正弦信号，但虚部均值为 0，实部均值为 2.5。 原信号为

$$x(t) = 2.5 + \cos(2\pi 1000t)$$

解析信号的结果为

$$z(t) = 2.5 + e^{j}\, 2\pi 1000t$$

绘制 10 个周期的复数信号的程序代码如下所示。

```
fig = plt.figure()
ax = Axes3D(fig)
prds = np.arange(1,1000,1)

ax.plot3D(t[prds],y.real[prds],y.imag[prds])
ax.set_xlabel('Time')
ax.set_ylabel('Re {z(t)}')
ax.set_zlabel('Im {z(t)}')
```

运行程序，结果如图 5.11 所示。

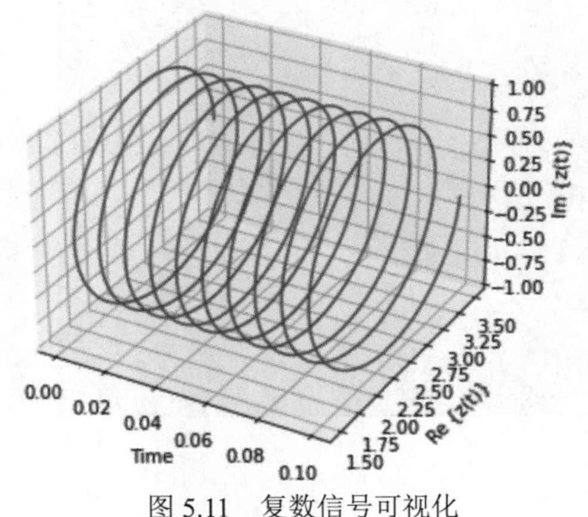

图 5.11　复数信号可视化

从图 5.11 可以看出，100 Hz 的余弦信号及其解析信号的特性。图像中的横轴代表时间，纵轴表示实部，垂轴表示虚部。每个周期的复数信号都以一条曲线的形式在 3D 图中呈现。在图像中，可以看到实部曲线是一个频率为 100 Hz 的余弦信号，具有相同的频率和相位；虚部曲线是一个与实部具有相同频率的正弦信号，但其均值为 0。这表明解析信号的实部等于原信号，而虚部是原信号的 Hilbert 变换。

5.1.8　Hilbert 变换与瞬时频率

Hilbert 变换仅可估计单分量信号的瞬时频率。单分量信号在时频平面中用单一“脊”来描述。单分量信号包括单一正弦波信号和 Chirp 等信号。生成以 1 kHz 采样的时长为 2 s

的 Chirp 信号。指定 Chirp 信号的最初频率为 100 Hz，1 s 后增加到 200 Hz，程序代码如下所示。

```
import numpy as np
from scipy import signal
import matplotlib.pyplot as plt
fs = 1000
t = np.linspace(0,2-1/fs,fs*2)
y = signal.chirp(t, f0=100,f1=200, t1=1, method='linear')
```

使用通过 stft 函数实现的短时傅里叶变换来估计 Chirp 信号的频谱图，程序代码如下所示。

```
f,t1,zxx = signal.stft(y,fs,nperseg = 50)
plt.pcolormesh(t1, f, abs(zxx))
plt.colorbar()
```

运行程序，效果如图 5.12 所示。

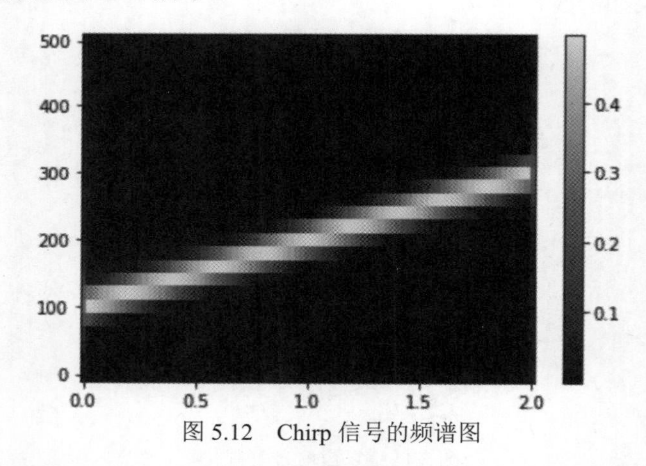

图 5.12 Chirp 信号的频谱图

从图 5.12 可以看出，每个时间点有一个峰值频率，这很好地描述了 Chirp 信号的特点。

计算解析信号并对相位进行微分以得到瞬时频率，对导数进行缩放以得到有意义的估计，程序代码如下所示。

```
z = signal.hilbert(y)
instfrq = fs/(2*np.pi)*np.diff(np.unwrap(np.angle(z)))
plt.plot(t[1:],instfrq)
plt.xlim([0,2])
```

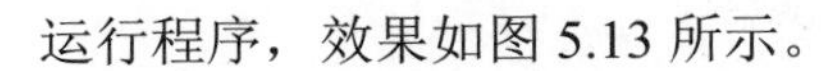

运行程序，效果如图 5.13 所示。

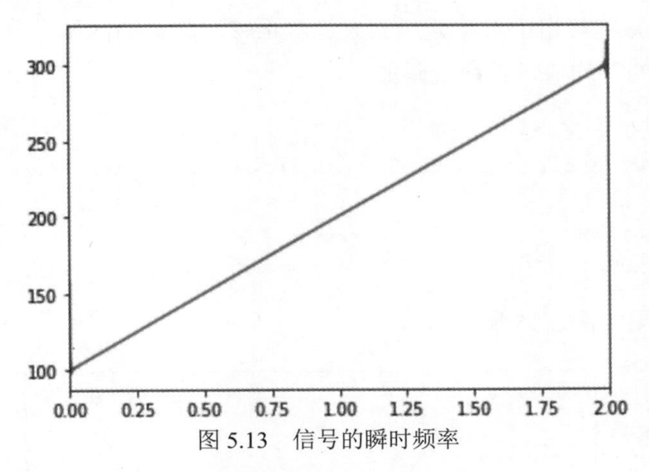

图 5.13　信号的瞬时频率

从图 5.13 可以看出，信号的瞬时频率随时间线性变化。

生成频率为 60 Hz 和 90 Hz 的两个正弦波的总和，以 1023 Hz 采样 2 s。计算并绘制频谱图，程序代码如下所示。

```
fs = 1023
t = np.linspace(0,2-1/fs,fs*2)
x = np.sin(2*np.pi*60*t)+np.sin(2*np.pi*90*t)

f,t2,zxx = signal.stft(x,fs,nperseg = 100)
plt.pcolormesh(t2, f, abs(zxx))
plt.colorbar()
plt.ylim([0,300])
```

运行程序，效果如图 5.14 所示。

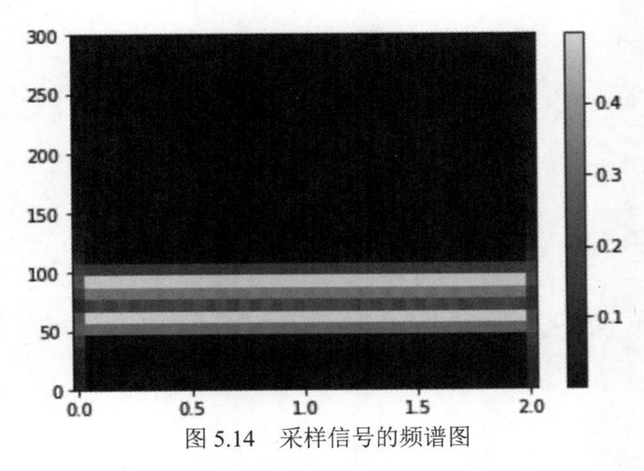

图 5.14　采样信号的频谱图

从图 5.14 可以看出，采样信号的频谱图在每个时间点都显示存在两个分量。

计算分析信号并对其相位求微分，放大包含正弦波频率的区域，分析信号预测瞬时频率，即正弦波频率的平均值，程序代码如下所示。

```
z = signal.hilbert(x)
instfrq = fs/(2*np.pi)*np.diff(np.unwrap(np.angle(z)))

plt.plot(t[1:],instfrq)
plt.ylim([60,90])
```

运行程序，效果如图 5.15 所示。

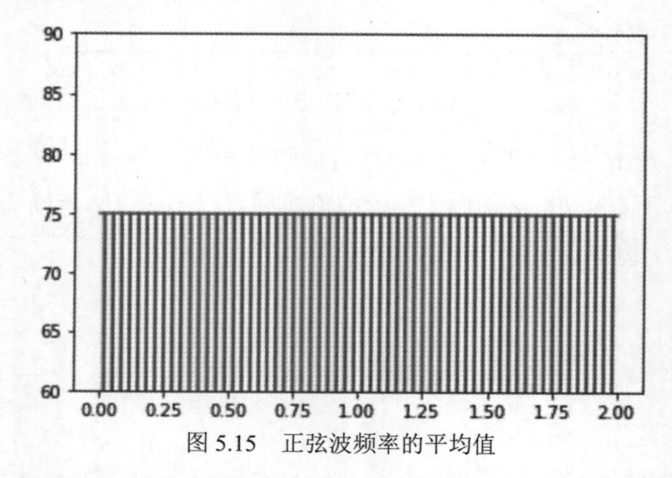

图 5.15　正弦波频率的平均值

从图 5.15 可以看出，信号预测瞬时频率，即正弦波频率的平均值分布在 60 Hz 到 75 Hz。

要采用时间的函数来估算这两个频率，可以使用 stft 函数求功率频谱密度。将更改频率的罚分指定为 100。程序代码如下所示。

```
f,t2,zxx = signal.stft(x,fs,nperseg = 100)

plt.pcolormesh(t2, f, abs(zxx))
plt.colorbar()
plt.plot([0.05,1.95],[92,92],'r',linewidth = 3)
plt.plot([0.05,1.95],[60,60],'b',linewidth = 3)
plt.xlim([0,2])
plt.ylim([0,300])
```

运行程序，效果如图 5.16 所示。

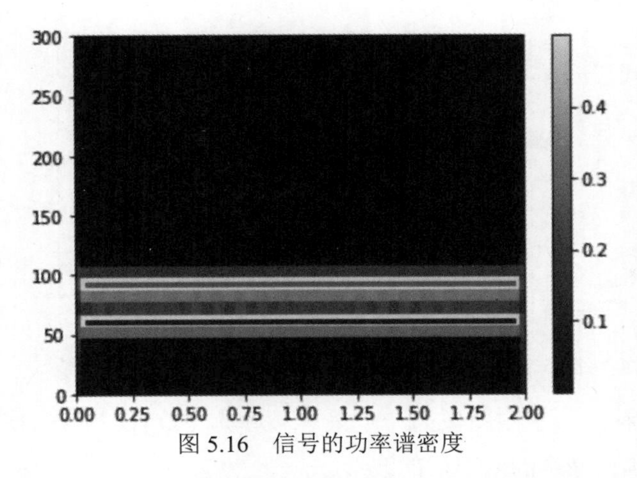

图 5.16　信号的功率谱密度

从图 5.16 可以看出，信号的功率谱密度在每个时间点都显示存在两个分量，且为 60 Hz 和 90 Hz。

5.1.9　倒频谱分析

倒频谱分析是一种非线性信号处理方法，在语音和图像处理等领域有多种应用。

序列 x 的复倒频谱是通过求 x 的傅里叶变换的复自然对数，然后对得到的序列进行傅里叶逆变换来计算的，如下所示。

$$\hat{x}=\frac{1}{2\pi}\int_{-\pi}^{\pi}\log[X(\mathrm{e}^{\mathrm{j}w})]\mathrm{e}^{\mathrm{j}wn}\mathrm{d}w$$

首先，创建以 100 Hz 采样的 45 Hz 正弦波。在信号开始 0.2 s 后，添加一个幅值减半的回声，具体程序代码如下所示。

```
import matplotlib.pyplot as plt
import numpy as np

t = np.array(np.arange(0,1.28,0.01),dtype = complex)
s1 = np.sin(2*np.math.pi*45*t)
s1.shape
s2 = s1+0.5*np.r_[np.zeros(20),s1[0:108]]
plt.subplot(1,2,1)
plt.plot(t,s1)
plt.subplot(1,2,2)
plt.plot(t,s2)
```

运行程序，结果如图 5.17 所示。

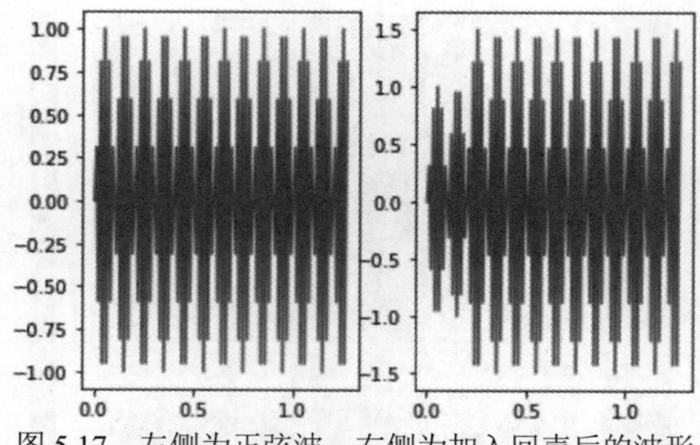

图 5.17　左侧为正弦波，右侧为加入回声后的波形

从图 5.17 可以看出，左侧图像为一个采样频率为 100 Hz 的 45 Hz 的正弦波，右侧图像为该正弦波加入幅值减半的回声后的波形。

计算并绘制新信号的复倒频谱的程序代码如下所示。

```
spectrum = np.fft.fft(s2)
ceps = np.fft.ifft(np.log(spectrum))
plt.plot(ceps)
```

运行程序，结果如图 5.18 所示。

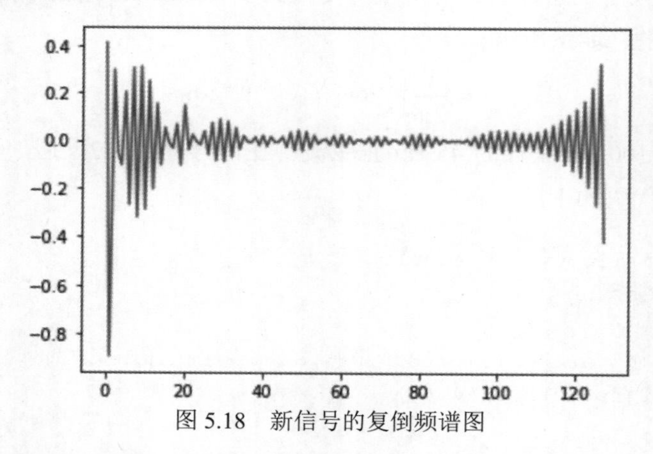

图 5.18　新信号的复倒频谱图

从图 5.18 可以看出，在第 20 个点处出现了峰值，指示该回声。

对复倒频谱求逆，进行逆傅里叶变换，程序代码如下所示。

```
x = np.arange(1,11,1)
spectrum2 = np.fft.fft(x)
ceps2 = np.fft.ifft(np.log(spectrum2))
```

运行上述程序，可观察到输出：array([1, 2, 3, 4, 5, 6, 7, 8, 9, 10])，表明 x 信号经过 FFT 成为频谱信息后，再经过 IFFT 后，得到与 x 自身相同的输出。

```
cc = np.fft.fft(ceps2)
cc2 = np.exp(cc)
cc3 = np.fft.ifft(cc2).real
```

运行上述程序，可观察到输出：array([1., 2., 3., 4., 5., 6., 7., 8., 9., 10.])，表明信号 ceps2 经过 FFT 后，对其取 e 指数，再经过 IFFT 后，输出信号的实部与原始输入信号 ceps2 相同。

5.2 相关性和卷积

Signal Processing Toolbox 提供了一系列相关性和卷积函数，用于检测信号相似性，确定信号周期性，找到隐藏在长数据记录中的感兴趣的信号，并测量信号之间的延迟以同步它们。计算线性时不变（Linear Time -Invariant，LTI）系统对输入信号的响应，执行多项式乘法，并执行循环卷积。

5.2.1 使用到的 Python 函数

卷积中使用到的 Python 函数如表 5.3 所示。

表 5.3 卷积中使用到的 Python 函数

序号	函数名	功能描述
1	scipy.signal.convolve	两个 N 维数组卷积
2	scipy.signal.correlate	两个 N 维数组互相关
3	scipy.signal.fftconvolve	使用 FFT 对两个 N 维数组进行卷积
4	scipy.signal.oaconvolve	使用重叠相加方法对两个 N 维数组进行卷积

5.2.2 具有自相关的残差分析

残差是拟合模型与数据之间的差值。在信号 + 白噪声的模型当中，如果对信号有较好的拟合，残差应该是白噪声。

在加性白高斯噪声中创建一阶多项式（直线）所组成的噪声数据集。加性噪声是一个不相关的随机变量序列，服从 N(0,1) 分布，这意味着所有随机变量的均值为 0，方差为 1，将随机数生成器设置为可重现结果的默认设置。程序代码如下所示。

```
import numpy as np
from matplotlib import pyplot as plt
from scipy.special import erfcinv
from scipy.fft import fft

x = np.arange(-3, 3, 0.01)
y = 2 * x + np.random.randn(len(x))
```

```
plt.plot(x, y)
plt.show()
```

运行程序，结果如图 5.19 所示。

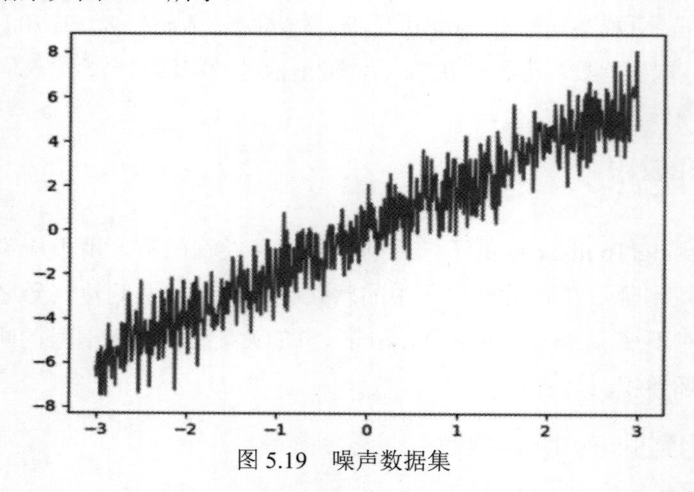

图 5.19　噪声数据集

由图 5.19 可知，由于数据集中包含一阶多项式（直线），因此图像将显示一个明显的线性趋势，并且在直线上的每个点上都会有一些随机扰动。由于数据集中的噪声是由直线和随机噪声组成的，因此整体趋势仍然是线性相关的。这意味着数据点大致沿着直线分布，但受到噪声的影响，其不完全对齐。

使用函数找到噪声数据的最小二乘拟合线，用最小二乘法拟合原始数据。程序代码如下所示。

```
def linearRegression(x, y):
    length = len(x)
    mx = x.mean()
    a =  a = (y * (x - mx)).sum() / ((x ** 2).sum() - x.sum() ** 2 / length)
    b = (y - a * x).sum() / length
    return a, b
a, b = linearRegression(x, y)
yfit = a * x + b

plt.plot(x, y, 'b')
plt.plot(x, yfit, 'r')
plt.show()
```

运行程序，结果如图 5.20 所示。

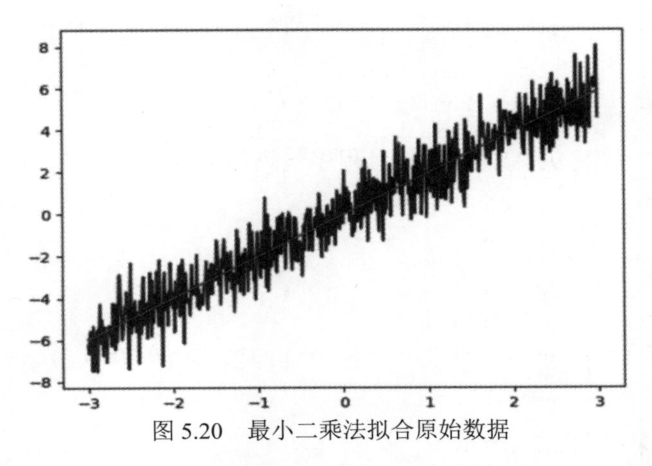

图 5.20　最小二乘法拟合原始数据

由图 5.20 可知，由于加性白高斯噪声的存在，数据点可能不完全对齐于一条直线上。最小二乘拟合图像的特点之一是在努力减少拟合直线与数据点之间的垂直距离的同时，还要权衡偏差和方差。这意味着最小二乘拟合图像可能在某些区域对数据点过拟合（高方差），而在其他区域可能出现拟合不足（高偏差）。

得到残差，求取滞后值为 50 的残差自相关序列。程序代码如下所示。

```
def autocorrelation(x, lags):
    n = len(x)
    x = np.array(x)
    result = [np.correlate(x[i:],x[:n-i])\
            /(x[i:].std()*x[:n-i].std()*(n-i)) for i in range(0, lags+1)]
    lag = np.arange(0, lags+1, 1)
return result, lag
.
residuals = y - yfit
xc,lags = autocorrelation(residuals, 50)
```

当检视自相关序列时，如何确认是否存在自相关关系。换言之，如何确定样本自相关序列是否为白噪声的自相关序列，如果残差的自相关序列看起来像是白噪声的自相关，确认所有的信号都符合拟合结果，最终表现在残差中。在本例中，使用 99% 的置信区间。为了构造置信区间，需要获取样本自相关值的分布。还需要在概率 99% 的适当分布中找到临界值，因为示例情况中的分布为高斯分布，可以使用互补逆误差函数。该函数与高斯累积分布函数的逆函数之间的关系可用函数 erfcinv 描述。

获取 99% 置信区间的临界值，使用临界值来构造置信上下限，程序代码如下所示。

```
conf99 = np.sqrt(2) * erfcinv(0.01)
lconf = -conf99 / np.sqrt(len(x))
```

```
hconf = conf99 / np.sqrt(len(x))
lline = lconf * np.ones(len(lags))
hline = hconf * np.ones(len(lags))
```

绘制自相关序列以及 99% 置信区间，程序代码如下所示。

```
plt.stem(lags, xc)
plt.ylim([lconf-0.03, 1.05])
plt.plot(lags, lline, 'r')
plt.plot(lags, hline, 'r')
plt.title('Sample Autocorrelation with 99% Confidence Intervals')
plt.show()
```

运行程序，结果如图 5.21 所示。

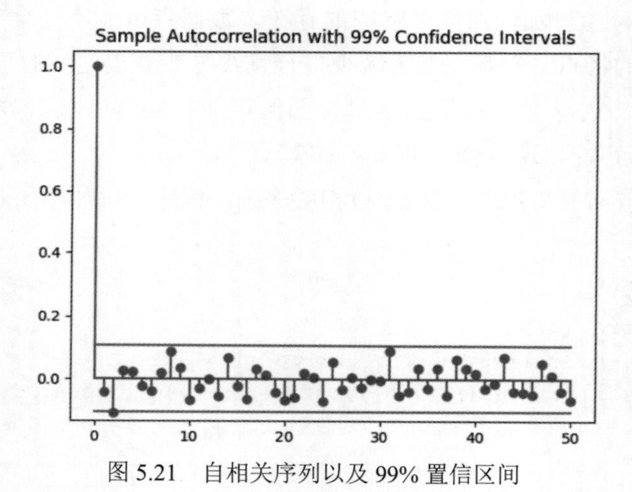

图 5.21　自相关序列以及 99% 置信区间

由图 5.21 可知，除零延迟外，样本自相关值在白噪声序列自相关的 99% 置信区间内。由此可以得出结论：残差是白噪声。更具体地说，无法拒绝残差是一个白噪声过程的假设。

创建一个由正弦波和噪声组成的信号。数据采样频率为 1 kHz，正弦波的频率为 100 Hz。将随机数生成器设置为可重现结果的默认设置。程序代码如下所示。

```
fs = 1000
t = np.arange(0, 1-1/fs, 1/fs)
x = np.cos(2* np.pi * 100 * t) + np.random.randn(len(t))
```

使用离散傅里叶变换获得 100 Hz 的最小二乘拟合正弦波。复制的最小二乘估计为 $2/N$ 乘以 100 Hz 所对应的 DFT 系数，其中 N 为信号长度。实部是信号在余弦信号 100 Hz 处的振幅，虚部是正弦信号在 100 Hz 处的振幅，最小二乘拟合是相应正确振幅的余弦与正弦信号之和。本例中，DFT 的第 101 维对应 100 Hz。程序代码如下所示。

```
    xdft = fft(x)
    ampest = 2 / len(x) * xdft[100]
    xfit = ampest.real* np.cos(2 * np.pi * 100 * t) + ampest.imag * np.sin(2 *
np.pi * 100 * t)
    plt.plot(t, x, 'b')
    plt.plot(t, xfit, 'r')
    plt.axis([0, 0.30, -4, 4])
    plt.xlabel('Seconds')
    plt.ylabel('Amplitude')
    plt.show()
```

运行程序，结果如图 5.22 所示。

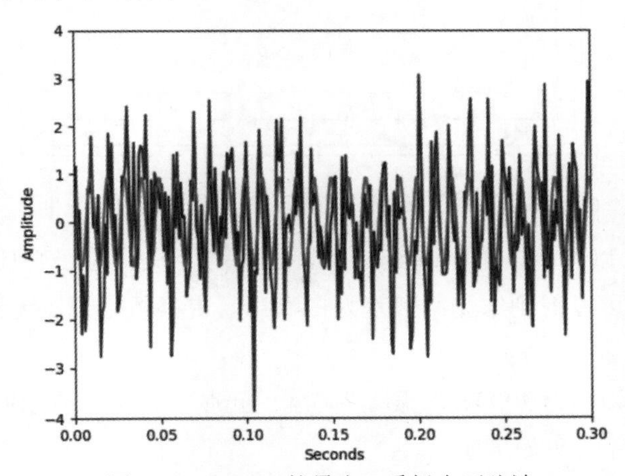

图 5.22　100 Hz 的最小二乘拟合正弦波

由图 5.22 可知，100 Hz 的最小二乘拟合正弦波的幅值在 -1 到 1 之间。

查找残差并确定滞后 50 的样本自相关序列，用 99% 置信区间绘制自相关序列，程序代码如下所示。

```
    residuals = x - xfit
    xc,lags = autocorrelation(residuals, 50);
    lconf = -conf99 / np.sqrt(len(x))
    hconf = conf99 / np.sqrt(len(x))
    lline = lconf * np.ones(len(lags))
    hline = hconf * np.ones(len(lags))

    plt.stem(lags, xc)
    plt.ylim([lconf-0.03, 1.05])
    plt.plot(lags, lline, 'r')
    plt.plot(lags, hline, 'r')
```

```
plt.title('Sample Autocorrelation with 99% Confidence Intervals')
plt.show()
```

运行程序，结果如图 5.23 所示。

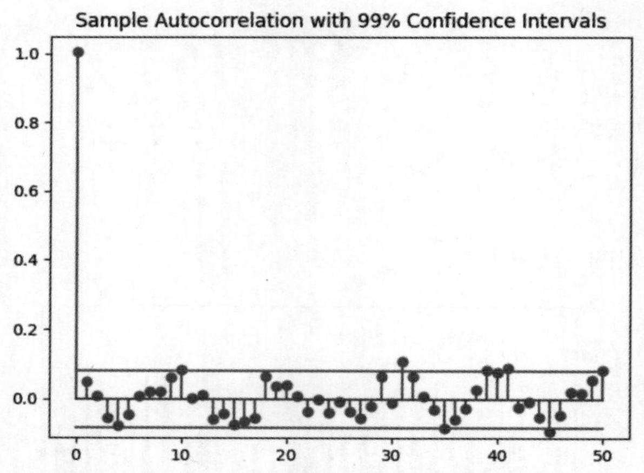

图 5.23　滞后 50 的样本自相关序列及 99% 置信区间

从图 5.23 同样可以看到，除了零延迟外，样本自相关值位于白噪声序列 99% 自相关的置信区间内。由此可以得到结论：残差为白噪声。更具体地说，无法拒绝残差是白噪声过程的实现的假设。

最后，加入一个频率为 200 Hz，振幅为 3/4 的正弦波，只拟合 100 Hz 的正弦波，求残差的样本自相关，程序代码如下所示。

```
x = x + 3/4 * np.sin(2 * np.pi * 200 * t)
xdft = fft(x)
ampest = 2 / len(x) * xdft[100]
xfit = ampest.real* np.cos(2 * np.pi * 100 * t) + ampest.imag * np.sin(2 *
np.pi * 100 * t)
residuals = x - xfit
xc,lags = autocorrelation(residuals, 50)
```

绘制残差样本自相关序列及 99% 置信区间，程序代码如下所示。

```
plt.stem(lags, xc)
plt.ylim([lconf-0.12, 1.05])
plt.plot(lags, lline, 'r')
plt.plot(lags, hline, 'r')
plt.title('Sample Autocorrelation with 99% Confidence Intervals')
plt.show()
```

运行程序，结果如图 5.24 所示。

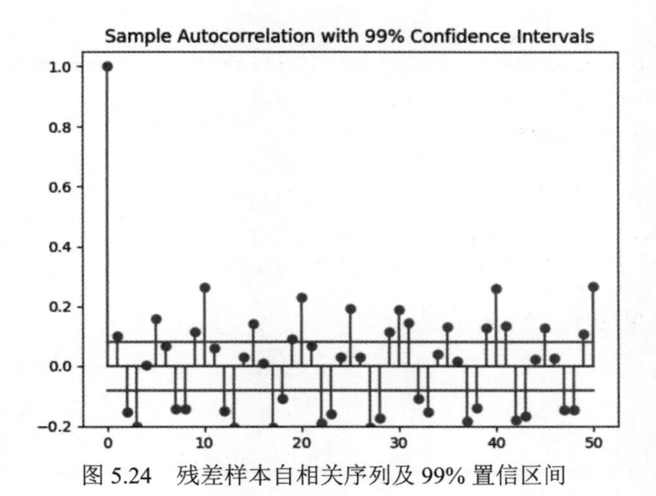

图 5.24　残差样本自相关序列及 99% 置信区间

由图 5.24 可知，在这种情况下，自相关值在很多滞后点明显超过了 99% 的置信区间。这里可以拒绝残差是白噪声序列的假设。这意味着模型没有考虑到所有的信号，因此残差由信号加噪声组成。

5.2.3　对齐两个简单信号

此示例说明如何使用互相关来对齐信号。在一般情况下，信号具有不同的长度，如果要正确同步它们，必须考虑信号长度并将其参数输入 xcorr 的顺序。考虑两个信号，除了周围 0 的数量以及其中一个滞后于另一个之外，它们是相同的。程序代码如下所示。

```
import numpy as np
import matplotlib.pyplot as plt
from scipy import signal
import random

sz = 30
sg = np.random.randn(1,random.randint(0,8)+3)
s1 = np.zeros((1,random.randint(0,sz)))
s1 = np.append(s1,sg)
s1 = np.append(s1,np.zeros((1,random.randint(0,sz))))
s2 = np.zeros((1,random.randint(0,sz)))
s2 = np.append(s2,sg)
s2 = np.append(s2,np.zeros((1,random.randint(0,sz))))

mx = np.max((len(s1),len(s2)))
fig,axs = plt.subplots(2,1,constrained_layout='True')
x1 = np.arange(0,len(s1))
x2 = np.arange(0,len(s2))
```

```
markerline, stemlines, baseline = axs[0].stem(x1,s1, markerfmt='o', bottom= 0 )
markerline.set_markerfacecolor('none')
axs[0].set_xlim(0,mx+1)
markerline, stemlines, baseline = axs[1].stem(x2,s2,markerfmt='*')
markerline.set_markerfacecolor('none')
axs[1].set_xlim(0,mx+1)
fig.savefig('产生两个简单的随机信号 .png',dpi=500)
```

运行程序，效果如图 5.25 所示。

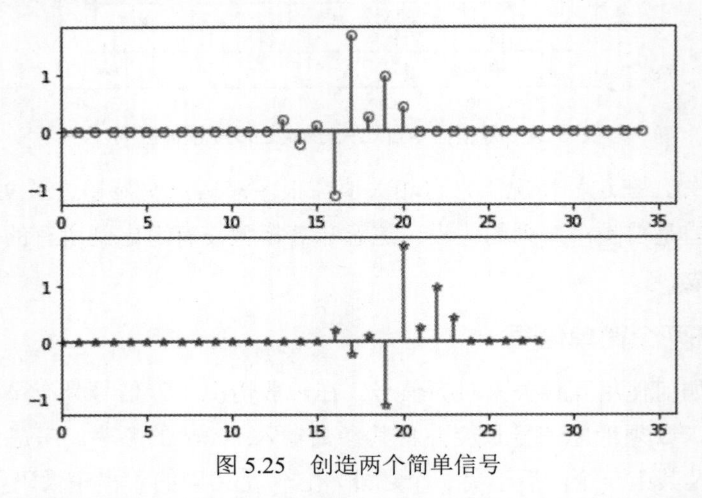

图 5.25　创造两个简单信号

如图 5.25所示，创造出的两个简单信号，第一个滞后于第二个，且除周围 0 的数量外它们是相同的。对两个信号的长度进行比较，该长度包含信号周围的 0 信号，因此它们具有更多元素，无论它们是否为 0。

```
if len(s1) > len(s2):
    slong = s1
    sshort = s2
else:
    slong = s2
    sshort = s1
```

计算两个信号的互相关的程序代码如下所示。运行 xcorr，将较长的信号作为第一个参数，将较短的信号作为第二个参数。 绘制结果。

```
acor = signal.correlate(slong,sshort)
lags = signal.correlation_lags(slong.size,sshort.size,mode="full")
lag = lags[np.argmax(acor)]
acormax = np.max(np.abs(acor))
```

```
    I = np.argmax(np.abs(acor))
    lagdiff = lags[I]
    fig,ax1 = plt.subplots()
    markerline, stemlines, baseline = ax1.stem(lags,acor, markerfmt='o', bottom= 0 )
    markerline.set_markerfacecolor('none')
    markerline, stemlines, baseline = ax1.stem(lagdiff,acormax,markerfmt
='*')
    fig.savefig('绘制互相关并找出滞后量 .png',dpi=500)
```

运行程序，效果如图 5.26 所示。

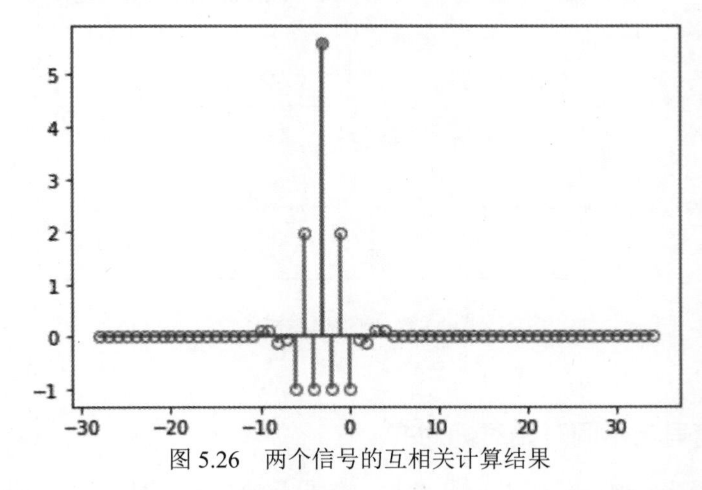

图 5.26　两个信号的互相关计算结果

如图 5.26 所示，运行 xcorr 后得到两个信号的互相关计算结果。接下来进行信号的对齐。将滞后信号视为比另一个“更长”的信号，因为必须“等待更长时间”才能检测到它。如果 lagdiff 为正，则通过考虑从 lagdiff+1 到末尾的元素来“缩短”长信号。如果 lagdiff 为负，则通过考虑从 −lagdiff+1 到末尾的元素来“延长”短信号。程序代码如下所示。

```
    if lagdiff > 0:
        sorig = sshort
        salign = slong[lagdiff:]
    else:
        sorig = slong
        salign = sshort[-lagdiff:]

    fig,ax2 = plt.subplots(2,1,constrained_layout='True')
    x11 = np.arange(0,len(sorig))
    x22 = np.arange(0,len(salign))
    markerline, stemlines, baseline = ax2[0].stem(x11,sorig, markerfmt='o', bottom= 0 )
    markerline.set_markerfacecolor('none')
    ax2[0].set_xlim(0,mx+1)
```

```
markerline, stemlines, baseline = ax2[1].stem(x22,salign,markerfmt='*')
markerline.set_markerfacecolor('none')
ax2[1].set_xlim(0,mx+1)
fig.savefig(' 对齐信号 .png',dpi=500)
```

运行程序，效果如图 5.27 所示。

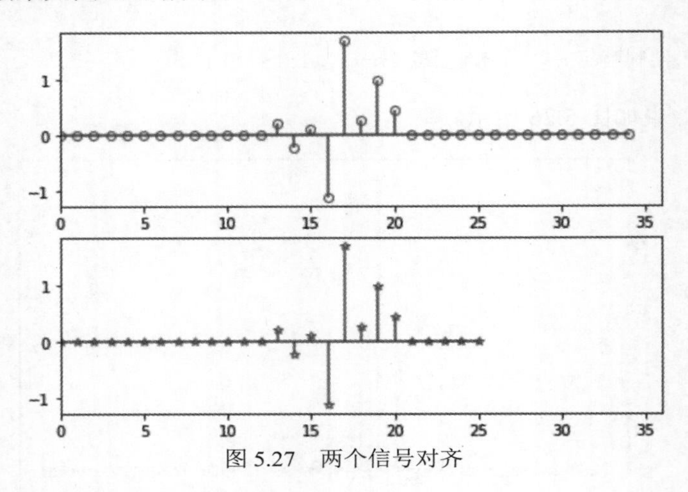

图 5.27　两个信号对齐

如图 5.27 所示，两个信号成功对齐。

5.2.4　将信号与不同开始时间对齐

许多测量涉及多个传感器异步采集数据。如果想要集成信号，则必须同步它们。

例如，假设有一辆汽车经过一座桥，它产生的振动由位于不同位置的 3 个相同传感器进行测量，信号有不同到达时间。具体的信号处理程序代码如下所示。

```
import scipy.io as sio
import numpy as np
import matplotlib as mpl
import matplotlib.pyplot as plt
from numpy import ndarray

plt.rcParams['font.sans-serif']=['SimHei']
plt.rcParams['axes.unicode_minus']=False

def alignsignals(s1: ndarray, s2: ndarray, s3: ndarray, delay_times: tuple):
    s1_align = s1[delay_times[0]::, :]
    s2_align = s2[delay_times[1]:, :]
    s3_align = s3[delay_times[2]:, :]
    return s1_align, s2_align, s3_align
```

处理信号后，将信号加载到工作区并进行绘图，具体程序代码如下。

```
if __name__ == '__main__':
    delay_times = (350, 0, 500)

    data = sio.loadmat('relatedsig.mat')
    s1 = data['s1']
    s2 = data['s2']
    s3 = data['s3']
    fig = plt.figure(figsize=(15,8),dpi=300)
    plt.title("原始数据")
    ax1 = fig.add_subplot(311)
    ax1.plot(s1)
    ax2 = fig.add_subplot(312)
    ax2.plot(s2)
    ax3 = fig.add_subplot(313)
    ax3.plot(s3)
    plt.show()
```

运行程序，结果如图 5.28 所示。

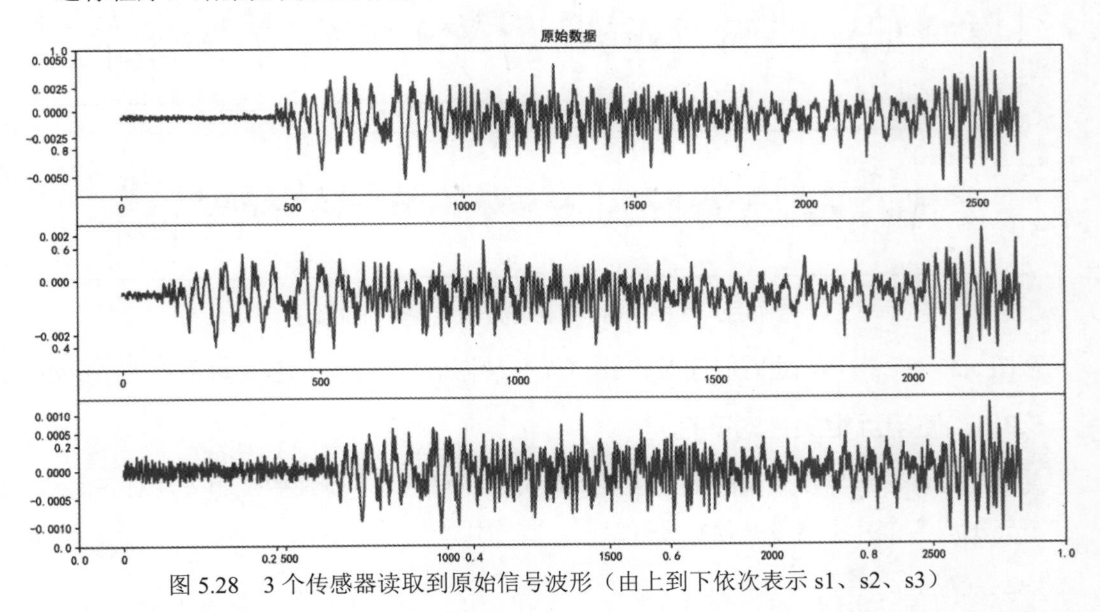

图 5.28　3 个传感器读取到原始信号波形（由上到下依次表示 s1、s2、s3）

从图 5.28 可以看出，信号 s1 落后于 s2，但领先于 s3。信号 s2 领先于 s1 350 个样本，信号 s3 落后于 s1 150 个样本，而信号 s2 领先于 s3 500 个样本。

通过保持最早的信号不动并截除其他向量中的延迟来对齐信号，具体程序代码如下所示。

```
s1_align, s2_align, s3_align = alignsignals(s1, s2, s3, delay_times)
```

```
fig = plt.figure(figsize=(15,8),dpi=300)
plt.title(" 信号对齐 ")
ax1 = fig.add_subplot(311)
ax1.plot(s1_align)
ax2 = fig.add_subplot(312)
ax2.plot(s2_align )
ax3 = fig.add_subplot(313)
ax3.plot(s3_align )
plt.show()
```

运行程序，结果如图 5.29 所示。

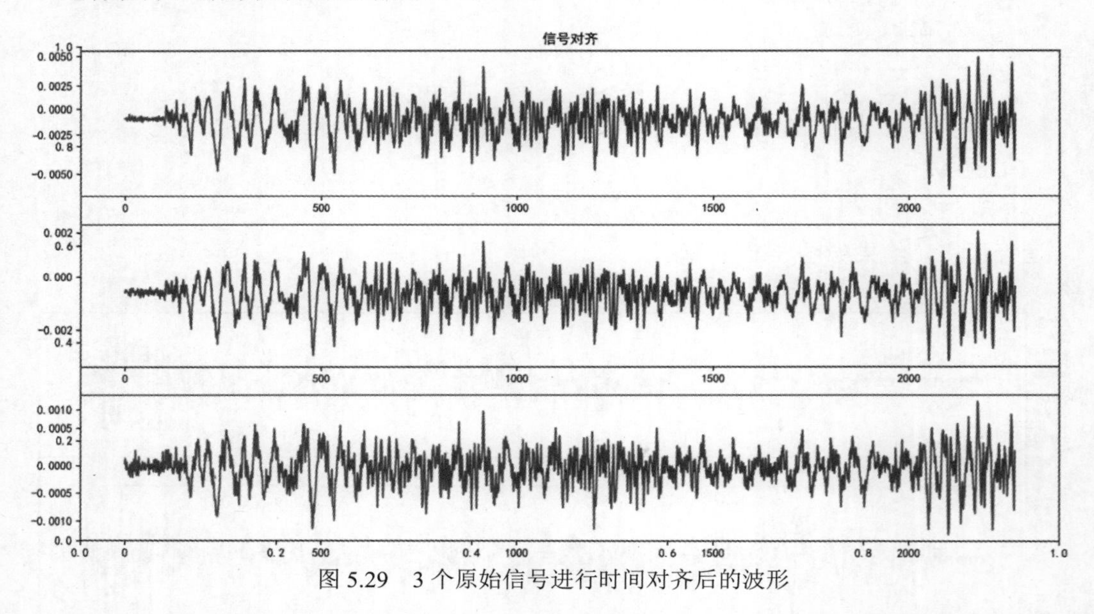

图 5.29　3 个原始信号进行时间对齐后的波形

从图 5.29 可以看出，进行时间对齐后，3 个传感器信号现在已同步，可用于进一步处理。

5.2.5　使用互相关性对齐信号

如前所述，对于异步采集的数据，需要对其进行同步。本例使用互相关性对齐信号。首先生成 3 个异步信号并分别进行绘制，程序代码如下所示。

```
import numpy as np
import matplotlib.pyplot as plt

x = np.arange(0,25)
y1=[0,0,0,0,0,0,0,2,3,-1,3,7,9,-8,6,4,-6,-7,8,0,0,0,0,0,0]
y2=[0,0,2,3,-1,3,7,9,-8,6,4,-6,-7,8,0,0,0,0,0,0,0,0,0,0,0]
y3=[0,0,0,0,0,0,0,0,0,0,0,2,3,-1,3,7,9,-8,6,4,-6,-7,8,0,0]
```

```
fig = plt.figure()
ax1 = fig.add_subplot(311)
ax1.plot(x,y1)
ax1 = fig.add_subplot(312)
ax1.plot(x,y2)
ax1 = fig.add_subplot(313)
ax1.plot(x,y3)
plt.show()
```

运行程序，结果如图 5.30 所示。

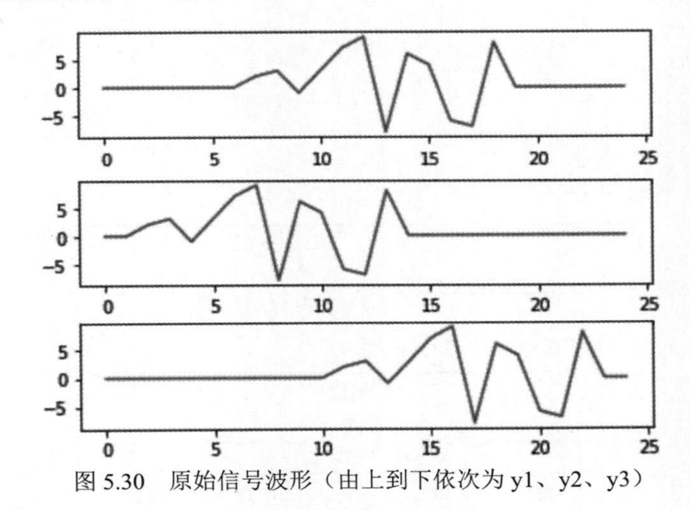

图 5.30　原始信号波形（由上到下依次为 y1、y2、y3）

从图 5.30 可以看出，信号 y1 落后于 y2，但领先于 y3。

计算 3 个信号之间的互相关性。将它们归一化，使其最大值为 1。程序代码如下所示。

```
cq12=np.correlate(y1,y2,'full')
cq13=np.correlate(y1,y3,'full')
cq23=np.correlate(y2,y3,'full')
c12=cq12/max(cq12)
c13=cq13/max(cq13)
c23=cq23/max(cq23)
```

互相关性最大值的位置指示领先或滞后时间，程序代码如下所示。

```
t12=np.argmax(c12)-len(y1)+1
t13=np.argmax(c13)-len(y1)+1
t23=np.argmax(c23)-len(y2)+1
```

绘制互相关图，在每个绘图中显示最大值的位置，程序代码如下所示。

```
x1 = np.arange(-len(y1)+1,len(y2))
fig = plt.figure()
ax1 = fig.add_subplot(311)
ax1.plot(x1,c12)
plt.scatter(t12,1)
plt.text(t12+1,1-0.3, 'lag:%i'%t12,fontsize=15)
ax1 = fig.add_subplot(312)
ax1.plot(x1,c13)
plt.scatter(t13,1)
plt.text(t13+1,1-0.3, 'lag:%i'%t13,fontsize=15)
ax1 = fig.add_subplot(313)
ax1.plot(x1,c23)
plt.scatter(t23,1)
plt.text(t23+1,1-0.3, 'lag:%i'%t23,fontsize=15)
plt.show()
```

运行程序，结果如图 5.31 所示。

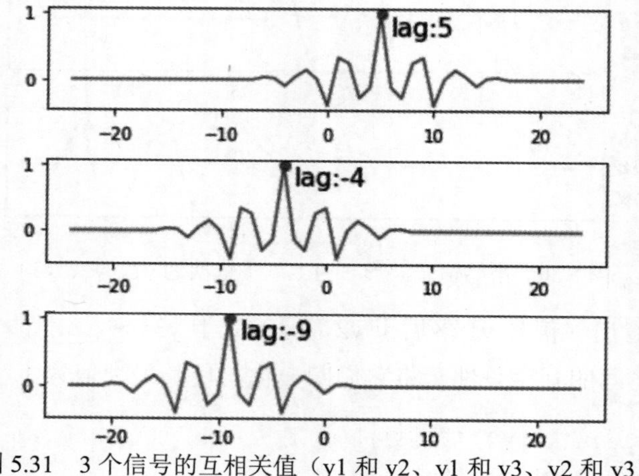

图 5.31　3 个信号的互相关值（y1 和 y2、y1 和 y3、y2 和 y3）

从图 5.31 可以看出，信号 y1 落后于 y2 5 个样本，领先于 y3 4 个样本；信号 s2 领先于 s3 9 个样本。

通过截断具有较长延迟的向量来对齐信号。

```
y1 = y1[t12:]
y1+=([0]*t12)
y3 = y3[-t23:]
y3+=[0]*(-t23)
fig = plt.figure()
ax1 = fig.add_subplot(311)
ax1.plot(x,y1)
```

```
ax1 = fig.add_subplot(312)
ax1.plot(x,y2)
ax1 = fig.add_subplot(313)
ax1.plot(x,y3)
plt.show()
```

运行程序，结果如图 5.32 所示。

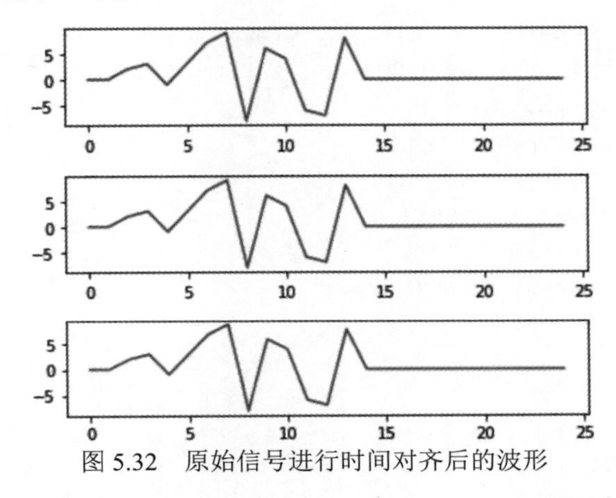

图 5.32　原始信号进行时间对齐后的波形

从图 5.32 可以看出，进行时间对齐后，3 个传感器信号现在已同步，可用于进一步处理。

5.2.6　使用自相关求周期性

测量不确定性和噪声有时会导致难以发现信号中的振荡行为，即使该振荡行为是预期存在的。周期信号的自相关序列与信号本身具有相同的周期特征。因此，自相关可以帮助验证周期的存在并确定其持续时间。以由办公楼内温度计采集的一组温度数据为例。该设备每半小时读取一次数值，持续读取 4 个月。加载数据并对其绘图。减去采集信号的均值以重点关注真实温度的波动趋势。将温度转换为摄氏度。测量时间以天为单位。因此，采样频率为 2 次测量 / 小时 × 24 小时 / 天 = 48 次测量 / 天。程序代码如下所示。

```
import scipy.io as scio
import scipy.signal as sig
import numpy as np
import matplotlib.pyplot as plt
```

定义自相关函数，使用 NumPy 库，并且仿照 MATLAB 设置了 lags，程序代码如下所示。

```
def xcorr(x,y,timelaggy):
    x = x.flatten()
    y = y.flatten()
    out = np.correlate(x,y,'full')
```

```
    midIndex = int(len(out)/2)
    mid = out[midIndex]
    autocor = out/mid
    if timelaggy>len(out)/2:
        autocor = autocor
        lags = np.linspace(-len(out)/2,len(out)/2,2*len(out)+1  )
    else :
        autocor = autocor[midIndex-timelaggy:midIndex+timelaggy+1]
        lags = np.linspace(-timelaggy,timelaggy,2*timelaggy+1)
    return autocor,lags
dataFile1 = './temp.mat'
data1 = scio.loadmat(dataFile1)
tempC = np.array(data1['temp'])
tempC = (tempC-32)*5/9
tempnorm = tempC -  np.mean(tempC)
C = tempnorm.transpose()
C = C.flatten()
C.shape
fs = 2*24
t = np.linspace(0,(len(tempnorm)-1),len(tempnorm))/fs
plt.plot(t,tempnorm)
plt.xlabel('Time(days)')
plt.ylabel('Temperature(℃)')
plt.axis('tight')
T = t.transpose()
```

运行程序，效果如图 5.33 所示。

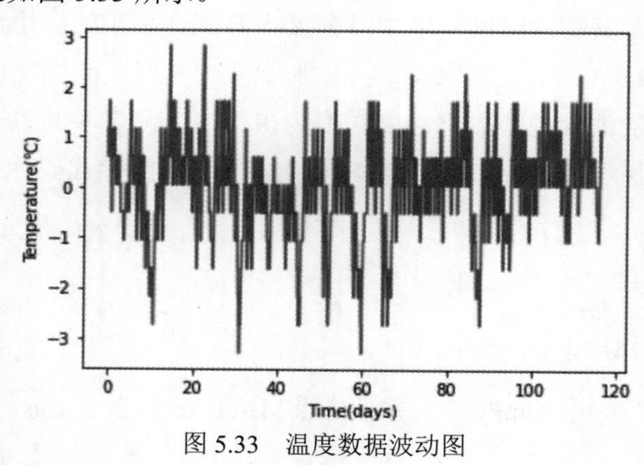

图 5.33　温度数据波动图

如图 5.33 所示，温度似乎确实有振荡特性，但周期的长度并不容易确定。计算温度的自相关性（时滞为 0 时该值为 1）。将正时滞和负时滞限制为 3 周（请注意信号的双周期性），程序代码如下所示。

```
out = np.correlate(C,C,'full')
plt.plot(out)
len(out)/2
out[int(len(out)/2)]
outt = out[int(len(out)/2)-21*fs:int(len(out)/2)+21*fs]
```

运行程序，结果如图 5.34 所示。

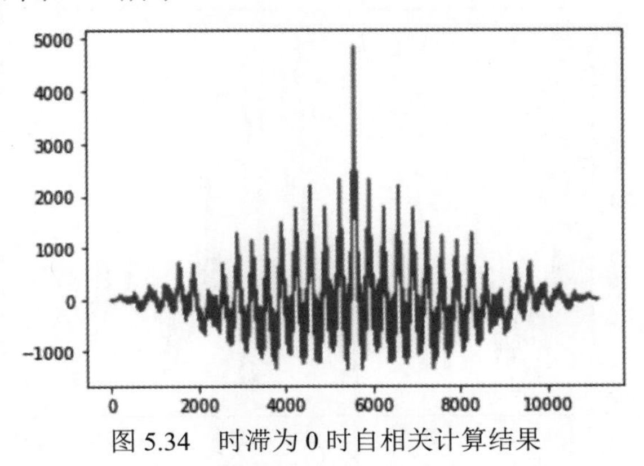

图 5.34　时滞为 0 时自相关计算结果

从图 5.34 可以看出，信号具有双周期性。

```
tt = np.linspace(-21,21,2*21*fs)
print(tt.shape)
print(outt.shape)
plt.plot(tt,outt/out[int(len(out)/2)])
```

运行程序，结果如图 5.35 所示。

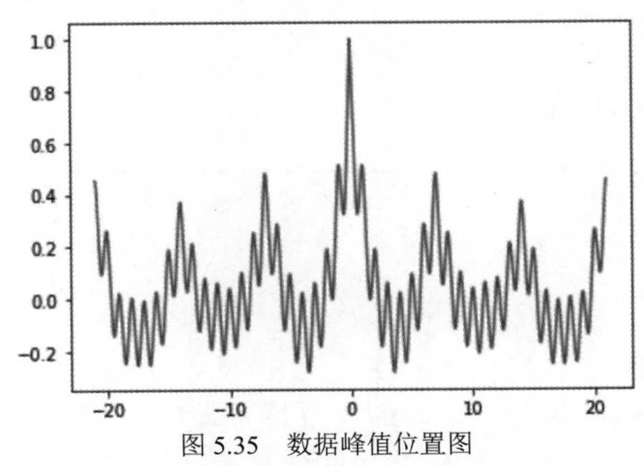

图 5.35　数据峰值位置图

从图 5.35 可以看出，通过找到峰值位置并确定它们之间的平均时间差来确定短周期和长周期。要找到长周期，需将 find_peaks 限制为只寻找间隔时间超过短周期且最小高度为 0.3 的峰值，程序代码如下所示。

```
peaks,pros = sig.find_peaks(outt,prominence=0)
plt.plot(outt/out[int(len(out)/2)])
plt.plot(peaks,outt[peaks]/out[int(len(out)/2)],'x')
print(peaks.shape)
```

运行程序，结果如图 5.36 所示。

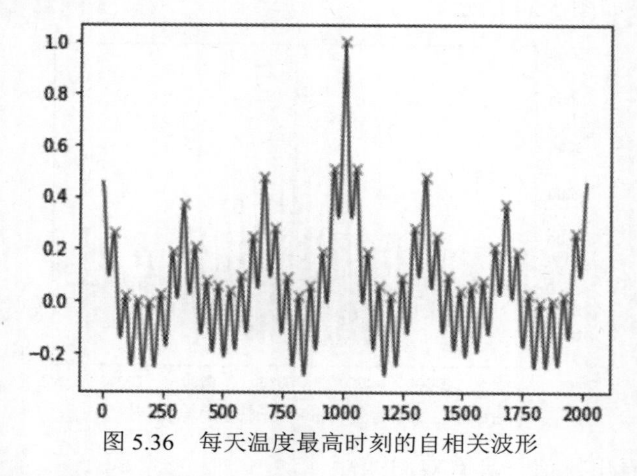

图 5.36　每天温度最高时刻的自相关波形

从图 5.36 可以看出，每天的峰值波形呈现振荡形式，在工作期间温度值较高，在晚上和周末温度值较低。将峰值位置设置为间隔时间超过短周期且最小高度为 0.3 处，程序代码如下所示。

```
peaks2,pros2 = sig.find_peaks(outt,height=0.3*out[int(len(out)/2)])
print(peaks2.shape)
plt.plot(outt)
plt.plot(peaks2,outt[peaks2],'x')
```

运行程序，结果如图 5.37 所示。

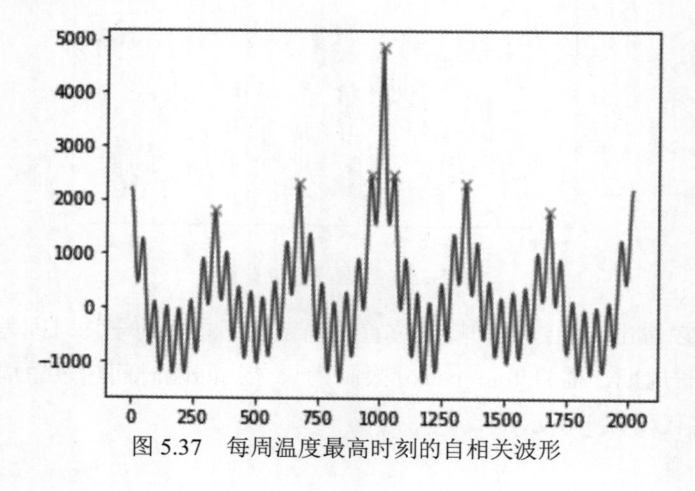

图 5.37　每周温度最高时刻的自相关波形

从图 5.37 可以看出，每周的峰值波形呈现振荡形式，每周温度的最高时刻几乎相同。将长周期与短周期的峰值点用不同的符号标注，并画出相应的图表，程序代码如下。

```
peaks,pros = sig.find_peaks(outt,prominence=0)
peaks2,pros = sig.find_peaks(outt,height=0.3*out[int(len(out)/2)])
plt.plot(tt,outt/out[int(len(out)/2)])
plt.plot(peaks/fs-21,outt[peaks]/out[int(len(out)/2)],'x')
plt.plot(peaks2/fs-21,outt[peaks2]/out[int(len(out)/2)],'o')
print(peaks.shape)
```

运行程序，效果如图 5.38 所示。

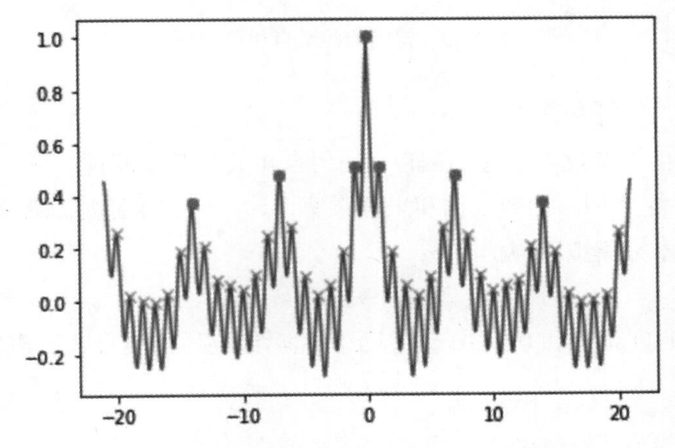

图 5.38　在截取自相关图像上标注长周期与短周期点

从图 5.38 可以看出，图中圆点标注的为长周期点，叉标注的是短周期点。长、短周期点对应的时间间隔分别为 7 天与 1 天。由此可以看出，自相关每天和每周都呈现振荡形式，而且形状非常近似。从而可以得出，大楼内在工作日与白天温度较高，晚上和周末温度较低，符合双周期变化的规律。

在以上程序中定义了一个求自相关的函数，现尝试用该函数求该序列的自相关函数，程序代码如下。

```
autocor,lags = xcorr(tempnorm,tempnorm,3*7*fs)
print(autocor.shape)
print(lags.shape)
plt.plot(lags/fs,autocor[0:2016])
```

运行程序，效果如图 5.39 所示。

从图 5.39 可以看出，由该函数得到的自相关函数与上面使用 numpy 函数得到的图像结果相同，证明其可以实现自相关函数的绘制。

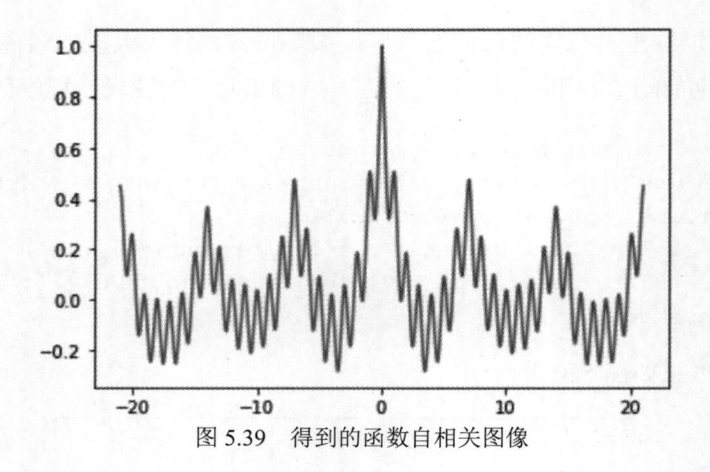

图 5.39　得到的函数自相关图像

5.2.7　Echo Cancelation

语音记录包括由墙壁反射引起的回声，使用自相关将其过滤掉。 在录音中，一个人说出了“ MATLAB”这个词。加载数据和采样频率，通过向记录添加延迟 Δ 样本并通过已知因子衰减的信号副本来模拟回声信号 α:

$$y(n)=x(n)+\alpha x(n-\Delta)$$

指定 0.23 s 的时间延迟和 0.5 的衰减因子，然后绘制原始信号、回声信号和结果信号。

```
from scipy.io import loadmat
import numpy as np
import matplotlib.pyplot as plt
from scipy import signal

m=loadmat("mtlb.mat")
mtlb=m['mtlb']
timelag=0.23
Fs=7418
delta=np.round(Fs*timelag)
delta=int(delta)
alpha=0.5

orig=np.append(mtlb,np.zeros(delta))
echo=np.append(np.zeros(delta),mtlb)*alpha
mtEcho=orig+echo
t=np.arange(0,len(mtEcho),1)/Fs

plt.subplot(211)
plt.plot(t,orig,label='orig')
```

```
plt.plot(t,echo,label='Echo')
plt.subplot(212)
plt.plot(t,mtEcho,label='Total')
plt.xlabel('Time(s)')
plt.legend()
plt.show()
```

运行程序，效果如图 5.40 所示。

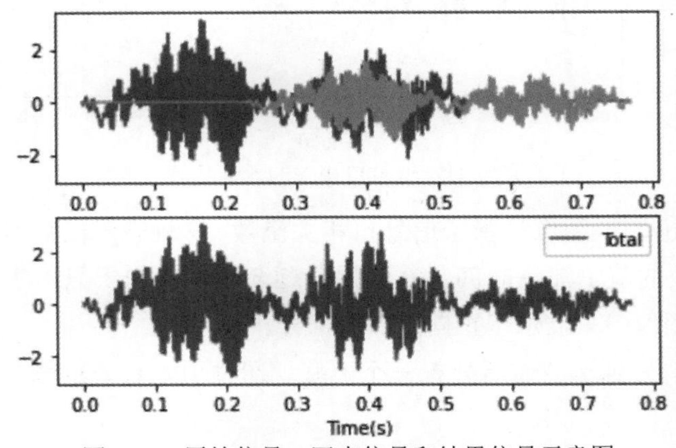

图 5.40 原始信号、回声信号和结果信号示意图

从图 5.40 可看出，其 x 轴表示时间（以秒（s）为单位），y 轴表示信号的幅度。图像的上半部分显示了原始信号和回声信号的波形。回声信号是通过将原始信号延迟 0.23 s（根据采样频率计算得到的样本延迟）并乘以衰减因子 0.5 来模拟的。可以看到回声信号在延迟后开始，衰减为原始信号的一半。图像的下半部分显示了添加了回声效果的结果信号。结果信号是原始信号和回声信号的总和。可以看到，回声效果在结果信号中清晰可见。

接下来，计算信号自相关的无偏估计，并绘制其中大于 0 的滞后部分，程序代码如下所示。

```
Rmm = signal.correlate(mtEcho,mtEcho,mode='full')
lags = signal.correlation_lags(mtEcho.size, mtEcho.size, mode="full")
Rmm=Rmm[np.where(lags>0)]
Rmm=Rmm/np.size(Rmm)
lags=lags[np.where(lags>0)]

plt.plot(lags/Fs,Rmm)
plt.xlabel('Lag(s)')
plt.show()
```

运行程序，效果如图 5.41 所示。

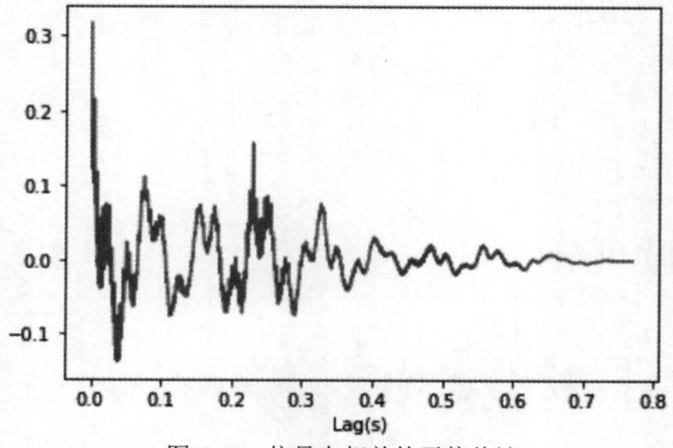

图 5.41　信号自相关的无偏估计

从图 5.41 可看出，该图像显示了信号自相关函数。x 轴表示滞后时间（以 s 为单位），y 轴表示自相关系数的值。滞后时间从 0 开始，逐渐增加。由于只对大于 0 的滞后进行了计算和绘制，因此图像中只显示了正向滞后的部分。

自相关在回声信号到达的滞后处有一个尖峰。通过 IIR 系统过滤信号来消除回声，其输出 ω 服从

$$\omega(n)+\alpha\omega(n-\Delta)=y(n)$$

绘制滤波后的信号并与原始信号进行比较，程序代码如下所示。

```
dl,_=signal.find_peaks(Rmm,prominence=0.22)
aa=np.append(np.array([1]),np.zeros(dl))
a=np.append(aa,np.array([alpha]))
zi=signal.lfilter_zi(1,a)*0
mtNew,_=signal.lfilter(np.array([1]),a,mtEcho,zi=zi)

plt.subplot(211)
plt.plot(t,orig,label='Original')
plt.legend()
plt.subplot(212)
plt.plot(t,mtNew,label='Filtered')
plt.legend()
plt.xlabel('Time(s)')
plt.show()
```

运行程序，效果如图 5.42 所示。

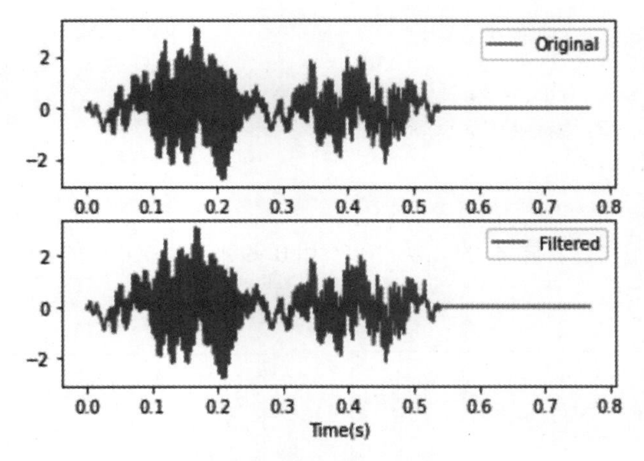

图 5.42　滤波前后的信号波形

从图 5.42 可看出，图像的上半部分显示了原始信号的波形，下半部分显示了经过滤波处理后的信号的波形。通过使用 IIR 滤波器，系数设计能够满足消除回声效果的要求。滤波器的输出是滤波后的信号，即消除了回声的信号。通过对比上下两个子图，可以清楚地看到滤波后的信号相比原始信号减少了回声的影响。滤波后的信号更加清晰，回声效果几乎消失。

5.2.8　多通道输入的互相关

生成 3 个包含 11 个样本的指数序列，这些样本由 0.4^n、0.7^n 和 0.999^n（$n \geqslant 0$）给出，绘制这些序列，程序代码如下所示。

```
import numpy as np
import matplotlib.pyplot as plt

x = np.arange(0,11)
y1 = 0.4**x
y2 = 0.7**x
y3 = 0.999**x
fig = plt.figure()
ax1 = fig.add_subplot(111)
ax1.scatter(x,y1,c = 'r',marker = 'o')
plt.ylim(-0.2,1.2)
plt.show()
fig = plt.figure()
ax1 = fig.add_subplot(111)
ax1.scatter(x,y2,c = 'r',marker = 'o')
plt.ylim(-0.2,1.2)
```

```
plt.show()
fig = plt.figure()
ax1 = fig.add_subplot(111)
ax1.scatter(x,y3,c = 'r',marker = 'o')
plt.ylim(-0.2,1.2)
plt.show()
```

运行程序，包含 11 个样本的 0.4^n、0.7^n 和 0.999^n（$n \geqslant 0$）的序列图分别如图 5.43、图 5.44、图 5.45 所示。

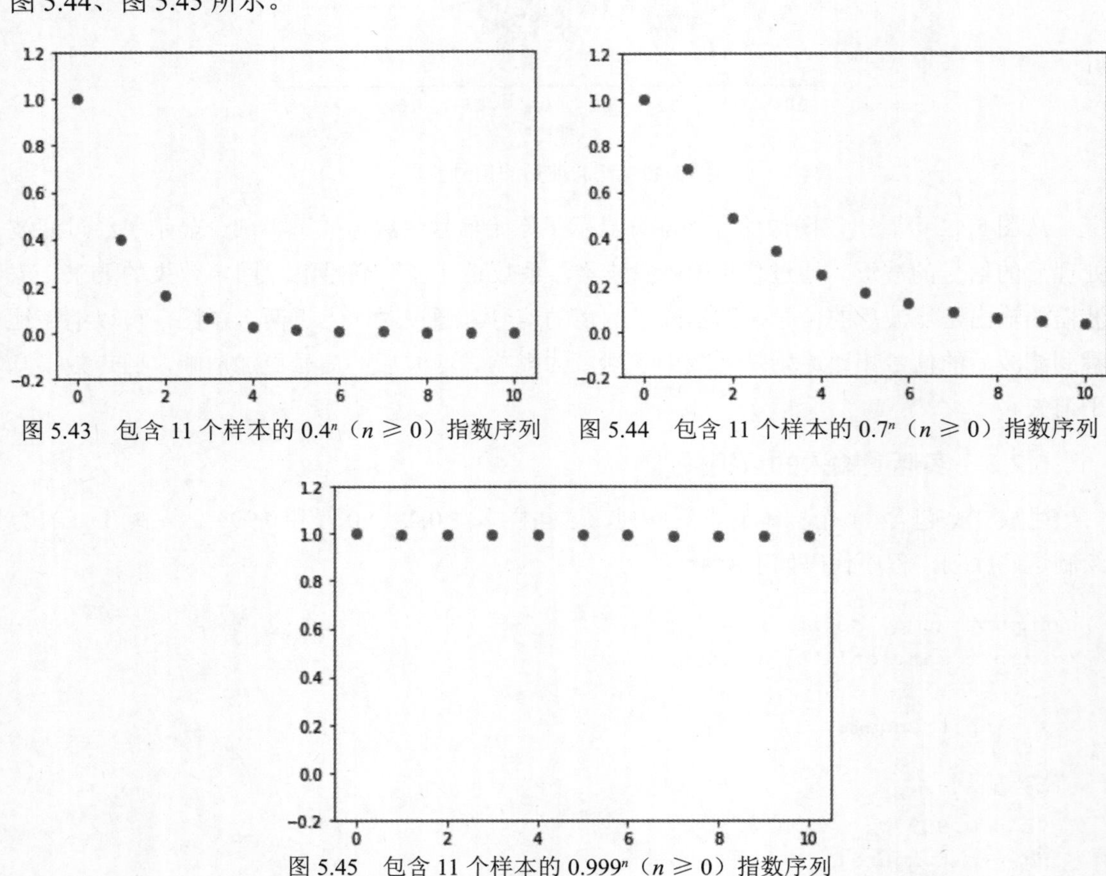

图 5.43　包含 11 个样本的 0.4^n（$n \geqslant 0$）指数序列

图 5.44　包含 11 个样本的 0.7^n（$n \geqslant 0$）指数序列

图 5.45　包含 11 个样本的 0.999^n（$n \geqslant 0$）指数序列

计算上述生成序列的自相关和互相关，通过输出滞后，可将其在时域上直观展示，最后将结果归一化，使自相关在 0 滞后处具有单位值，运用 NumPy 库中的函数求序列的自相关与互相关序列。程序代码如下：

```
cx=np.arange(-10,11)
cq11=np.correlate(y1,y1,'full')
cq12=np.correlate(y1,y2,'full')
```

```
cq13=np.correlate(y1,y3,'full')
cq21=np.correlate(y2,y1,'full')
cq22=np.correlate(y2,y2,'full')
cq23=np.correlate(y2,y3,'full')
cq31=np.correlate(y3,y1,'full')
cq32=np.correlate(y3,y2,'full')
cq33=np.correlate(y3,y3,'full')
c11=cq11/cq11[10]
c12=cq12/(cq11[10]*cq22[10])**0.5
c13=cq13/(cq11[10]*cq33[10])**0.5
c21=cq21/(cq11[10]*cq22[10])**0.5
c22=cq22/cq22[10]
c23=cq23/(cq33[10]*cq22[10])**0.5
c31=cq31/(cq11[10]*cq33[10])**0.5
c32=cq32/(cq33[10]*cq22[10])**0.5
c33=cq33/cq33[10]
fig = plt.figure(dpi=300,figsize=(8,4))
ax1 = fig.add_subplot(331)
ax1.set_title('C$_{11}$')
ax1.scatter(cx,c11,c = 'r',marker = 'o')
plt.ylim(-0.2,1)
ax1 = fig.add_subplot(332)
ax1.set_title('C$_{12}$')
ax1.scatter(cx,c12,c = 'r',marker = 'o')
plt.ylim(-0.2,1)
ax1 = fig.add_subplot(333)
ax1.set_title('C$_{13}$')
ax1.scatter(cx,c13,c = 'r',marker = 'o')
plt.ylim(-0.2,1)
ax1 = fig.add_subplot(334)
ax1.set_title('C$_{21}$')
ax1.scatter(cx,c21,c = 'r',marker = 'o')
plt.ylim(-0.2,1)
ax1 = fig.add_subplot(335)
ax1.set_title('C$_{22}$')
ax1.scatter(cx,c22,c = 'r',marker = 'o')
plt.ylim(-0.2,1)
ax1 = fig.add_subplot(336)
ax1.set_title('C$_{23}$')
ax1.scatter(cx,c23,c = 'r',marker = 'o')
plt.ylim(-0.2,1)
ax1 = fig.add_subplot(337)
ax1.set_title('C$_{31}$')
```

```
ax1.scatter(cx,c31,c = 'r',marker = 'o')
plt.ylim(-0.2,1)
ax1 = fig.add_subplot(338)
ax1.set_title('C$_{32}$')
ax1.scatter(cx,c32,c = 'r',marker = 'o')
plt.ylim(-0.2,1)
ax1 = fig.add_subplot(339)
ax1.set_title('C$_{33}$')
ax1.scatter(cx,c33,c = 'r',marker = 'o')
plt.ylim(-0.2,1)
plt.show()
```

运行程序，效果如图 5.46 所示。

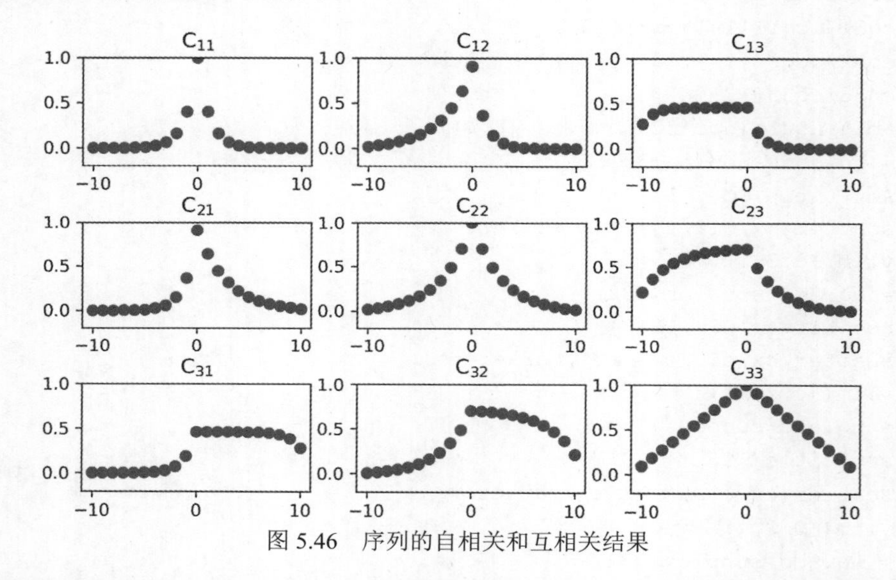

图 5.46　序列的自相关和互相关结果

从图 5.46 可看出，对角线上 3 张图在原点处值为 1，且两端对称，结合程序可看出其为 3 个序列各自的自相关序列；其余序列为 3 个序列分别的互相关序列。从图 5.46 可以看出，编号共轭的序列在图像上是一个翻转对称的关系，也可以证明互相关的对称性质。

5.2.9　样本自相关的置信区间

下面创建长度 L=1000 个采样点的白噪声，计算最大滞后为 20 的样本自相关，并绘制白噪声过程的样本自相关和大约 95% 的置信区间。首先创建白噪声随机向量，采用随机数生成器的默认设置，以获得可重现的结果，具体程序代码如下所示。

```
import numpy as np
from matplotlib import pyplot as plt
```

```
from scipy.special import erfinv

L = 1000
x = np.random.randn(L)

plt.plot(x)
plt.show()
```

运行程序，效果如图 5.47 所示。

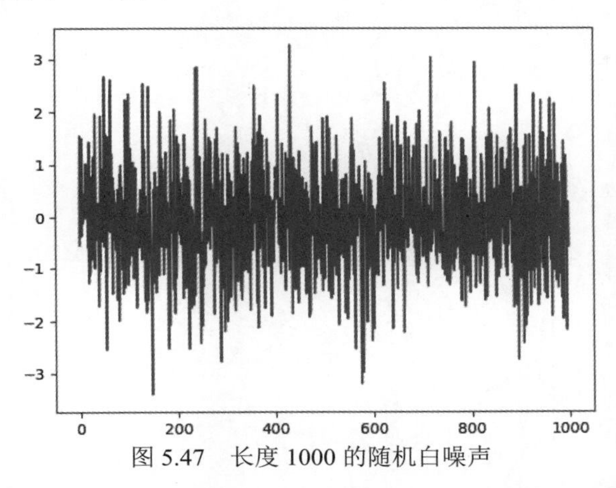

图 5.47　长度 1000 的随机白噪声

从图 5.47 可以看出，代码创建了一段白噪声随机向量的实现结果。在创建完成后，继续求针对该随机向量最大滞后为 20 的归一化样本自相关，具体程序代码如下所示。

```
def autocorrelation(x, lags):
    n = len(x)
    x = np.array(x)
    result = [np.correlate(x[i:],x[:n-i])\
          /(x[i:].std()*x[:n-i].std()*(n-i)) for i in range(0, lags+1)]
    lag = np.arange(0, lags+1, 1)
    return result, lag
xc, lags = autocorrelation(x, 20)
```

创建完成最大滞后为 20 的归一化样本自相关后，为正态分布 N(0,1/L) 创建 95% 的上、下置信边界，其标准差为 $1/\sqrt{L}$。对于 95% 的置信区间，临界值是 $e\times0.95\sqrt{2}\approx1.83$，置信区间是 $\Delta=\odot\pm1.83\sqrt{L}$，因此计算结果创建置信区间的程序代码如下所示。

```
vcrit = np.sqrt(2)*erfinv(0.95)
print(vcrit)
lconf = -vcrit/np.sqrt(L)
```

```
hconf = vcrit/np.sqrt(L)
lline = lconf * np.ones(len(lags))
hline = hconf * np.ones(len(lags))
```

创建好最大滞后为 20 的样本自相关和 95% 置信区间后，绘制样本自相关和 95% 置信区间的实例图，具体程序代码如下所示。

```
plt.stem(lags, xc, 'o')
plt.plot(lags, lline, 'g')
plt.plot(lags, hline, 'g')
plt.ylim([lconf-0.03, 1.05])
plt.title('Sample Autocorrelation with 95% Confidence Intervals')
plt.show()
```

运行程序，效果如图 5.48 所示。

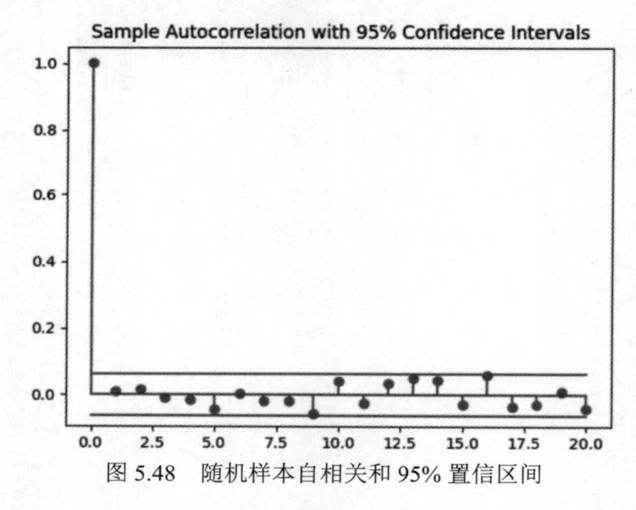

图 5.48　随机样本自相关和 95% 置信区间

从图 5.48 可以看出，唯一位于 95% 置信区间之外的自相关值出现在滞后 0 处，正如白噪声过程所预期的那样。基于此结果，可以得出结论，该数据实现了白噪声的产生过程。

视频讲解

5.2.10　两个指数序列的互相关

在数理统计中，互相关用来体现两个随机序列的相关性，表示的是两个时间序列之间在任意两个不同时刻的取值之间的相关程度。两个序列做互相关运算，本质上是两个序列做内积运算。计算并绘制两个 16 样本指数序列的互相关，$\mathrm{xa}=0.84^n$ 和 $\mathrm{xb}=0.92^n$，其中 $n \geqslant 0$，程序代码如下所示。

```
import numpy as np
```

```
from scipy import signal
import sympy
import matplotlib.pyplot as plt
N = 16
n = np.arange(0, N)

a = 0.84
b = 0.92

xa = a**n
xb = b**n

r = signal.correlate(xa,xb)

x = np.arange(-(N-1), N)

fig, axs = plt.subplots()
markerline, stemlines, baseline = axs.stem(
    x, r, markerfmt='o', bottom= 0 )
markerline.set_markerfacecolor('none')
fig.savefig('ab 的互相关（用 correlate 函数）.png',dpi=500)
```

运行程序，效果如图 5.49 所示。

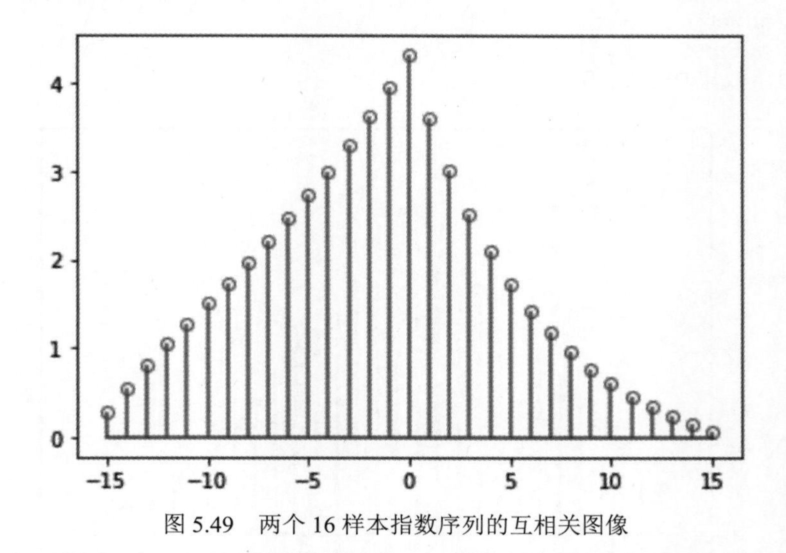

图 5.49　两个 16 样本指数序列的互相关图像

从图 5.49 可以看出，当横坐标为 0 的时候，纵坐标的值最大，并且纵坐标的值在横坐标大于 0 时，随着横坐标值的增大而减小，而当横坐标的值小于 0 时，纵坐标值随着横坐标值的增大而增大。

使用较大的采样频率来模拟连续情况，程序代码如下所示。

```
fs = 10;
nn = np.linspace(-(N-1),(N-1),300)
def cab(n):
    i = 0
    cnn = []
    while i<len(n):
        if n[i] > 0:
            cn = (1 - (a*b)**(N-abs(n[i])))/(1 - a*b)*a**n[i]
        if n[i] == 0:
            cn = (1 - (a*b)**(N-abs(n[i])))/(1 - a*b)
        if n[i] < 0:
            cn = (1 - (a*b)**(N-abs(n[i])))/(1 - a*b)*b**(-n[i])
        i = i+1
        cnn = np.append(cnn,cn)
    return cnn

cout = cab(nn)
fig,ax = plt.subplots()
markerline, stemlines, baseline = ax.stem(
    x, r, markerfmt='o', bottom= 0 )
markerline.set_markerfacecolor('none')
ax.plot(nn,cout)
```

运行程序，效果如图 5.50 所示。

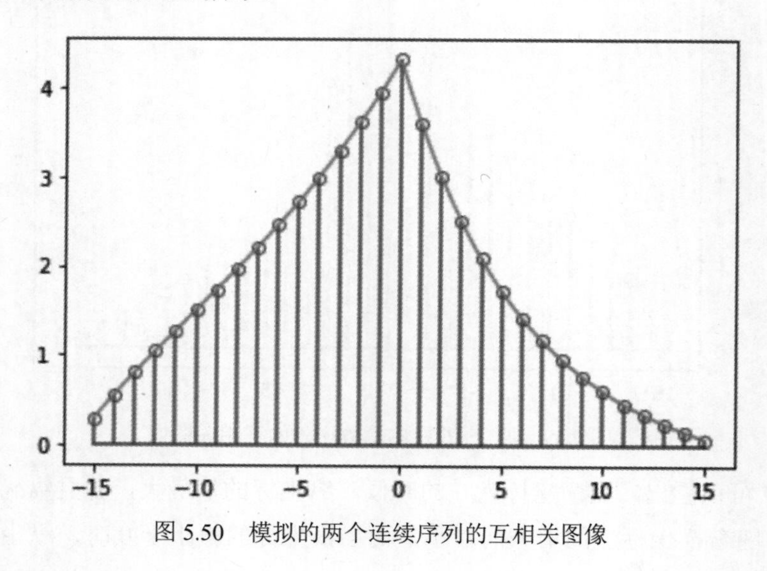

图 5.50　模拟的两个连续序列的互相关图像

由图 5.50 可知，模拟的两个连续序列的互相关与原来的指数序列的互相关在某种程度上具有相似的形状和特征，但存在一些差异，当离散序列的采样频率足够高时，可以更好地逼近连续序列的情况。然而，由于计算和表示的差异，它们之间可能存在细微的差别。

验证切换操作数的顺序是否颠倒了顺序，程序代码如下所示。

```
r1 = signal.correlate(xb,xa)
fig,ax1 = plt.subplots()
markerline, stemlines, baseline = ax1.stem(x, r1, markerfmt='o', bottom= 0 )
markerline.set_markerfacecolor('none')

rrev = list(reversed(r))
markerline, stemlines, baseline = ax1.stem(x, rrev, markerfmt='*', bottom= 0 )
markerline.set_markerfacecolor('none')
```

生成 20 个样本的指数序列 $xc = 0.77^n$，计算并绘制其与 xa 和 xb 的互相关。输出滞后以使绘图更容易。xc 在较短序列的末尾附加 0 以匹配较长序列的长度，程序代码如下所示。

```
xc = []
for n in range(0, 20, 1):
    x_ = 0.77**n
xc = np.append(xc, x_)
N1 = 20
n1 = np.arange(0, N1)

xa1 = a**n1
xb1 = b**n1

rac = signal.correlate(xa1,xc)
rbc = signal.correlate(xb1,xc)

x1 = np.arange(-(N1-1), N1)
fig,axa = plt.subplots()
markerline, stemlines, baseline = axa.stem(x1, rac, markerfmt='o', bottom= 0 )
markerline.set_markerfacecolor('none')
axa.set_title('correlate of xa and xc')

fig, axb = plt.subplots()
markerline, stemlines, baseline = axb.stem(x1, rbc, markerfmt='o', bottom= 0 )
markerline.set_markerfacecolor('none')
axa.set_title('correlate of xb and xc')
```

运行程序，效果如图 5.51 和图 5.52 所示。

由图 5.51 和图 5.52 可知，当横坐标为 0 时，图 5.3 和图 5.4 的纵坐标的值都是最大的。通过观察图像的形状和峰值位置，可以得出序列之间的相似度、相关性以及在不同时间延迟下的重叠情况。

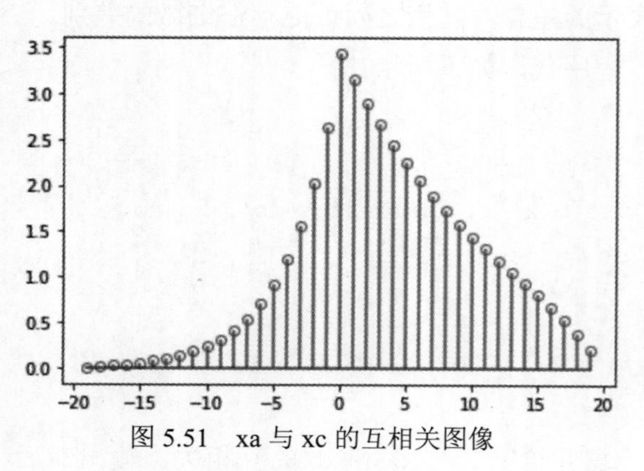

图 5.51　xa 与 xc 的互相关图像

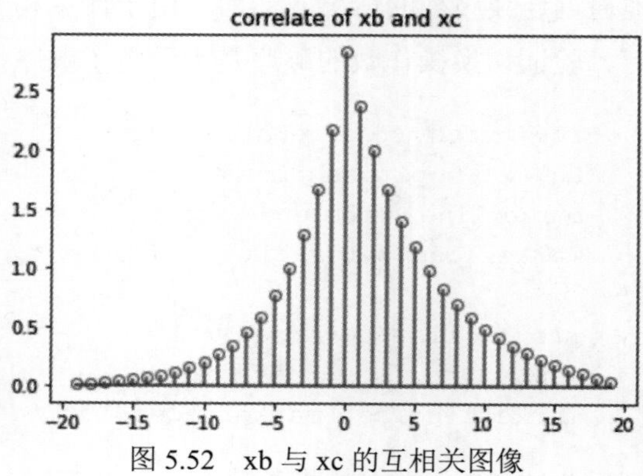

图 5.52　xb 与 xc 的互相关图像

5.2.11　移动平均过程的自相关

当在随机信号中引入自相关时，其频率内容发生改变。利用移动平均滤波器减弱信号的高频分量，从而使其变得更加平滑。创建三点的移动平均滤波器的脉冲响应，并使用滤波器过滤 N(0,1) 个白噪声序列，将随机数生成器设置为可再现结果的默认设置，具体程序代码如下所示。

```
from scipy import signal
import numpy as np
import matplotlib.pyplot as plt
rng = np.random.default_rng()
def detrend_none(x, axis=None):

    return x
def M_xcorr( x, y, normed=True, detrend=detrend_none,
          maxlags=20, **kwargs):

    Nx = len(x)
    if Nx != len(y):
        raise ValueError('x and y must be equal length')

    x = detrend(np.asarray(x))
    y = detrend(np.asarray(y))

    correls = np.correlate(x, y, mode="full")
```

```
    if normed:
        correls /= np.sqrt(np.dot(x, x) * np.dot(y, y))

    if maxlags is None:
        maxlags = Nx - 1

    if maxlags >= Nx or maxlags < 1:
        raise ValueError('maxlags must be None or strictly '
                         'positive < %d' % Nx)

    lags = np.arange(-maxlags, maxlags + 1)
    correls = correls[Nx - 1 - maxlags:Nx + maxlags]
    return  correls, lags

h = 1/3*np.array([1,1,1])
x = np.random.randn(1000,1)

y = signal.lfilter(h,1,x)
x = np.array(x).flatten()

y = np.array(y).flatten()
[xc,lags] = M_xcorr(y, y ,20)

Xc = np.zeros(np.size(xc))

Xc[18:23] = np.array([1, 2, 3, 2, 1])/9*np.var(x)
figure = plt.figure(111)
plt.stem(lags,xc,label = '$Sample autocorrelation$')

markerline, stemlines, baseline = plt.stem(lags,Xc,linefmt = 'r-',label
= '$Theoretical autocorrelation$')
plt.setp(stemlines, 'linewidth', 2)
plt.legend(loc = "upper right")

figure = plt.figure(211)
wx, pxx= signal.welch(x)
wy, pyy = signal.welch(y)
plt.plot(wx/np.pi,20*np.log10(pxx),label = '$Original sequence$')
plt.plot(wy/np.pi,20*np.log10(pyy),label = '$Filtered sequence$')
plt.legend(loc = "lower left")
plt.xlabel('$Normalized Frequency (\times\pi rad/sample)$')
plt.ylabel('$Power/frequency (dB/rad/sample)$')
plt.title('$Welch Power Spectral Density Estimate$')
```

```
plt.grid(True)
plt.show()
```

运行程序，结果如图 5.53 所示。

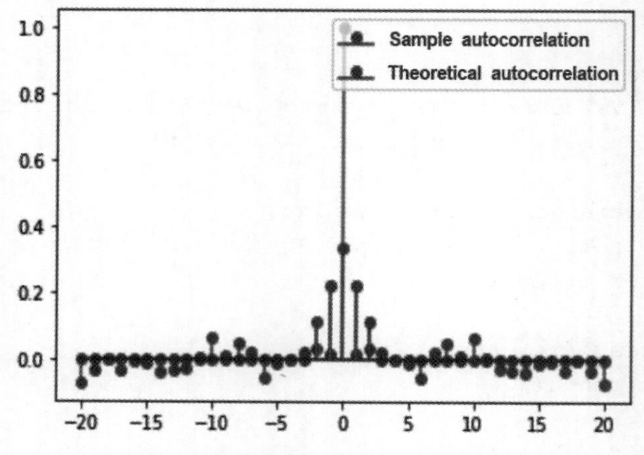

图 5.53　样本自相关和理论自相关结果

从图 5.53 可以看出，样本自相关捕获了理论自相关的一般形式，使两个序列在细节上不一致。在这种情况下，可以明显看出滤波器仅在滞后 [−2,2] 上引入了显著的自相关，在该范围之外，序列的绝对值迅速衰减为 0。同时，为了观察信号的频率内容是否受到了影响，还绘制了原始信号和滤波信号的功率谱密度的 Welch 估计值，结果如图 5.54 所示。

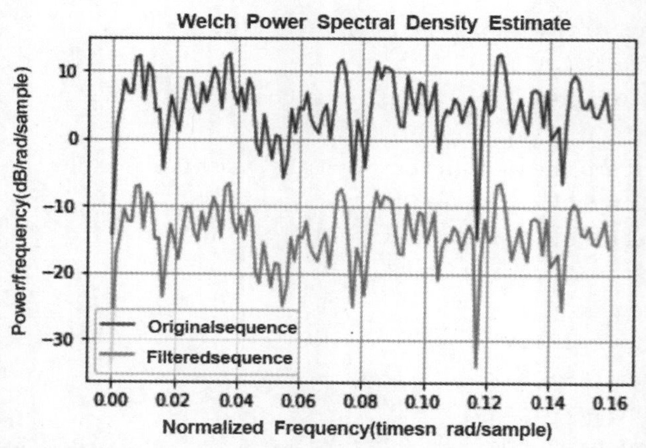

图 5.54　原始信号和滤波信号功率谱密度的 Welch 估计值

从图 5.54 可以看出，白噪声已被移动平均滤波器“着色”。

5.2.12　两个移动平均过程的互相关

该示例将样本互相关与理论互相关进行比较。使用两个不同的移动平均滤波器过滤

N(0,1) 个白噪声输入。绘制样本和理论互相关序列。创建一个 N(0,1) 白噪声序列，将随机数生成器设置为可再现结果的默认设置。创建两个移动平均过滤器：一个滤波器具有脉冲响应 $\delta(n)+\delta(n-1)$；另一个滤波器具有脉冲响应 $\delta(n)-\delta(n-1)$。程序代码如下所示。

```
from scipy import signal
import numpy as np
import matplotlib.pyplot as plt
```

初始化数据的程序代码：

```
rng = np.random.default_rng()
xn = np.random.randn(100,1)

x = signal.lfilter([1,1], 1, xn)
x = np.array(x).flatten()
y = signal.lfilter([1,-1], 1, xn)
y = np.array(y).flatten()
def detrend_none(x, axis=None):

    return x
def M_xcorr( x, y, normed=True, detrend=detrend_none,
           maxlags=10, **kwargs):

    Nx = len(x)
    if Nx != len(y):
        raise ValueError('x and y must be equal length')

    x = detrend(np.asarray(x))
    y = detrend(np.asarray(y))

    correls = np.correlate(x, y, mode="full")

    if normed:
        correls /= np.sqrt(np.dot(x, x) * np.dot(y, y))

    if maxlags is None:
        maxlags = Nx - 1

    if maxlags >= Nx or maxlags < 1:
        raise ValueError('maxlags must be None or strictly '
                         'positive < %d' % Nx)

    lags = np.arange(-maxlags, maxlags + 1)
```

```
    correls = correls[Nx - 1 - maxlags:Nx + maxlags]

    return  correls, lags
 [xc,lags] = M_xcorr(x, y, maxlags=20)

 Xc = np.zeros(np.size(xc))
 Xc[19] = -1
 Xc[21] = 1

 plt.stem(lags,xc, label = '$Sample cross-correlation$')
 markerline, stemlines, baseline = plt.stem(lags,Xc, linefmt = 'r-',
label = '$Theoretical autocorrelation$')
 plt.setp(stemlines, 'linewidth', 2)
 plt.grid(True)
 plt.legend(loc = "upper left")
 plt.axhline(0, color='blue', lw=2)
 plt.show()
```

运行程序，效果如图 5.55 所示。

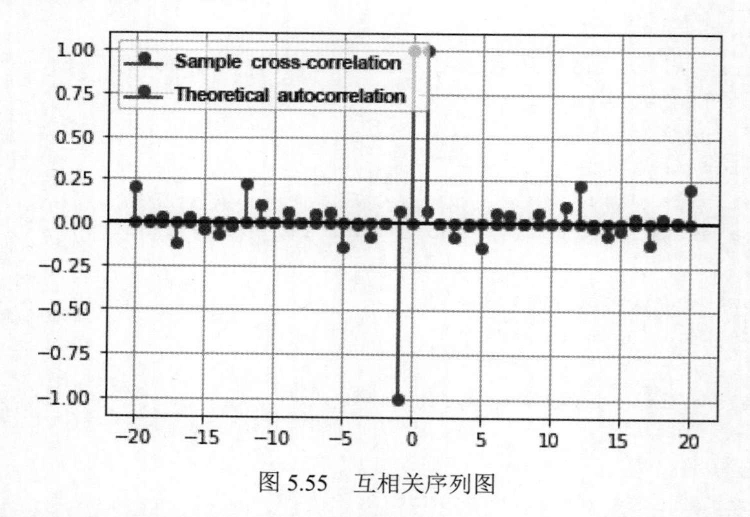

图 5.55　互相关序列图

该示例说明了如何查找和绘制两个移动平均过程之间的互相关序列。之后获得样本互相关序列，最大滞后为 20。绘制出了样本互相关以及理论互相关序列图后，可观察到二者是近似的，但并不具备完全的一致性。

5.2.13　噪声中延迟信号的互相关

实验的输出序列是输入序列的延迟版本，带有加性白高斯噪声。在实验过程中，创建了两个序列，一个序列是另一个序列的延迟版本，其中延迟为 3 个样本。为延迟信号添加加性白高斯噪声，并使用样本互相关序列来检测滞后。

创建并绘制信号，将随机数生成器设置为默认设置，以获得可重现的结果，程序代码如下所示。

```
import matplotlib.pyplot as plt
import numpy as np

xx = np.zeros([20,1])
x = np.arange(0.05,1,0.1)
x = np.r_[x,x[::-1]]
xx[:,0] = x
xx.shape
y = np.zeros([3,1])
y.shape
y = np.r_[y,xx]
y = y+0.3*np.random.randn(len(x)+3,1)

plt.subplot(2,1,1)
plt.stem(x)
plt.subplot(2,1,2)
plt.stem(y)
```

运行程序，创建的原始正常信号序列和加入加性白高斯噪声并延迟 3 个样本后的信号序列如图 5.56 所示。

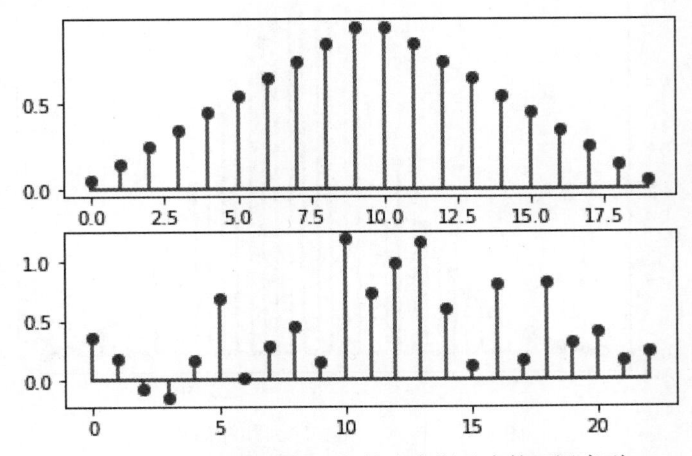

图 5.56　原始序列和加入加性白高斯噪声的延迟序列

对图 5.56 的两个序列进行互相关操作检测其滞后，具体程序代码如下所示。

```
def xcorr(x,y,timelaggy):
```

```
    x = x.flatten()
    y = y.flatten()
    out = np.correlate(x,y,'full')
    midIndex = int(len(out)/2)
    mid = out[midIndex]
    autocor = out/mid
    if timelaggy>len(out)/2:
        autocor = autocor
        lags = np.linspace(-len(out)/2,len(out)/2,2*len(out)+1  )
    else :
        autocor = autocor[midIndex-timelaggy:midIndex+timelaggy]
        lags = np.arange(-timelaggy,timelaggy,1)
    return autocor,lags
```

运行上述代码，可以获取到样本互相关序列，并使用最大绝对值来估计滞后。绘制样本互相关序列，更加直观地展示滞后效果，程序代码如下所示。

```
xc,lags = xcorr(y,x,21)
I = np.argmax(np.abs(xc))
lags[I]
plt.stem(lags,xc)
plt.plot([lags[I],lags[I]],[xc[I],0],'r')
```

运行程序，结果如图 5.57 所示。

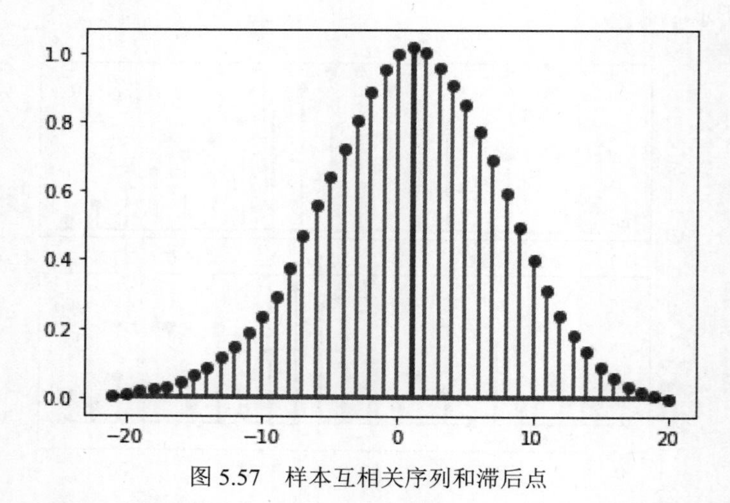

图 5.57　样本互相关序列和滞后点

从图 5.57 可以看出，正如预期的那样，最大互相关序列值出现滞后的位置为图中加粗线标出的位置，使用查找延迟函数确认结果，该点的输出为 1。程序代码如下所示。

```
I = np.argmax(np.abs(xc))
```

```
lags[I]
```

5.2.14 相位滞后正弦波的互相关

理论上两个同频率正弦信号的互相关以相同的频率振荡，由于样本互相关序列在较大滞后时使用的样本越来越少，所以振幅会随着滞后的增加而衰减。在下面所示代码中，创建两个频率为 2π/10 rad/sample 的正弦波，其中一个正弦波的起始相位为 0，另一个正弦波的起始相位为 −π，在相位滞后为 π 的信号中添加 N(0,0.252) 的白噪声。

```
import numpy as np
import matplotlib.pyplot as plt

t = np.linspace(0,99,100)
x = np.cos(2*np.pi*1/10*t)
y = np.cos(2*np.pi*1/10*t-np.pi)+0.25*np.random.randn(len(t))
```

运行程序，得到正弦波两个周期（10 个样本）的样本互相关序列。绘制互相关序列，标记两个正弦波之间的已知滞后（5 个样本），具体程序代码如下所示。

```
corr = np.correlate(x,y,'same')
corr /= np.max(corr)
plt.stem(corr[60:81])
plt.xlim([0,20])
plt.ylim([-1,1])
plt.plot([5,5],[-1,1],'r')
```

运行程序，结果如图 5.58 所示。

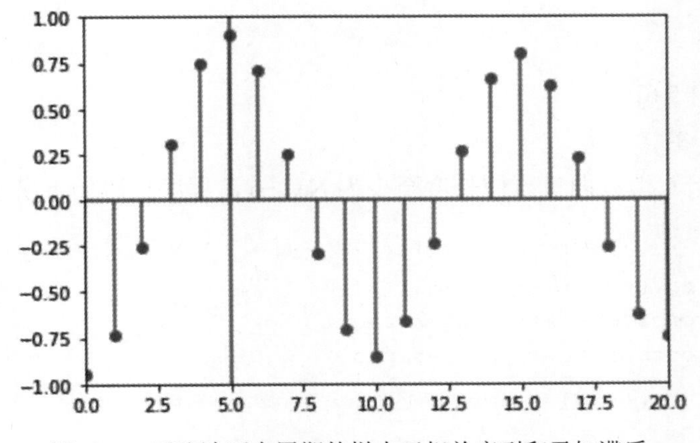

图 5.58　正弦波两个周期的样本互相关序列和已知滞后

从图 5.58 可以看出，交叉相关序列在滞后 5 个样本时如预期的那样达到峰值，并以

10 个样本的周期振荡。

视频讲解

5.2.15 线性卷积和循环卷积

线性卷积和循环卷积是本质不同的运算。然而，在某些条件下，线性卷积和循环卷积是等效的，建立这种等效关系具有重要意义。对于两个向量 x 和 y，循环卷积等于二者的离散傅里叶变换之积的逆 DFT。了解线性卷积和循环卷积等效的条件，可使用 DFT 来高效地计算线性卷积。

包含 N 个点的向量 x 和包含 L 个点的向量 y 的线性卷积长度为 N+L−1。

为了使 x 和 y 的循环卷积与之等效，在进行 DFT 之前，必须用 0 填充向量，使长度至少为 N+L−1。对 DFT 的积求逆后，只保留前 N+L−1 个元素。

创建两个向量 x 和 y，并计算两个向量的线性卷积，程序代码如下所示。

```
import numpy as np
from scipy.fft import fft, ifft
from matplotlib import pyplot as plt

x = np.array([2, 1, 2, 1])
y = np.array([1, 2, 3])
```

输出长度为 4+3−1。用 0 填充两个向量，使长度为 4+3−1。求出两个向量的 DFT，将其相乘，并求乘积的逆 DFT，程序代码如下所示。

```
clin = np.convolve(x,y)
N = len(x) + len(y) -1
num = np.arange(1, N+1, 1)
print(num)
print(clin)
```

输出：[1 2 3 4 5 6]

[2 5 10 8 8 3]

对输入信号用 0 填充向量，使长度至少为 N+L−1，程序代码如下所示。

```
xzeropad = np.zeros(N - len(x))
yzeropad = np.zeros(N - len(y))
xpad = np.concatenate([x, xzeropad])
ypad = np.concatenate([y, yzeropad])
print(xpad)
print(ypad)
```

输出：[2. 1. 2. 1. 0. 0.]

[1. 2. 3. 0. 0. 0.]

对经过 0 填充后的两个向量做 DFT，对二者的积求逆。程序代码如下所示。

```
ccirc = ifft(fft(xpad)*fft(ypad))
print(ccirc)
```

输出：[2.+0.j 5.+0.j 10.+0.j 8.+0.j 8.-0.j 3.+0.j]

将向量填充到长度为 12，并使用 DFT 之积的逆 DFT 求得循环卷积。仅保留前 4+3-1 个元素，以产生与线性卷积等效的结果。

```
xzeropads = np.zeros(12 - len(x))
yzeropads = np.zeros(12 - len(y))
xpads = np.concatenate([x, xzeropad])
ypads = np.concatenate([y, yzeropad])

ccircs = ifft(fft(xpad)*fft(ypad))
ccircs = ccircs[0:N]
plt.subplot(311)
plt.stem(num, clin)
plt.title('Linear Convolution of x and y')

plt.subplot(312)
plt.stem(num, ccirc)
plt.title('Circular Convolution of x and y')

plt.subplot(313)
plt.stem(num, ccircs)
plt.title('Circular Convolution of x and y')

plt.show()
```

填 0 后的向量 xpad 和 ypad 的循环卷积等效于 x 和 y 的线性卷积。保留 ccircs 的所有元素，因为输出长度为 4+3-1。绘制线性卷积的输出和 DFT 之积的逆，以显示二者等效。

第6章 数字和模拟滤波器

滤波器在数字信号处理中起着至关重要的作用，它们被广泛应用于信号处理、通信、音频处理等领域。本章将介绍如何设计、分析和实现FIR滤波器、IIR滤波器（如低通滤波器、高通滤波器和带阻滤波器），展示如何可视化滤波器的幅值、相位、群延迟、脉冲和阶跃响应等指标，评价滤波器的性能，并介绍了模数滤波器转换的常用方法。

6.1 数字滤波器设计

使用一组设定或设计算法作为起点设计数字滤波器，生成FIR滤波器和Hilbert滤波器。

6.1.1 使用到的Python函数

滤波器设计使用到的Python函数如表6.1所示。

表6.1 滤波器设计使用到的Python函数

序号	函数名	功能描述
1	scipy.signal.bilinear	使用双线性变换从模拟滤波器返回数字IIR滤波器
2	scipy.signal.bilinear_zpk	使用双线性变换从将一组极点和零点从模拟 s 平面转换为数字 z 平面
3	scipy.signal.findfreqs	查找用于计算模拟滤波器响应的频率数组
4	scipy.signal.firls	使用最小二乘误差最小化的FIR滤波器
5	scipy.signal.firwin	使用窗口方法设计具有有限脉冲响应滤波器系数的FIR滤波器
6	scipy.signal.firwin2	使用窗口方法设计具有线性相位和（近似）给定频率响应的FIR滤波器
7	scipy.signal.freqs	计算模拟滤波器的频率响应
8	scipy.signal.freqs_zpk	以ZPK形式计算模拟滤波器的频率响应
9	scipy.signal.freqz	计算数字滤波器的频率响应
10	scipy.signal.freqz_zpk	计算ZPK形式的数字滤波器的频率响应
11	scipy.signal.sosfreqz	以SOS格式计算数字滤波器的频率响应
12	scipy.signal.gammatone	Gammatone滤波器设计

续表

序号	函 数 名	功能描述
13	scipy.signal.group_delay	计算数字滤波器的群延迟
14	scipy.signal.iirdesign	完整的 IIR 数字和模拟滤波器设计
15	scipy.signal.iirfilter	IIR 数字和模拟滤波器设计给定阶次和临界点
16	scipy.signal.kaiser_atten	计算 Kaiser FIR 滤波器的衰减
17	scipy.signal.kaiser_beta	给定衰减 a，计算 Kaiser 参数 beta
18	scipy.signal.kaiserord	确定 Kaiser 窗口方法的过滤器窗口参数
19	scipy.signal.minimum_phase	将线性相位 FIR 滤波器转换为最小相位
20	scipy.signal.savgol_coeffs	计算一维 Savitzky-Golay FIR 滤波器的系数
21	scipy.signal.remez	使用 Remez 交换算法计算 minimax 最优滤波器
22	scipy.signal.unique_roots	从根列表中确定唯一根及其多重性
23	scipy.signal.residue	计算 $b(s) / a(s)$ 的部分分数展开
24	scipy.signal.residuez	计算 $b(z) / a(z)$ 的部分分数展开
25	scipy.signal.invres	从部分分数展开计算 $b(s)$ 和 $a(s)$
26	scipy.signal.invresz	从部分分数展开计算 $b(z)$ 和 $a(z)$
27	scipy.signal.abcd_normalize	检查状态空间矩阵并确保它们是二维的
28	scipy.signal.band_stop_obj	用于订单最小化的带阻目标函数
29	scipy.signal.besselap	返回 (z,p,k) 用于 N 阶 Bessel 滤波器的模拟原型
30	scipy.signal.buttap	返回 (z,p,k) 用于 N 阶（Butterworth）滤波器的模拟原型
31	scipy.signal.cheb1ap	返回 (z,p,k) 用于 N 阶 Chebyshev Ⅰ 型模拟低通滤波器
32	scipy.signal.cheb2ap	返回 (z,p,k) 用于 N 阶 Chebyshev Ⅱ 型模拟低通滤波器
33	scipy.signal.cmplx_sort	根据大小对根进行排序
34	scipy.signal.ellipap	返回 N 阶椭圆模拟低通滤波器的 (z,p,k)
35	scipy.signal.lp2bp	将低通滤波器原型转换为带通滤波器
36	scipy.signal.lp2bp_zpk	以 ZPK 形式将低通滤波器原型转换为带通滤波器
37	scipy.signal.lp2bs	将低通滤波器原型转换为带阻滤波器
38	scipy.signal.lp2bs_zpk	以 ZPK 形式将低通滤波器原型转换为带阻滤波器
39	scipy.signal.lp2hp	将低通滤波器原型转换为高通滤波器
40	scipy.signal.lp2hp_zpk	以 ZPK 形式将低通滤波器原型转换为高通滤波器
41	scipy.signal.lp2lp	将低通滤波器原型转换为不同的频率
42	scipy.signal.lp2lp_zpk	以 ZPK 形式将低通滤波器原型转换为不同的频率
43	scipy.signal.normalize	标准化连续时间传递函数的分子 / 分母

6.1.2 IIR 滤波器设计

视频讲解

scipy.signal 中提供了一系列函数用于 MATLAB 样式的 IIR 滤波器设计。下面列举了几个例子，首先进行导包，然后直接调用 signal 中的函数。butter 函数用于 Butterworth 数字和模拟滤波器设计。b,a = signal.butter(5,0.4) 设计了一个 5 阶 Butterworth 滤波器，截止频率为奈奎斯特频率的 0.4 倍，返回滤波器的分子多项式（b）和分母多项式（a）。由于没有指定滤波器的类型，默认为低通、数字。类似地，cheby1 函数用于 Chebyshev Ⅰ型数字和模拟滤波器设计，cheby2 函数用于 Chebyshev Ⅱ型数字和模拟滤波器设计，ellip 函数用于椭圆（Cauer）数字和模拟滤波器设计。可以通过参数指定滤波器类型，如 analog=True 指定滤波器为模拟滤波器，'bandpass' 指定滤波器为带通滤波器。程序代码如下所示。

```
import numpy as np
from scipy import signal

b,a = signal.butter(5,0.4)
b,a = signal.cheby1(4,1,np.array([0.4,0.7]),'bandpass')
b,a = signal.cheby2(6,60,0.8,'highpass')
b,a = signal.ellip(3,1,60,np.array([0.4,0.7]),'bandstop')
```

假设需要一个具有以下设定的带通滤波器：通带为 1000 至 2000 Hz，阻带从通带两侧外 500 Hz 处开始，采样频率为 10 kHz，通带波纹至多 1 dB，阻带衰减至少 60 dB。以下代码展示了如何完成设计：首先使用 buttord 函数进行 Butterworth 滤波器的阶数选择，之后使用 butter 函数设计相应阶数的滤波器。

```
n,wn = (signal.buttord(np.array([1000,2000])/5000,
np.array([500,2500])/5000,1,60,'bandpass'))
b,a = signal.butter(n,wn,'bandpass')
print('n = %d' %n)
print('wn = {}'.format(wn))
```

输出结果为：

```
n = 15
wn = [0.19695993 0.40617398]
```

类似地，满足相同要求的椭圆滤波器由下面的代码给出。ellipord 函数用于椭圆滤波器的阶数选择，得到阶数和截止频率后借助 ellip 函数完成设计，程序代码如下所示。

```
n,wn = (signal.ellipord(np.array([1000,2000])/5000,
np.array([500,2500])/5000,1,60,'bandpass'))
b,a = signal.ellip(n,1,60,wn,'bandpass')
print('n = %d' %n)
print('wn = {}'.format(wn))
```

输出结果为：

```
n = 5
wn = [0.2 0.4]
```

下面介绍几种经典 IIR 滤波器的设计。

Butterworth 滤波器提供理想低通滤波器在模拟频率 Ω=0 和 Ω= ∞处响应的最佳泰勒级数逼近。实现 Butterworth 滤波器的程序代码如下。

```
import matplotlib.pyplot as plt

z,p,k = signal.buttap(5)
w,h = signal.freqs_zpk(z,p,k,np.logspace(-1,1,1000))

fig,ax = plt.subplots();
ax.semilogx(w,np.abs(h));ax.grid(which='both')
ax.set_xlabel('Frequency (rad/s)')
ax.set_ylabel('Magnitude')
ax.autoscale(tight=True)
```

运行程序，效果如图 6.1 所示。

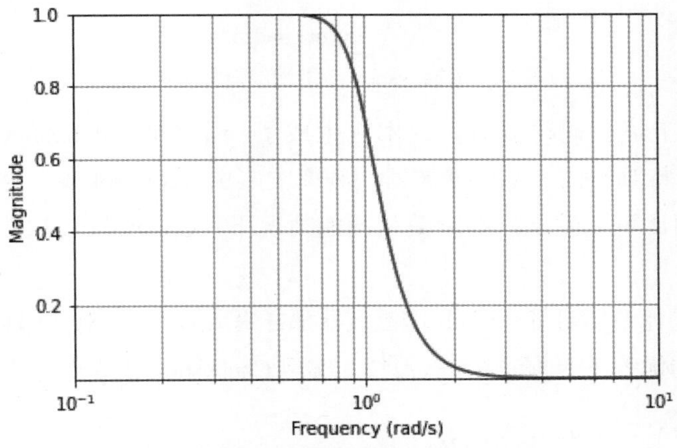

图 6.1　Butterworth 滤波器频率响应

由图 6.1 以及上述代码可以看出，本例生成了一个 5 阶 Butterworth 低通滤波器，滤波器的频率响应由 freqs_zpk 函数求得，具体通过滤波器的零点、极点和增益进行计算。

Chebyshev Ⅰ型滤波器从通带到阻带的过渡比 Butterworth 滤波器更快。实现 Chebyshev Ⅰ型滤波器的程序代码如下。

```
z,p,k = signal.cheb1ap(5,0.5)
w,h = signal.freqs_zpk(z,p,k,np.logspace(-1,1,1000))

fig,ax = plt.subplots();
ax.semilogx(w,np.abs(h));ax.grid(which='both')
ax.set_xlabel('Frequency (rad/s)')
```

```
ax.set_ylabel('Magnitude')
ax.autoscale(tight=True)
fig.savefig('./program2.png',dpi=500)
```

运行程序，效果如图 6.2 所示。

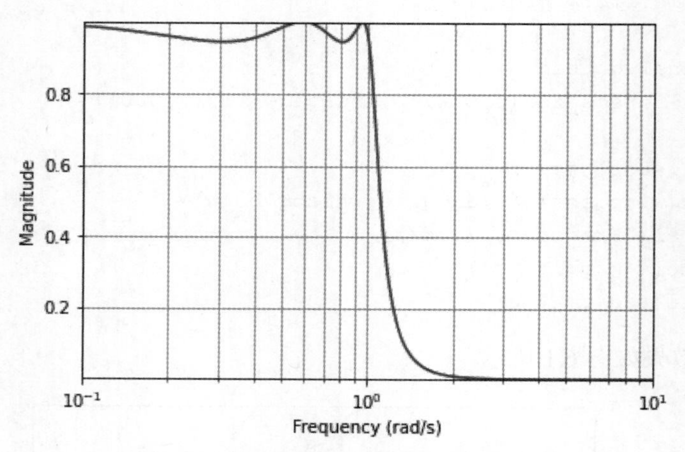

图 6.2　Chebyshev Ⅰ型滤波器频率响应

由图 6.2 以及上述代码可以看出，本例生成了一个 5 阶 Chebyshev Ⅰ型低通滤波器，截止频率为奈奎斯特频率的一半，滤波器的频率响应由 freqs_zpk 函数求得。与图 6.1 中的巴特沃斯滤波器相比可以发现，在阶数相同的情况下，Chebyshev Ⅰ型滤波器通带到阻带的过渡更快。

Chebyshev Ⅱ型滤波器阻带不像 Ⅰ 型滤波器那样快地逼近 0（对于偶数滤波器阶 n 则根本不会逼近零），它的优势在于通带中没有波纹。实现 Chebyshev Ⅱ型滤波器的程序代码如下。

```
z,p,k = signal.cheb2ap(5,20)
w,h = signal.freqs_zpk(z,p,k,np.logspace(-1,1,1000))
fig,ax = plt.subplots();
ax.semilogx(w,np.abs(h));ax.grid(which='both')
ax.set_xlabel('Frequency (rad/s)')
ax.set_ylabel('Magnitude')
ax.autoscale(tight=True)
```

运行程序，效果如图 6.3 所示。

由图 6.3 以及上述代码可以看出，本例生成了一个 5 阶 Chebyshev Ⅱ型低通滤波器，阻带的最小衰减为 20 dB，滤波器的频率响应由 freqs_zpk 函数求得。与图 6.2 中的 Chebyshev Ⅰ型滤波器相比可以发现，Chebyshev Ⅱ型滤波器的通带没有波纹。

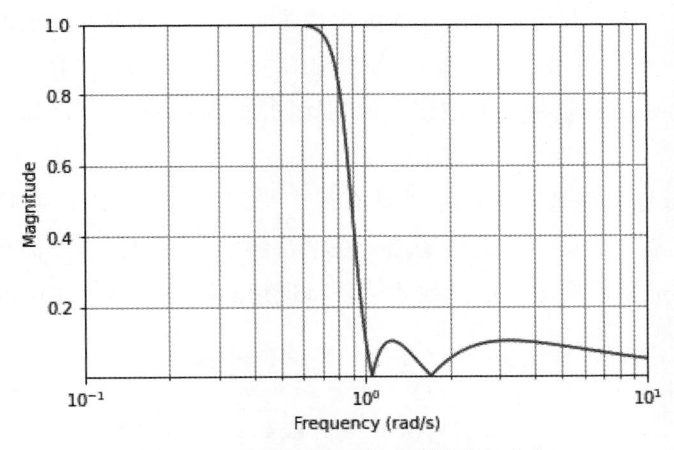

图 6.3　Chebyshev Ⅱ型滤波器频率响应

椭圆滤波器在通带和阻带中均采用等波纹，与其他所有滤波器相比，它们通常能够以最低阶满足指标要求。在给定滤波器阶数 n、以 dB 为单位的通带波纹 Rp、阻带波纹 RS 的情况下，椭圆滤波器可以使通带到阻带的过渡更快。实现椭圆滤波器的程序代码如下所示。

```
z,p,k = signal.ellipap(5,0.5,20)
w,h = signal.freqs_zpk(z,p,k,np.logspace(-1,1,1000))
fig,ax = plt.subplots();
ax.semilogx(w,np.abs(h));ax.grid(which='both')
ax.set_xlabel('Frequency (rad/s)')
ax.set_ylabel('Magnitude')
ax.autoscale(tight=True)
```

运行程序，效果如图 6.4 所示。

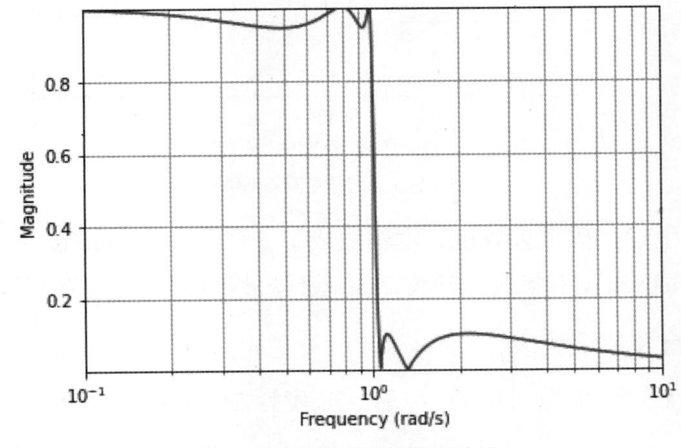

图 6.4　椭圆滤波器频率响应

由图 6.4 以及上述代码可以看出，本例生成了一个 5 阶椭圆低通滤波器，截止频率为奈奎斯特频率的一半，阻带的最小衰减为 20 dB，滤波器的频率响应由 freqs_zpk 函数求得。椭圆滤波器的通带和阻带都有波纹，但相比同阶 Chebyshev 滤波器，通带到阻带过渡更快。

模拟 Bessel 低通滤波器在零频率处具有最大平坦度的群延迟，并且在整个通带内保持几乎恒定的群延迟，因此，滤波后的信号在通带频率范围内保持其波形。相比其他滤波器，Bessel 滤波器通常需要更高的阶数才能获得理想的阻带衰减。实现 Bessel 滤波器的程序如下所示。

```
z,p,k = signal.besselap(5)
w,h = signal.freqs_zpk(z,p,k,np.logspace(-1,1,1000))
fig,ax = plt.subplots();
ax.semilogx(w,np.abs(h));ax.grid(which='both')
ax.set_xlabel('Frequency (rad/s)')
ax.set_ylabel('Magnitude')
ax.autoscale(tight=True)
```

运行程序，效果如图 6.5 所示。

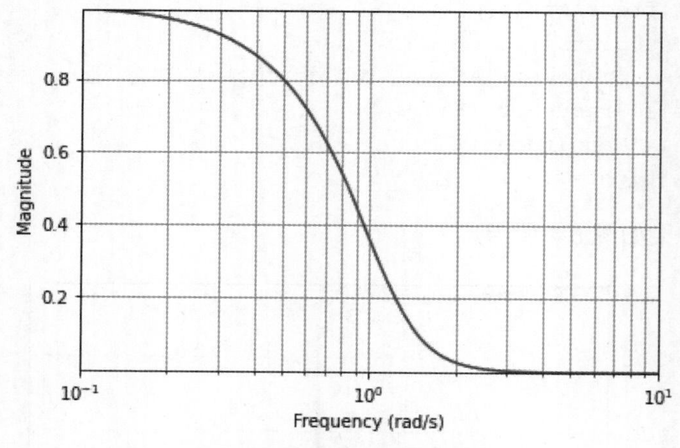

图 6.5　Bessel 滤波器频率响应

由图 6.5 以及上述代码可以看出，本例生成了一个 5 阶 Bessel 低通滤波器。相比于同阶 Butterworth、Chebyshev 和椭圆滤波器，Bessel 滤波器的阻带衰减效果较差。

6.1.3　FIR 滤波器设计

设计一个低通截止频率为 0.4π 弧度 / 秒、长度为 51 的滤波器的程序代码如下所示。

```
import numpy as np
```

```
from scipy import signal
from scipy import special
import matplotlib.pyplot as plt

b = 0.4*special.sinc(0.4*np.arange(-25,26))
w,h = signal.freqz(b,1)

fig,ax = plt.subplots()
ax.plot(w/np.pi,np.square(np.abs(h)));ax.grid()
ax.set_ylabel('Magnitude squared')
ax.set_xlabel('Normalized Frequency(×$\pi$ rad/sample)')
ax.set_title('Magnitude Response(squared)')
ax.autoscale(tight=True,axis='x')
```

运行程序，效果如图 6.6 所示。

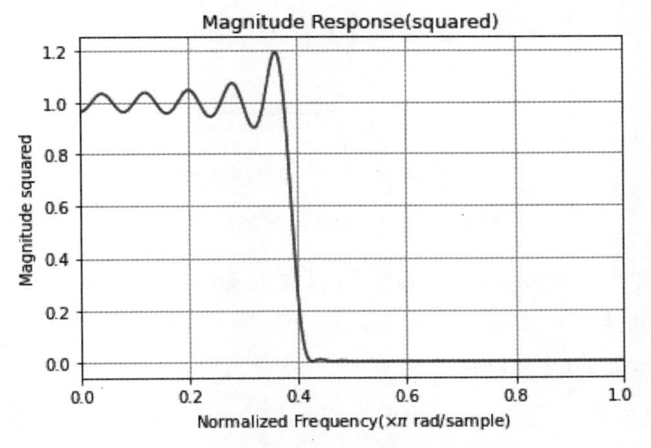

图 6.6　sinc 函数滤波器的频率响应

从图 6.6 以及上述代码可以看出，此处应用的加窗是简单的矩形窗。根据 Parseval 定理，在积分最小二乘意义上，长度为 51 的滤波器最接近理想的低通滤波器。

在图 6.6 中的响应中，可以看到出现振铃和波纹，尤其是在频带边缘附近。这种“吉布斯效应”不会随着滤波器长度的增加而消失，但非矩形窗会减小其幅值。在时域中，将信号乘以一个窗函数会使信号在频域中发生卷积或平滑。将长度为 51 的 Hamming 窗应用于滤波器，程序代码如下所示。

```
b = 0.4*special.sinc(0.4*np.arange(-25,26))
b = b*signal.windows.hamming(51)
w,h = signal.freqz(b,1)
```

```
fig,ax = plt.subplots()
ax.plot(w/np.pi,np.square(np.abs(h)));ax.grid()
ax.set_ylabel('Magnitude squared')
ax.set_xlabel('Normalized Frequency(×$\pi$ rad/sample)')
ax.set_title('Magnitude Response(squared)')
ax.autoscale(tight=True,axis='x')
```

运行程序，效果如图 6.7 所示。

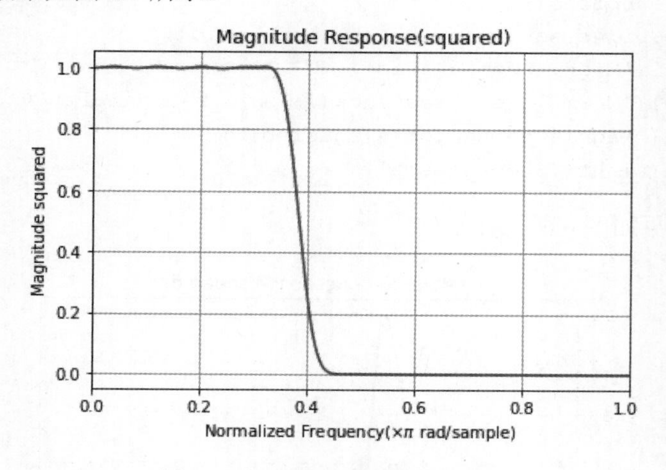

图 6.7　加 Hamming 窗的频率响应

从图 6.7 可以看出，使用 Hamming 窗可以大大降低振铃。这一改善以过渡带宽度和最优性为代价：加窗的滤波器需要更长时间从通带下降到阻带，且无法最小化平方误差积分。

❶ 标准频带 FIR 滤波器设计

fir1/firwin 使用最小二乘逼近计算滤波器系数，然后通过加窗对脉冲响应进行平滑处理。有关加窗及其属性的概述，请参阅加窗法。fir1/firwin 类似于 IIR 滤波器的设计函数，因为它用于设计标准频带配置（低通、带通、高通和带阻）条件下的滤波器。

```
n = 51
Wn = 0.4
b = signal.firwin(n,Wn)
```

此处创建变量 b，其中包含 N 阶 Hamming 窗滤波器的系数。这是一个低通线性相位 FIR 滤波器，截止频率为 Wn。Wn 是介于 0 和 1 之间的数字，其中 1 对应于奈奎斯特频率，即采样频率的一半（与其他方法不同，此处 Wn 对应于 6 dB 点）。要获得高通滤波器，只需将 'high'/'highpass' 添加到函数的参数列表中。要获得带通或带阻滤波器，需将 Wn 指定为包含通带边缘频率的二元素向量。为带阻配置追加 'stop'/'stoppass'。

fir1/firwin 使用 window 参数中指定的窗口进行设计，向量 window 的长度必须为 n+1

个元素。如果未指定窗口，fir1/firwin 将应用 Hamming 窗。

❷ **多频带 FIR 滤波器设计：fir2**

fir2/firwin2 函数还可用于设计加窗的 FIR 滤波器，但具有任意形状的分段线性频率响应，这与 fir1/firwin 不同，后者仅设计具有标准低通、高通、带通和带阻配置的滤波器。

```
n = 51
f = np.array([0,0.4,0.5,1])
gain = np.array([1,1,0,0])
b = signal.firwin2(n,f,gain)
```

返回的变量 b 包含 N 阶 FIR 滤波器的 N+1 个系数，其频率幅值特征与向量 f 和 m 给出的频率幅值特征相匹配。f 是频率点的向量，范围从 0 到 1，其中 1 代表奈奎斯特频率。m 是向量，包含 f 中指定点的指定幅值响应。

❸ **具有过渡带的多频带 FIR 滤波器设计**

与 fir1/firwin 和 fir2/firwin2 函数相比，firls 和 firpm/remez 函数提供更通用的指定理想滤波器的方法。这些函数用于设计 Hilbert 变换器、微分器和其他具有奇数对称系数（III型和IV型线性相位）的滤波器。它们还允许包括误差没有最小化的过渡或“不重要”区域，并执行最小化的频带相关加权。firls 函数是 fir1/firwin 和 fir2/firwin2 函数的扩展，它用于最小化指定频率响应和实际频率响应之间误差平方的积分。

MATLAB 的 firpm 函数实现 Parks-McClellan 算法，该算法使用 Remez 交换算法和 Chebyshev 逼近理论来设计在指定频率响应和实际频率响应之间具有最佳拟合的滤波器。这种滤波器可最小化指定频率响应和实际频率响应之间的最大误差，从这种意义上而言，它们是最优的滤波器，它们有时被称为 minimax 滤波器。以这种方式设计的滤波器在频率响应方面表现出等波纹特性，因此也被称为等波纹滤波器。Parks-McClellan 算法是较流行和较广泛使用的 FIR 滤波器设计方法。

Python 中使用 Remez 交换算法计算 FIR 滤波器的滤波器系数，可以得到 minimax 最优滤波器。该滤波器的传递函数使指定频带内的期望增益和实现增益之间的最大误差最小化。

firls 和 firpm/remez 的语法相同，唯一的区别体现在最小化方案上。下一个示例说明用 firls 和 firpm/remez 设计的滤波器如何反映这些不同方案。

1) 基本配置

firls 和 firpm/remez 的默认操作模式是设计 I 型或II 型线性相位滤波器，具体取决于所需的阶是偶数还是奇数。以下低通滤波器示例在 0~0.4 Hz 逼近幅值 1，在 0.5~1.0 Hz 逼近幅值 0。

```
n = 21
f = np.array([0,0.4,0.5,1])
m = np.array([1,0])
b = signal.remez(n,f,m,Hz=2)
```

从 0.4 Hz 到 0.5 Hz，firpm/remez 不执行误差最小化，这是一个过渡带或“不重要”区域。过渡带将频带中的误差降至最低，但代价是过渡速率变慢，类似于加窗的 FIR 设计。

要将最小二乘与等波纹滤波器设计进行比较，可使用 firls 创建一个类似的滤波器，程序代码如下所示。

```
bb = signal.firls(n,f,np.array([1,1,0,0]))
w1,h1 = signal.freqz(b,1)
w2,h2 = signal.freqz(bb,1)

fig,ax = plt.subplots()
ax.plot(w1/np.pi,np.square(np.abs(h1)))
ax.plot(w2/np.pi,np.square(np.abs(h2)));ax.grid()
ax.set_ylabel('Magnitude squared')
ax.set_xlabel('Normalized Frequency(×$\pi$ rad/sample)')
ax.set_title('Magnitude Response(squared)')
ax.autoscale(tight=True,axis='x')
```

运行程序，效果如图 6.8 所示。

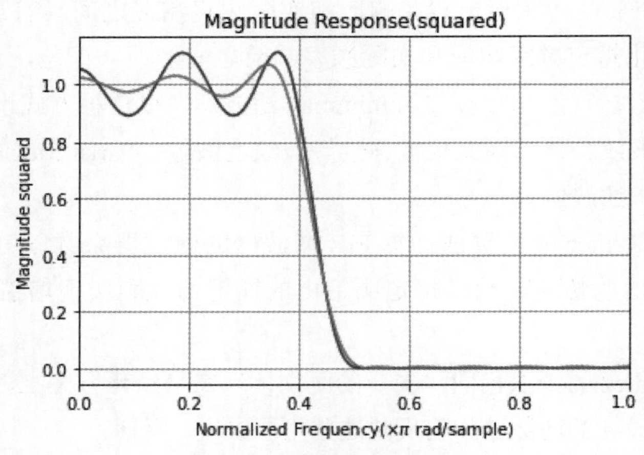

图 6.8　两种滤波器频率响应

从图 6.8 可以看出，滤波器在不同频率上的幅度响应变化，使用 firls 函数设计的滤波器在逼近所需的频率响应时，能够更接近所需的理想响应，尤其是在通带和阻带之间，并且在通带内更加平坦。

使用 firpm/remez 设计的滤波器表现出等波纹行为。另请注意，firls 滤波器在大部分通带和阻带上有更好的响应，但在频带边缘（f = 0.4 和 f = 0.5）处，响应不如使用 firpm/remez 设计的滤波器的响应理想。这表明，使用 firpm/remez 设计的滤波器在通带和阻带上的最大误差较小，事实上，对于该频带边缘配置和滤波器长度来说，这是可能的最小值。

可以将频带视为短频率间隔内的线。firpm/remez 和 firls 使用此方案来表示具有任何过渡带的任何分段线性频率响应函数。firls 和 firpm/remez 用于设计低通、高通、带通和带阻滤波器，以下是一个带通滤波器设计示例，从技术上讲，这些 f 和 a 向量定义 5 个频带：

- 两个阻带，从 0 到 0.3 和从 0.8 到 1；
- 一个通带，从 0.4 到 0.7；
- 两个过渡带，从 0.3 到 0.4 和从 0.7 到 0.8。

程序代码如下所示。

```
n = 51
f = np.array([0,0.3,0.4,0.7,0.8,1])
m = np.array([0,1,0])
b = signal.remez(n,f,m,Hz=2)
w,h = signal.freqz(b,1)

fig,ax = plt.subplots()
ax.plot(w/np.pi,np.square(np.abs(h)));ax.grid()
ax.set_ylabel('Magnitude squared')
ax.set_xlabel('Normalized Frequency(×$\pi$ rad/sample)')
ax.set_title('Magnitude Response(squared)')
ax.autoscale(tight=True,axis='x')
```

运行程序，效果如图 6.9 所示。

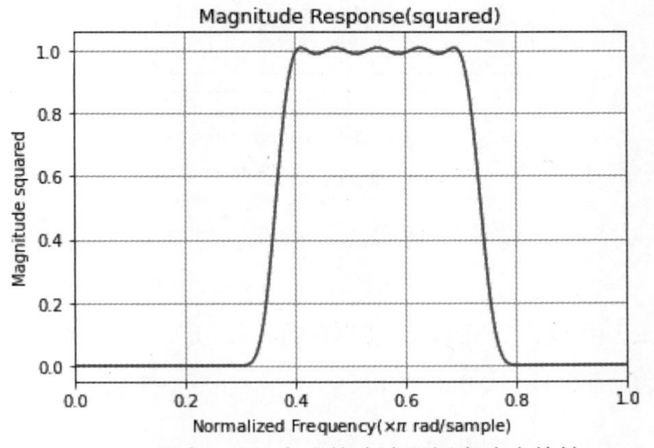

图 6.9 通过 remez 生成的滤波器幅度响应特性

从图 6.9 可以看出，滤波器在不同频率上的增益特性，在频率抽样点 0 到 0.3 之间和 0.4 到 0.7 之间是截止带，增益接近于 0；在频率抽样点 0.3 到 0.4 之间为过渡带，增益接近于 1，并且通带比较平坦。

以下为使用 remez 函数设计高通滤波器的示例。定义两个频带：一个阻带（从 0 到 0.7）；一个通带（从 0.8 到 1）。

```
n = 51
f = np.array([0,0.7,0.8,1])
m = np.array([0,1])
b = signal.remez(n,f,m,Hz=2)
w,h = signal.freqz(b,1)

fig,ax = plt.subplots()
ax.plot(w/np.pi,np.square(np.abs(h)));ax.grid()
ax.set_ylabel('Magnitude squared')
ax.set_xlabel('Normalized Frequency(×$\pi$ rad/sample)')
ax.set_title('Magnitude Response(squared)')
ax.autoscale(tight=True,axis='x')
```

运行程序，效果如图 6.10 所示。

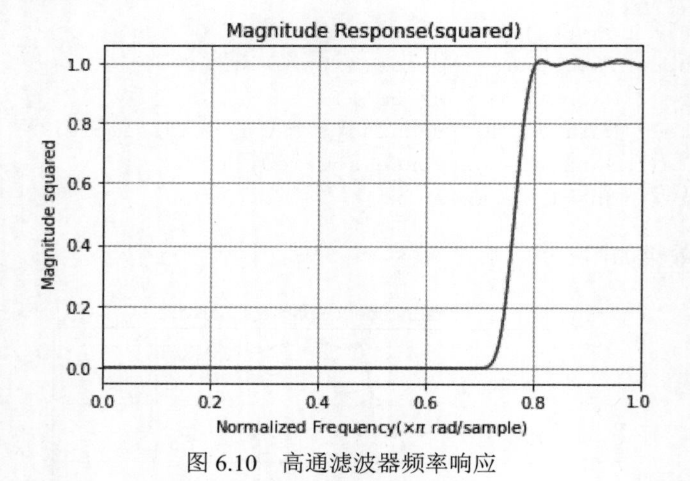

图 6.10　高通滤波器频率响应

从图 6.10 可以看出，设计的高通滤波器在 0 到 0.7 为阻带，0.8 到 1 为通带，符合设计要求。

以下为使用 remez 函数设计带阻滤波器的示例。定义 3 个频带：一个阻带（从 0.4 到 0.5）；两个通带（从 0 到 0.3、从 0.8 到 1）。

```
n = 17
```

```
f = np.array([0,0.3,0.4,0.5,0.8,1])
m = np.array([1,0,1])
b = signal.remez(n,f,m,Hz=2)
w,h = signal.freqz(b,1)

fig,ax = plt.subplots()
ax.plot(w/np.pi,20*np.log10(np.abs(h)));ax.grid()
ax.set_ylabel('Magnitude(dB)')
ax.set_xlabel('Normalized Frequency(×$\pi$ rad/sample)')
ax.set_title('Magnitude Response(dB)')
ax.autoscale(tight=True,axis='x')
```

运行程序，效果如图 6.11 所示。

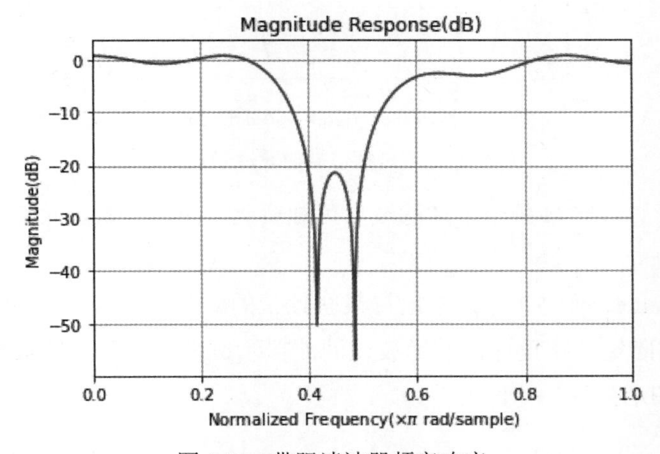

图 6.11　带阻滤波器频率响应

从图 6.11 可以看出，设计的带阻滤波器在 0.4 到 0.5 为阻带，幅值低于 −20 dB；0 到 0.3、0.8 到 1 为通带，符合设计要求。

设计多频带带通滤波器的示例的程序代码如下所示。

```
n = 51
f = (np.array([0,0.1,0.15,0.25,0.3,0.4,0.45,0.55,0.6,0.7,0.75,0.85,0.9,1]))
m = np.array([1,0,1,0,1,0,1])
b = signal.remez(n,f,m,Hz=2)
w,h = signal.freqz(b,1)

fig,ax = plt.subplots()
ax.plot(w/np.pi,np.square(np.abs(h)));ax.grid()
ax.set_ylabel('Magnitude squared')
ax.set_xlabel('Normalized Frequency(×$\pi$ rad/sample)')
```

```
ax.set_title('Magnitude Response(squared)')
ax.autoscale(tight=True,axis='x')
```

运行程序，效果如图 6.12 所示。

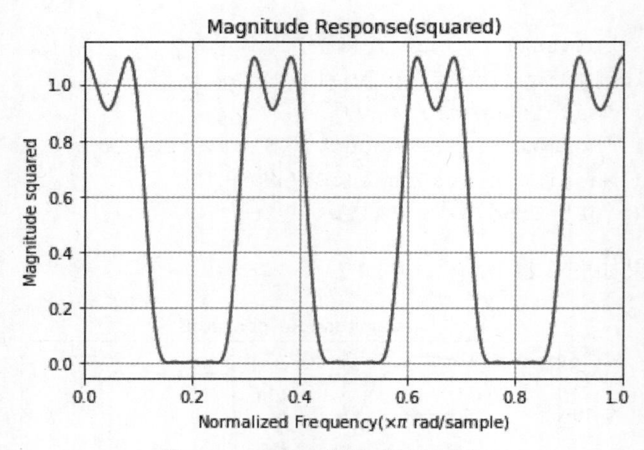

图 6.12　多频带带通滤波示意图

如图 6.12 所示，经过多频带带通滤波后可观察到多个频带的波形。

2) 权重向量

firls 和 firpm/remez 都允许有侧重地将某些频带的误差降至最低。因此，需在频率和幅值向量后指定权重向量。在设计低通等波纹滤波器示例中，阻带中的波纹比通带中的小 10 倍，程序代码如下所示。

```
n = 21
f = np.array([0,0.4,0.5,1])
m = np.array([1,0])
w = np.array([1,10])
b = signal.remez(n,f,m,w,Hz=2)
w,h = signal.freqz(b,1)

fig,ax = plt.subplots()
ax.plot(w/np.pi,20*np.log10(np.abs(h)));ax.grid()
ax.set_ylabel('Magnitude(dB)')
ax.set_xlabel('Normalized Frequency(×$\pi$ rad/sample)')
ax.set_title('Magnitude Response(dB)')
ax.autoscale(tight=True,axis='x')
```

运行程序，效果如图 6.13 所示。

如图 6.13 所示，可观察到指定权重向量的低通滤波器的波纹情况。合法权重向量始终

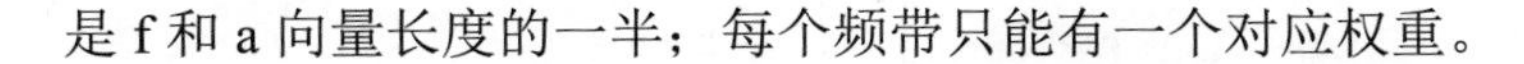

是 f 和 a 向量长度的一半；每个频带只能有一个对应权重。

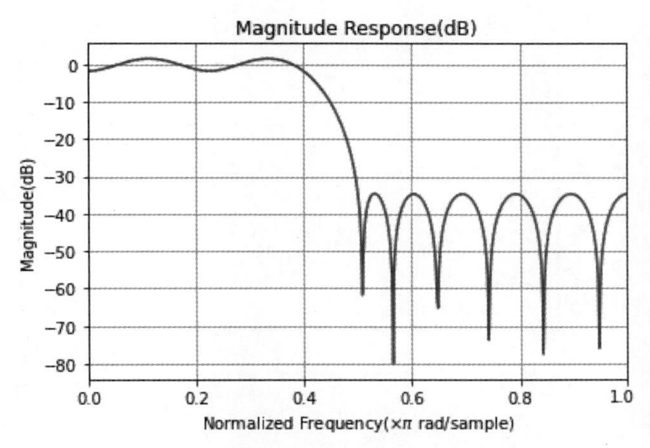

图 6.13　指定权重向量低通滤波示意图

3) 反对称滤波器 /Hilbert 变换器

当用尾部 'h' 或 'Hilbert' 选项调用时，firpm/remez 和 firls 会设计奇对称的 FIR 滤波器，即Ⅲ型（偶数阶）或Ⅳ型（奇数阶）线性相位滤波器。理想的 Hilbert 变换器具有反对称属性，且在整个频率范围内幅值为 1。尝试以下逼近 Hilbert 变换器，并对其绘图，程序代码如下所示。

```
b = (signal.remez(22,np.array([0.05,1]),
np.array([1]),Hz=2,type='hilbert'))
bb = (signal.remez(21,np.array([0.05,0.95]),
np.array([1]),Hz=2,type='hilbert'))
w1,h1 = signal.freqz(b,1)
w2,h2 = signal.freqz(bb,1)

fig,ax = plt.subplots()
ax.plot(w1/np.pi,20*np.log10(np.abs(h1)),label='Highpass')
ax.plot(w2/np.pi,20*np.log10(np.abs(h2)),label='Bandpass')
ax.grid();ax.legend()
ax.set_ylabel('Magnitude(dB)')
ax.set_xlabel('Normalized Frequency(×$\pi$ rad/sample)')
ax.set_title('Magnitude Response(dB)')
ax.autoscale(tight=True,axis='x')
```

运行程序，结果如图 6.14 所示。

从图 6.14 可以看出，通过这些滤波器，可以求得信号 x 的延迟 Hilbert 变换，代码如下所示。

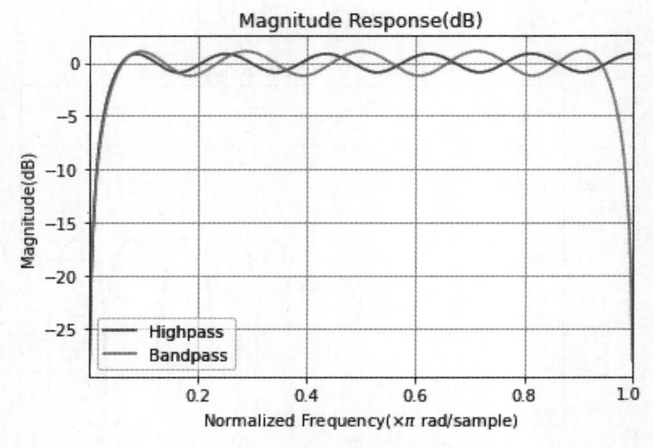

图 6.14　Hilbert 变换器效果

```
fs = 1000
t = np.arange(0,2+1/fs,1/fs)
x = np.sin(2*np.pi*300*t)
zi = signal.lfilter_zi(bb,1)*0
xh,_ = signal.lfilter(bb,1,x,zi=zi)
```

对应于 x 的分析信号是以 x 为实部、以 x 的 Hilbert 变换为虚部的复信号。对于这种 FIR 方法（hilbert 函数的替代方法），必须将 x 延迟一半滤波器阶数才能创建分析信号，代码如下所示。

```
xd = np.hstack((np.zeros(10),x[:len(x)-10]))
xa = xd+xh*(1j)
```

这种方法不能直接用于奇数阶滤波器，因为奇数阶滤波器需要非整数延迟。在这种情况下，Hilbert 变换中所述的 hilbert 函数可估算解析信号，或者使用 resample 函数将信号延迟非整数个样本。

4) 微分器

信号在时域中的微分等效于信号的傅里叶变换乘以虚斜坡函数。也就是说，要对信号求导，需要将其传递给具有响应 $H(\omega)=j\omega$ 的滤波器。使用 firpm/remez 或 firls 和 'd' 或 'differentiator' 选项逼近理想的微分器（有延迟），具体代码如下：

```
b = (signal.remez(22,np.array([0,1]),np.array([2*np.pi]),
Hz=2,type='differentiator'))
w,h = signal.freqz(b,1)

fig,ax = plt.subplots()
```

```
ax.plot(w/np.pi,np.abs(h));ax.grid()
ax.set_ylabel('Magnitude')
ax.set_xlabel('Normalized Frequency(×$\pi$ rad/sample)')
ax.set_title('Magnitude Response')
ax.autoscale(tight=True,axis='x')
```

运行程序，结果如图 6.15 所示。

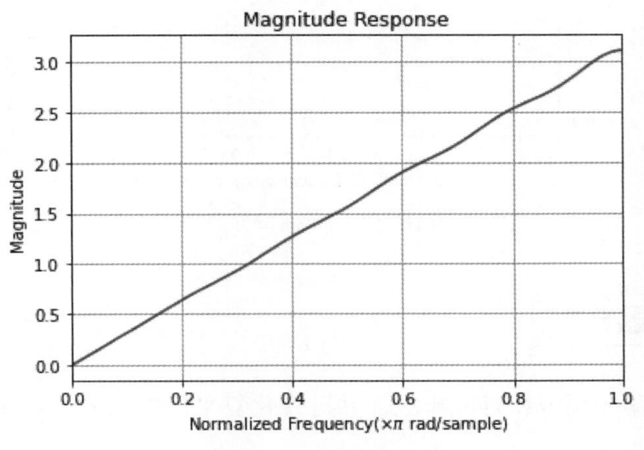

图 6.15　理想微分器效果

从图 6.15 可以看出，逼近理想微分器的效果。对于Ⅲ型滤波器，微分频带不应超过奈奎斯特频率，幅值向量必须反映此变化，以确保斜率正确，修改代码如下：

```
bb = (signal.remez(21,np.array([0,0.9]),np.array([2*np.pi]),
Hz=2,type='differentiator'))
w1,h1 = signal.freqz(bb,1)

fig,ax = plt.subplots()
ax.plot(w/np.pi,np.abs(h),label='Odd order')
ax.plot(w1/np.pi,np.abs(h1),label='Even order')
ax.grid();ax.legend()
ax.set_ylabel('Magnitude')
ax.set_xlabel('Normalized Frequency(×$\pi$ rad/sample)')
ax.set_title('Magnitude Response')
ax.autoscale(tight=True,axis='x')
```

运行程序，结果如图 6.16 所示。

从图 6.16 可以看出，奇数顺序和偶数顺序的微分器幅度响应存在差别。在 'd' 模式下，firpm/remez 在非零幅值频带中对误差加权，以最小化最大相对误差，firls/remez 在非零幅值频带中对误差加权。

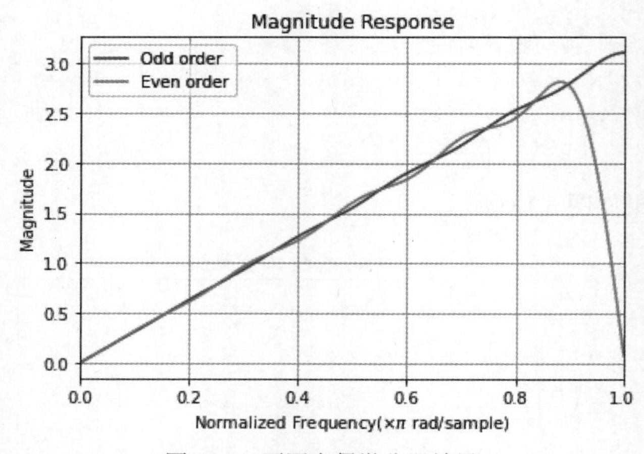

图 6.16　不同奇偶微分器效果

6.2 数字滤波器分析

本节分析滤波器的频域和时域响应，并可视化复平面中的滤波器极点和零点。

6.2.1 使用到的 Python 函数

1 频域响应

频域响应使用到的 Python 函数如表 6.2 所示。

表 6.2　频域响应使用到的 Python 函数

序号	函 数 名	功能描述
1	scipy.signal.freqz	数字滤波器的频率响应
2	scipy.signal.group_delay	平均滤波器延迟（群延迟）

2 时域响应

时域响应使用到的 Python 函数如表 6.3 所示。

表 6.3　时域响应使用到的 Python 函数

序号	函 数 名	功能描述
1	scipy.signal.impulse	数字滤波器的脉冲响应

6.2.2 相位响应

在给定频率响应的情况下，函数 abs 返回幅值，angle 返回以弧度为单位的相位角，程序代码如下所示。

```
from scipy import signal
```

```
import matplotlib.pyplot as plt
import numpy as np

b, a = signal.iirfilter(9, Wn = 400,btype='lowpass', analog=True, ftype=
'butter', output='ba')
w, h = signal.freqs(b, a,worN=np.linspace(0,1000,10000))

fig, ax1 = plt.subplots()
ax1.set_title('Magnitude response(dB) and Phase Response')
ax1.plot(w, 20 * np.log10(abs(h)), 'b')
ax1.set_ylabel('Amplitude(dB)', color='b')
ax1.set_xlabel('Frequency(Hz)')
ax2 = ax1.twinx()
angles = np.unwrap(np.angle(h))
ax2.plot(w, angles, 'g')
ax2.set_ylabel('Phase(radians)', color='g')
Text(0, 0.5, 'Phase(radians)')
```

运行程序，结果如图 6.17 所示。

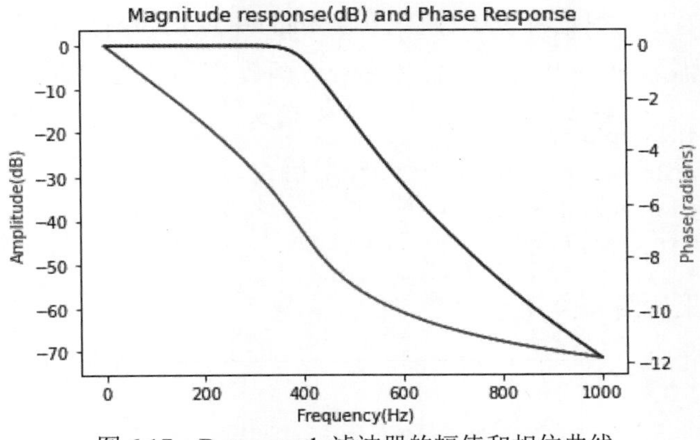

图 6.17　Butterworth 滤波器的幅值和相位曲线

从图 6.17 可以看出，这是一个 Butterworth 低通滤波器的幅值和相位曲线。其中蓝线表示幅值曲线，绿线表示相位角。unwrap 函数在频率分析中很有用，unwrap 根据需要对相位增减若干 360° 以将其展开，使之在 360° 相位不连续点处保持连续。要了解 unwrap 的作用，可以设计一个 25 阶低通 FIR 滤波器。

h = signal.firwin(25, 0.4)

用 freqz 获得频率响应，并以度为单位绘制相位：

```
f,H = signal.freqz(h,1,512,2)
angles = np.angle(H)
```

```
fig, ax3 = plt.subplots()
ax3.plot(f, angles*180/np.pi, 'g')
ax3.set_ylabel('Phase(radians)', color='g')
Text(0, 0.5, 'Phase(radians)')
```

运行程序，效果如图 6.18 所示。

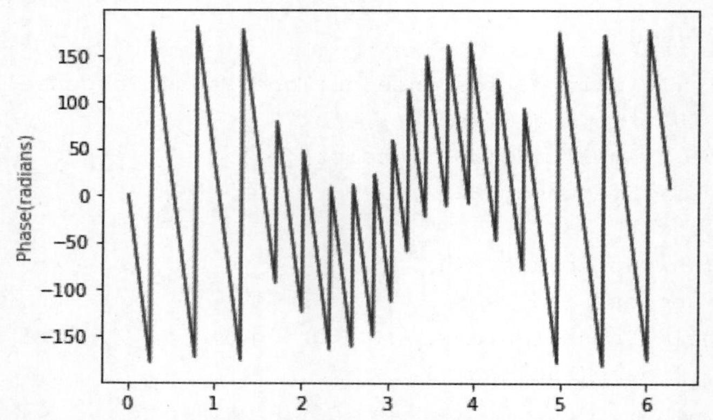

图 6.18　25 阶低通 FIR 滤波器的频率响应（使用 unwrap 函数前）

从图 6.18 可以看出，很难将 360° 跳跃（由 angle 中反正切函数的定义导致）与 180° 跳跃（表示频率响应为零）区分开来。下面用 unwrap 函数消除 360° 跳跃，程序代码如下所示。

```
fig, ax4 = plt.subplots()
ax4.plot(f, np.unwrap(angles)*180/np.pi, 'g')
ax4.set_ylabel('Phase(radians)', color='g')
ax4.set_xlim([0, 3])
```

运行程序，效果如图 6.19 所示。

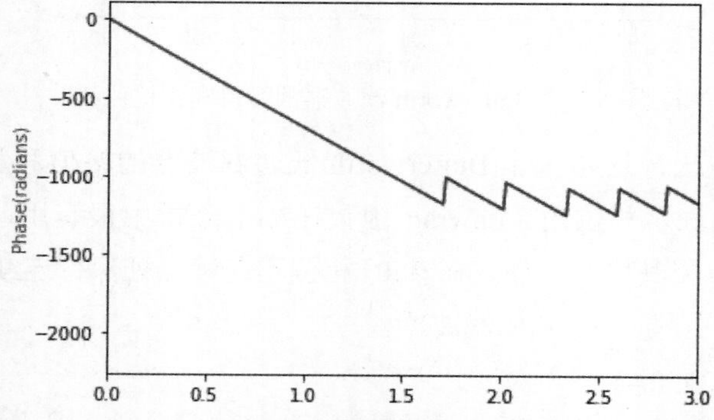

图 6.19　25 阶低通 FIR 滤波器的频率响应（使用 unwrap 函数后）

从图 6.19 可以看出，360° 跳跃已经被消除，180° 跳跃的具体位置十分明显，unwrap 函数实现了这一功能。

6.2.3 零极点分析

视频讲解

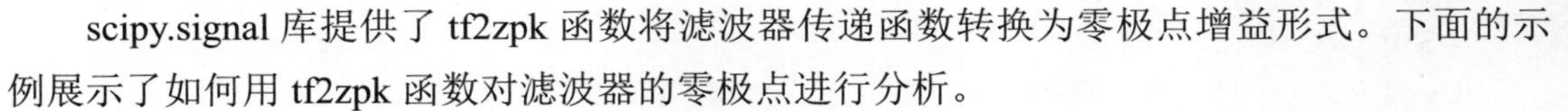

scipy.signal 库提供了 tf2zpk 函数将滤波器传递函数转换为零极点增益形式。下面的示例展示了如何用 tf2zpk 函数对滤波器的零极点进行分析。

首先，导入需要的库；然后，定义滤波器参数，其中 a，b 为滤波器系数，N 为滤波器位数，Fs 为采样频率；使用 signal.tf2zpk 函数计算滤波器零点 z1、极点 p1、增益 k1，将滤波器参数进行归一化，并将归一化后的参数缩放到整数范围；再次，计算零点 z2、极点 p2、增益 k2；最后，将零点和极点进行绘制，零点用圆圈表示，极点用叉号表示，整数化前的零极点用蓝色表示，整数化后的零极点用红色表示。程序代码如下所示。

```
import matplotlib.pyplot as plt
import numpy as np
from scipy import signal
from matplotlib.patches import Circle

N = 8
Fs = 1000
a = np.array([1, 1.7, 0.745])
b = np.array([0.05, 0, 0])
z1, p1, k1 = signal.tf2zpk(b,a)
c = np.vstack((a,b))
Max = (abs(c)).max()
a = a / Max
b = b / Max
Ra = (a * (2**((N-1)-1))).astype(int)
Rb = (b * (2**((N-1)-1))).astype(int)
z2, p2, k2 = signal.tf2zpk(Rb,Ra)

fig, ax = plt.subplots()
circle = Circle(xy = (0.0, 0.0), radius = 1, alpha = 0.9, facecolor = 'white')
ax.add_patch(circle)
for i in p1:
    ax.plot(np.real(i),np.imag(i), 'bx')

for i in z1:
    ax.plot(np.real(i),np.imag(i),'bo')

for i in p2:
    ax.plot(np.real(i),np.imag(i), 'rx')

for i in z2:
    ax.plot(np.real(i),np.imag(i),'ro')
```

```
ax.set_xlim(-1.8,1.8)
ax.set_ylim(-1.2,1.2)
ax.grid()
ax.set_title("%d bit quantization" %N)
```

运行程序，结果如图 6.20 所示。

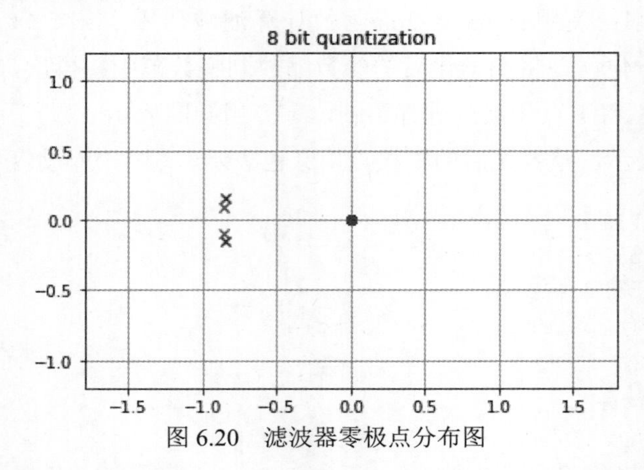

图 6.20　滤波器零极点分布图

从图 6.20 可以看出，整数化前后，滤波器的零点位置不变，极点位置发生了变化。因此，整数化会对滤波器性能造成影响。

6.2.4　脉冲响应

与 MATLAB 中的 filter 函数相对应，在 Python 中，SciPy 库提供了求解滤波器幅频响应的函数，可以方便地用该函数来求系统的脉冲响应，程序代码如下所示。

```
import numpy as np
from scipy import signal
import matplotlib.pyplot as plt

N = 50
t = np.linspace(0,50,50)
xn = signal.unit_impulse(N)
b = np.array([1])
a = np.array([1.0, -0.9])
zi = signal.lfilter_zi(b, a)
y, _ = signal.lfilter(b, a, xn, zi=zi*xn[0])
fig,ax = plt.subplots()
ax.stem(t, y)
```

运行程序，效果如图 6.21 所示。

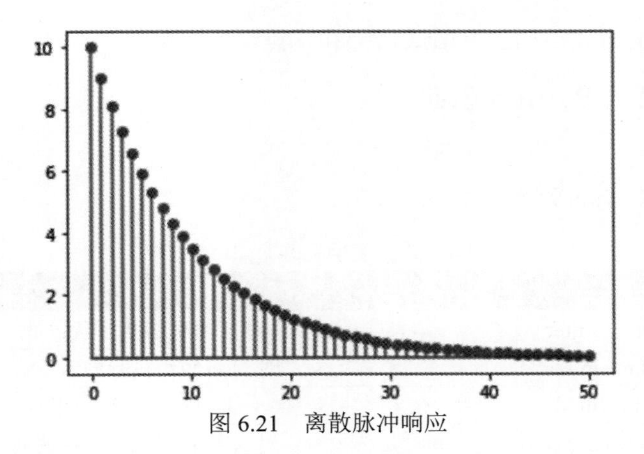

图 6.21　离散脉冲响应

从图 6.21 可以看出，在时间轴上，只有一个离散样本在 50 个时间点之间的某个位置处时，其频率相应分布在各处。

也可以输出为连续的曲线，程序代码如下所示。

```
fig,ax = plt.subplots()
ax.plot(t, y)
```

运行程序，效果如图 6.22 所示。

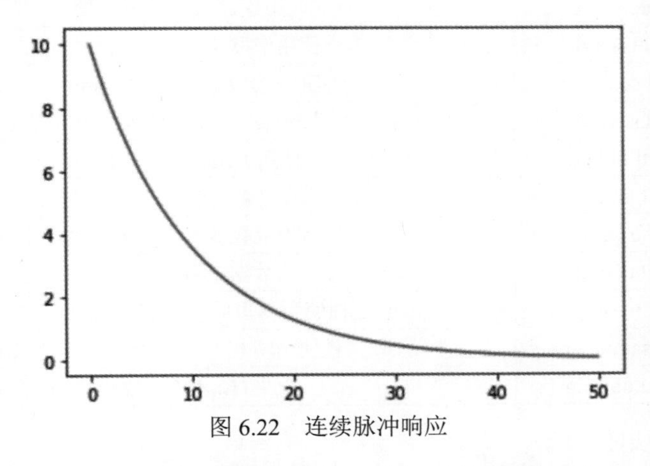

图 6.22　连续脉冲响应

从图 6.22 可以看出，得到的图像是连续的，并且呈指数衰减形式。

6.3 数字滤波

低通、高通、带通和带阻滤波器多通道数据，无须设计滤波器或补偿延迟。执行零相位滤波以消除延迟和相位失真。使用中位数或 Hampel 滤波以消除峰值和离群值。将传递函数转换为不同表示形式，如二阶节或极点和零点。

6.3.1 使用到的 Python 函数

❶ 滤波

滤波使用到的 Python 函数如表 6.4 所示。

表 6.4 滤波使用到的 Python 函数

序号	函 数 名	功能描述
1	scipy.signal.order_filter	对 N 维数组执行阶过滤
2	scipy.signal.medfilt	对 N 维数组执行中值滤波
3	scipy.signal.medfilt2d	中值过滤二维数组
4	scipy.signal.wiener	对 N 维数组执行维纳滤波
5	scipy.signal.symiirorder1	使用级联的一阶部分实现具有镜像对称边界条件的平滑 IIR 滤波器
6	scipy.signal.symiirorder2	使用级联的二阶部分实现具有镜像对称边界条件的平滑 IIR 滤波器
7	scipy.signal.lfilter	使用 IIR 或 FIR 滤波器沿一维过滤数据
8	scipy.signal.lfiltic	为给定输入和输出向量的 lfilter 构造初始条件
9	scipy.signal.lfilter_zi	为阶跃响应稳态构造 lfilter 的初始条件
10	scipy.signal.filtfilt	向前和向后对信号应用数字滤波器
11	scipy.signal.savgol_filter	将 Savitzky-Golay 过滤器应用于阵列
12	scipy.signal.deconvolve	使用逆滤波从信号中解卷积除数
13	scipy.signal.sosfilt	使用级联二阶部分沿一维过滤数据
14	scipy.signal.sosfilt_zi	为阶跃响应稳态构建 sosfilt 的初始条件
15	scipy.signal.sosfiltfilt	使用级联二阶部分的前向后向数字滤波器
16	scipy.signal.hilbert	使用 Hilbert 变换计算解析信号
17	scipy.signal.hilbert2	计算 x 的“二维”解析信号
18	scipy.signal.decimate	应用抗混叠滤波器后对信号进行下采样
19	scipy.signal.detrend	从数据中删除沿轴的线性趋势
20	scipy.signal.resample	沿给定轴使用傅里叶方法将 x 重新采样为 num 个样本
21	scipy.signal.resample_poly	使用多相滤波沿给定轴重新采样 x
22	scipy.signal.upfirdn	上采样、FIR 滤波器和下采样

❷ 离散时间线性系统

离散时间线性系统使用到的 Python 函数如表 6.5 所示。

表 6.5 离散时间线性系统使用到的 Python 函数

序号	函 数 名	功能描述
1	scipy.signal.dlti	离散时间线性时不变系统基类
2	scipy.signal.StateSpace	状态空间形式的线性时不变系统
3	scipy.signal.TransferFunction	传递函数形式的线性时不变系统类
4	scipy.signal.ZerosPolesGain	零点、极点、增益形式的线性时不变系统类

续表

序号	函数名	功能描述
5	scipy.signal.dlsim	模拟离散时间线性系统的输出
6	scipy.signal.dimpulse	离散时间系统的脉冲响应
7	scipy.signal.dstep	离散时间系统的阶跃响应
8	scipy.signal.dfreqresp	计算离散时间系统的频率响应
9	scipy.signal.dbode	计算离散时间系统的波德幅度和相位数据

③ 线性时不变系统表示

线性时不变（Linear Tim-Invariant，LTI）系统表示使用到的 Python 函数如表 6.6 所示。

表 6.6　线性时不变系统表示使用到的 Python 函数

序号	函数名	功能描述
1	scipy.signal.tf2zpk	从线性滤波器的分子、分母表示返回零、极点、增益 (z, p, k) 表示
2	scipy.signal.tf2sos	从传递函数表示返回二阶部分
3	scipy.signal.tf2ss	传递函数到状态空间表示
4	scipy.signal.zpk2tf	从零点和极点返回多项式传递函数表示
5	scipy.signal.zpk2sos	从系统的零点、极点和增益返回二阶部分
6	scipy.signal.zpk2ss	零极点增益表示到状态空间表示
7	scipy.signal.ss2tf	状态空间到传递函数
8	scipy.signal.ss2zpk	状态空间表示到零极点增益表示
9	scipy.signal.sos2zpk	返回一系列二阶部分的零点、极点和增益
10	scipy.signal.sos2tf	从一系列二阶部分返回单个传递函数
11	scipy.signal.cont2discrete	将连续状态空间系统转换为离散状态空间系统
12	scipy.signal.place_poles	计算 K 使得特征值 (A − dot(B, K))=poles

6.3.2　数字滤波介绍

① 卷积和滤波

滤波的数学基础是卷积。对于 FIR 滤波器，滤波运算的输出 y(k)y(k) 是输入信号 x(k) x(k) 与脉冲响应 h(k)h(k) 的卷积。

如果输入信号也是有限长度的，可以使用 conv/convolve 函数执行滤波运算。例如，要用三阶平均值滤波器对包含 5 个样本的随机向量进行滤波，可以将 x(k)x(k) 存储在向量 x 中，将 h(k)h(k) 存储在向量 h 中，并求这两个向量的卷积，程序代码如下所示。

```
import numpy as np
from scipy import signal

x = np.random.randn(5)
```

```
h = np.ones(4)/4
y = signal.convolve(x,h)
```

y 的长度比 x 和 h 的长度之和小 1。

② 使用 filter 函数进行滤波

使用 filter 函数进行滤波的程序代码如下所示。

```
b = np.array([1])
a = np.array([1,-0.9])
zi = signal.lfilter_zi(b,a)*0
y,_ = signal.lfilter(b,a,x,zi=zi)
```

filter/lfilter 提供的输出样本的数量与输入样本一样多，即 y 的长度与 x 的长度相同。如果 a 的第一个元素不是 1，则 filter/lfilter 在实现差分方程之前，将系数除以 a(1)。

6.4 多采样频率信号处理

6.4.1 使用到的 Python 函数

多采样频率信号处理使用到的 Python 函数如表 6.7 所示。

表 6.7 多采样频率信号处理使用到的 Python 函数

序号	函 数 名	功能描述
1	scipy.signal.decimate	抽取——按整数因子降低采样频率
2	scipy.interpolate.interpld	抽取一维函数
3	scipy.signal.filtfilt	对信号应用前向和后向数字滤波器
4	scipy.signal.resample	使用傅里叶方法沿给定轴将 x 重新采样为 num 个样本
5	scipy.signal.upfirdn	上采样、应用 FIR 滤波器和下采样

6.4.2 重建缺失的数据

默认情况下，在绘制矢量时可以看到由直线连接的点。为了近似真实信号，需要对信号进行非常精细的采样。线性插值是迄今为止推断采样点之间值最常见的方法。降低采样频率以去掉过多数据的过程被称为信号的抽取，提高采样频率以增加数据的过程被称为信号的插值。信号的抽取、插值及其二者相结合的使用方法可以实现信号采样频率的转换。

在本例中，正弦波的采样既有精细分辨率，也有粗略分辨率。将精细采样的正弦曲线绘制在图形上时，与真正的连续正弦曲线非常相似。因此，可以将其作为“真实信号”的模型。在图 6.23、图 6.24 中，粗采样信号的样本以直线连接的圆圈表示。

具体程序代码如下所示。

```
from scipy.io import loadmat
import numpy as np
from numpy import ndarray
from scipy.interpolate import interp1d
import matplotlib.pyplot as plt

def get_data(data_path, isplot=True):
    data = loadmat(data_path)
    t_true = data['tTrueSignal'].squeeze()
    x_true = data['xTrueSignal'].squeeze()
    t_resampled = data['tResampled'].squeeze()

    t_sampled = t_true[::100]
    x_sampled = x_true[::100]
    if isplot:
        plt.figure(1)
        plt.plot(t_true, x_true, '-', label='true signal')
        plt.plot(t_sampled, x_sampled, 'o-', label='samples')
        plt.legend()
        plt.show()

    return t_true, x_true, t_sampled, x_sampled, t_resampled

def data_interp(t, x, t_resampled, method_index):
    if method_index == 1:
        fun = interp1d(t, x, kind='linear')
    elif method_index == 2:
        fun = interp1d(t, x, kind='cubic')
    else:
        raise Exception("未知的方法索引，请检查！")
    x_inter = fun(t_resampled)
    return x_inter

def result_visiualize(x_inter_1, x_inter_2):
    t_true, x_true, t_sampled, x_sampled, t_resampled = get_data
    ("./data.mat", isplot=False)
    plt.figure(2)
    plt.plot(t_true, x_true, '-', label='true signal')
    plt.plot(t_sampled, x_sampled, 'o-', label='samples')
    plt.plot(t_resampled, x_inter_1, 'o-', label='interp1 (linear)')
    plt.plot(t_resampled, x_inter_2, '.-', label='interp1 (spline)')
    plt.legend()
    plt.show()
```

```
if __name__ == '__main__':
    t_true, x_true, t_sampled, x_sampled, t_resampled = get_data
    ("./data.mat")
    x_inter_1 = data_interp(t_sampled, x_sampled, t_resampled, method_
    index=1)
    x_inter_2 = data_interp(t_sampled, x_sampled, t_resampled, method_
    index=2)
    result_visiualize(x_inter_1, x_inter_2)
```

运行程序，结果如图 6.23、图 6.24 所示。

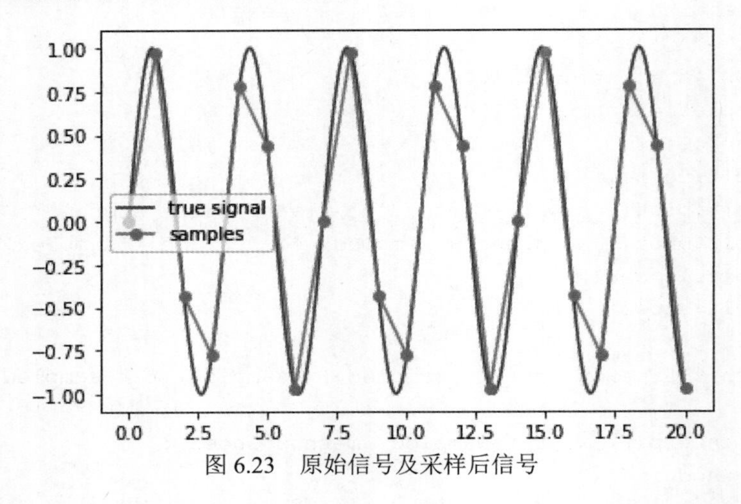

图 6.23　原始信号及采样后信号

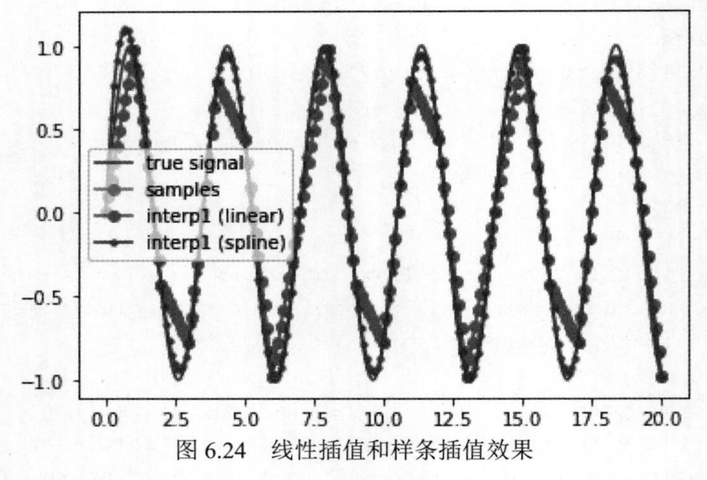

图 6.24　线性插值和样条插值效果

从图 6.24 可以看出，使用了 3 次样条插值来重建这类信号，并确保插值信号的一阶导数和二阶导数在每个数据点都是连续的。在对正弦信号进行插值时，样条插值效果相较于线性插值更接近原始信号。不过，还可以使用其他技术来获得与物理信号更高的保真度，因为物理信号的连续导数可以达到非常高的阶数。

6.4.3 下采样——信号相位

以下示例说明如何使用 downsample（下采样）获得信号的相位。以 M 为因子对信号下采样可以产生 M 个唯一相位，如果有一个离散时间信号 x，它具有 x(0)、x(1)、x(2)、x(3) 等分量，则 x 的 M 个相位是 x(nM + k)，其中 k=0,1, ⋯, M−1。这 M 个相位称为 x 的多相分量。

下面将随机数生成器重置为默认设置，以生成一个白噪声随机向量，程序代码如下：

```
import numpy as np
import math
import scipy.signal
import matplotlib.pyplot as plt
```

定义下采样与上采样函数，确保其与上面的定义保持一致，程序代码如下：

```
def downsample(data,rate,phase):
    newdata = np.zeros(math.floor(len(data)/rate))

    for i in range(0,math.floor(len(data)/rate)):

        newdata[i] = data[i*rate+phase]
    return newdata

def upsample(data,rate,phase):
    newdata = np.zeros(len(data)*rate+phase)

    for i in range(0,len(data)):
        newdata[i*rate+phase] = data[i]
    return newdata
```

用下采样函数对生成的随机向量进行处理，以 3 为因子下采样以得到 3 个多相分量。但由于多相分量的长度等于原始信号的 1/3，为恢复原始信号，这里使用 upsample（上采样）函数对多相分量进行以 3 为因子的上采样，令其与原信号序列相对应，程序代码如下：

```
x = np.random.randn(36)
x0 = downsample(x,3,0)
x1 = downsample(x,3,1)
x2 = downsample(x,3,2)
```

```
y0 = upsample(x0,3,0)
y1 = upsample(x1,3,1)
y2 = upsample(x2,3,2)
```

将原始信号与 3 个经处理后的下采样序列分别绘制，并得出结果，程序代码如下：

```
plt.subplot(411)
plt.stem(x,markerfmt=' ')
plt.axis([0,40,-3,3])
plt.title('Original Signal')
plt.subplot(412)
plt.stem(y0,markerfmt=' ')
plt.axis([0,40,-3,3])
plt.ylabel('Phase0')
plt.subplot(413)
plt.stem(y1,markerfmt=' ')
plt.axis([0,40,-3,3])
plt.ylabel('Phase1')
plt.subplot(414)
plt.stem(y2,markerfmt=' ')
plt.axis([0,40,-3,3])
plt.ylabel('Phase2')
```

运行上述程序，效果如图 6.25 所示。

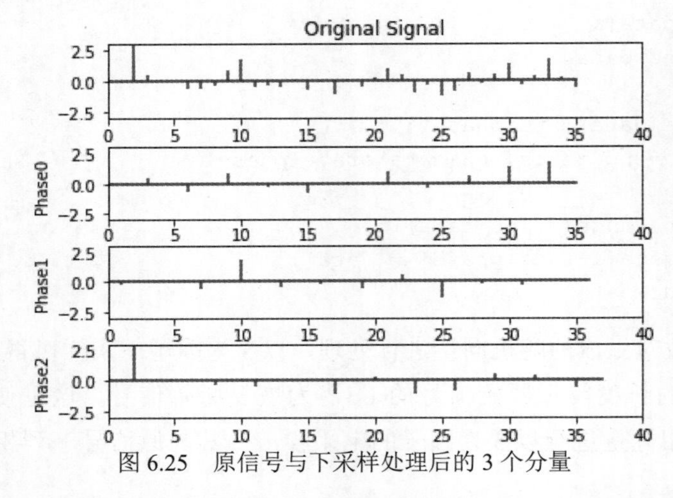

图 6.25　原信号与下采样处理后的 3 个分量

从图 6.25 可以看出，分量信号是原信号以 3 的间隔进行采样的分量的集合，如果对上采样后的 3 个多相分量求和，就可以得到原始信号。

这里再提出一个更加常用的例子：创建离散时间正弦信号，并以 2 为因子下采样以得到 2 个多相分量。

创建角频率 π/4 rad 为采样点的离散时间正弦波。将值为 2 的直流偏移量加到正弦波上，以便进行多相分量的可视化。首先对正弦波以 2 为因子下采样，以获得偶数和奇数多相分量，程序代码如下：

```
n = np.linspace(0,127,128)
x = 2 + np.cos(np.pi/4*n)
x0 = downsample(x,2,0)
x1 = downsample(x,2,1)
```

再对 2 个多相分量进行上采样：

```
y0 = upsample(x0,2,0)
y1 = upsample(x1,2,1)
```

最后绘制上采样后的多相分量和原始信号以进行比较：

```
plt.subplot(311)
plt.stem(x,markerfmt=' ')
plt.ylim([0.5,3.5])
plt.title('Original Signal')
plt.subplot(312)
plt.stem(y0,markerfmt=' ')
plt.ylim([0.5,3.5])
plt.ylabel('Phase0')
plt.subplot(313)
plt.stem(y1,markerfmt=' ')
plt.ylim([0.5,3.5])
plt.ylabel('Phase1')
```

运行上述程序，效果如图 6.26 所示。

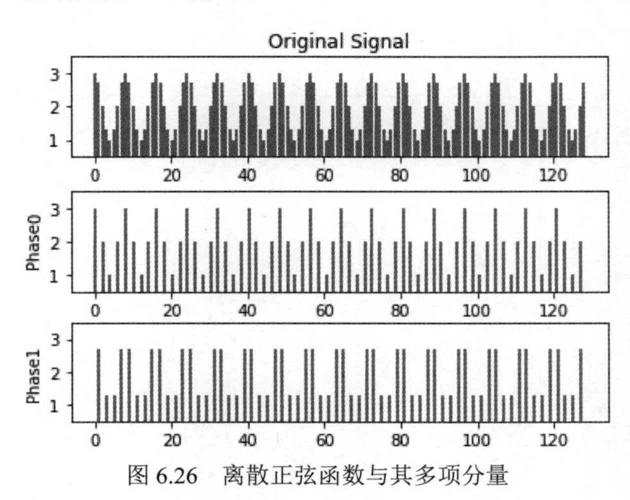

图 6.26 离散正弦函数与其多项分量

从图 6.26 可以看出，如果对 2 个上采样后的多相分量（相位 0 和相位 1）求和，将得到原始的离散正弦波。

6.4.4 下采样——混叠

如果离散时间信号的基带频谱支持不限于宽度为 2π/M 弧度的区间，则以 M 为因子下采样会导致混叠。混叠是当信号频谱的多个副本重叠在一起时发生的失真。信号的基带频谱支持超出 2π/M 弧度越多，混叠越严重。以下示例演示了以 2 为因子下采样的信号中的混叠。信号的基带频谱支持超过了 π 弧度的宽度。

创建一个基带频谱支持等于 3π/2 弧度的信号，程序代码如下所示。

```
    import numpy as np
    import matplotlib.pyplot as plt
    from scipy import signal
    from scipy import *

    f = [0,0.2500,0.5000,0.7500,1.0000]
    a = [1.00,0.6667,0.3333,0,0]
    nf=512
    b1=signal.firwin2(nf-1, f,a, nfreqs=None, window='hamming', nyq=None,
antisymmetric=False, fs=None)
    [h1,h2]=fft.fftshift(signal.freqz(b1, 1, nf, whole=True, plot=None,
fs=2*np.pi, include_nyquist=False))
    omg=np.linspace(-np.pi,np.pi-2*np.pi/nf,nf)

    fig = plt.figure(dpi=100,figsize=(8,6))
    ax1 = fig.add_subplot(111)
    ax1.plot(omg/np.pi,abs(h1))
    plt.xlabel('$\pi$ rad/sample')
    plt.ylabel('Magnitude')
```

运行上述程序，效果如图 6.27 所示。

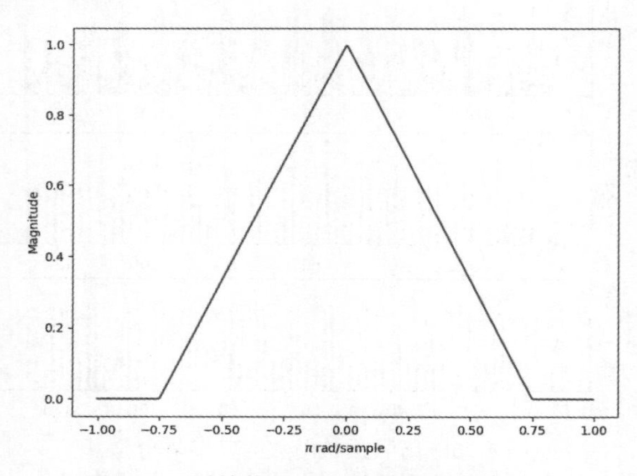

图 6.27　原始信号 FIR 滤波器的频率响应

从图 6.27 可以看出，这段代码创建了一个基带频谱支持等于 3π/2 弧度的信号。

以 2 为因子对信号下采样，并绘制下采样信号的频谱和原始信号的频谱，程序代码如下所示。

```
    y1=b1[1::2]
    [h3,h4]=fft.fftshift(signal.freqz(y1, 1, nf, whole=True, plot=None, fs=2*np.pi, include_nyquist=False))
    fig = plt.figure(dpi=100,figsize=(8,6))
    ax1 = fig.add_subplot(111)
    ax1.plot(omg/np.pi,abs(h1),label='Original')
    ax1.plot(omg/np.pi,abs(h3),label='Downsampled')
    plt.xlabel('$\pi$ rad/sample')
    plt.ylabel('Magnitude')
    plt.legend()
```

运行上述程序，效果如图 6.28 所示。

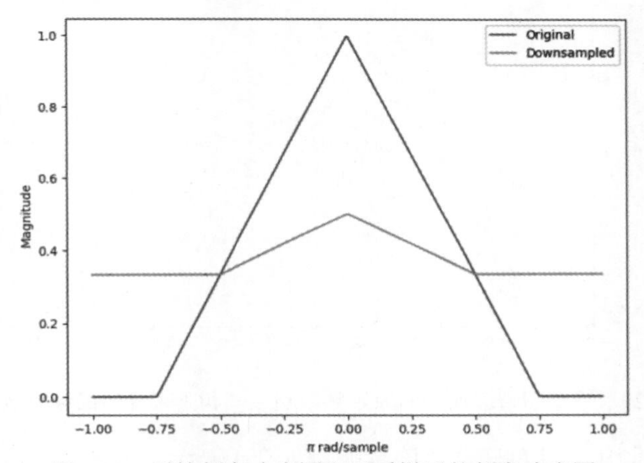

图 6.28　原始频率响应图和下采样后的频率响应图

从图 6.28 可以看出，除频谱的幅值缩放之外，重叠频谱副本的叠合还会导致 $|\omega|>\pi/2$ 的原始频谱失真。

将信号的基带频谱支持增加到 $[-7\pi/8, 7\pi/8]$，并以 2 为因子对信号下采样。绘制原始频谱和下采样信号的频谱，程序代码如下所示。

```
    f1= [0,0.2500, 0.5000, 0.7500, 7/8, 1.0000]
    a1= [1.00, 0.7143 ,0.4286, 0.1429, 0 ,0]
    nf=512
    b2=signal.firwin2(nf-1, f1,a1, nfreqs=None, window='hamming', nyq=None, antisymmetric=False, fs=None)
    [h1,h2]=fft.fftshift(signal.freqz(b2, 1, nf, whole=True, plot=None, fs=2*np.pi, include_nyquist=False))
```

```
    y2=b2[1::2]
    [h3,h4]=fft.fftshift(signal.freqz(y2, 1, nf, whole=True, plot=None,
fs=2*np.pi, include_nyquist=False))
    omg=np.linspace(-np.pi,np.pi-2*np.pi/nf,nf)
    fig = plt.figure(dpi=100,figsize=(8,6))
    ax1 = fig.add_subplot(111)
    ax1.plot(omg/np.pi,abs(h1),label='Original')
    ax1.plot(omg/np.pi,abs(h3),label='Downsampled')
    plt.xlabel('$\pi$ rad/sample')
    plt.ylabel('Magnitude')
    plt.legend()
```

运行上述程序，效果如图 6.29 所示。

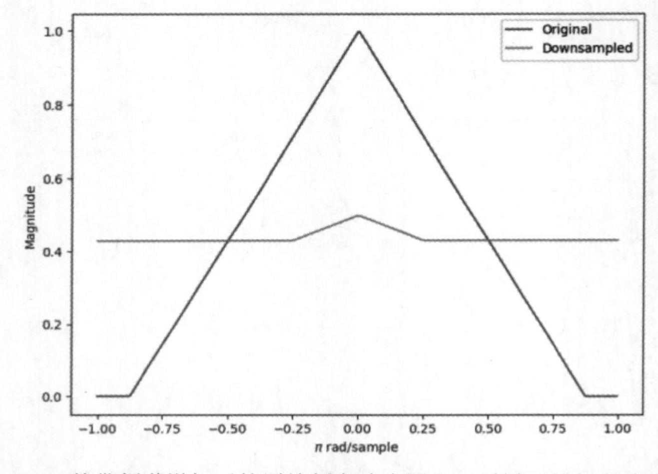

图 6.29　基带频谱增加后的原始频率响应图和下采样后的频率响应图

从图 6.29 可以看出，因为有更多信号能量处在 $[(-\pi)/2,\pi/2]$ 之外，频谱宽度的增加导致下采样信号频谱中更明显的混叠。

构造基带频谱支持仅限于 $[-\pi/2,\pi/2]$ 的信号。以 2 为因子对信号下采样，并绘制原始信号的频谱和下采样信号（下采样信号是全频带信号）的频谱，程序代码如下所示。

```
    f2= [0, 0.250 ,0.500 ,0.7500, 1]
    a2= [1.0000, 0.5000 ,0 ,0 ,0]
    nf=512
    b2=signal.firwin2(nf-1, f2,a2, nfreqs=None, window='hamming', nyq=None,
antisymmetric=False, fs=None)
    [h1,h2]=fft.fftshift(signal.freqz(b2, 1, nf, whole=True, plot=None,
fs=2*np.pi, include_nyquist=False))
    y2=b2[1::2]
    [h3,h4]=fft.fftshift(signal.freqz(y2, 1, nf, whole=True, plot=None,
fs=2*np.pi, include_nyquist=False))
```

```
omg=np.linspace(-np.pi,np.pi-2*np.pi/nf,nf)
fig = plt.figure(dpi=100,figsize=(8,6))
ax1 = fig.add_subplot(111)
ax1.plot(omg/np.pi,abs(h1),label='Original')
ax1.plot(omg/np.pi,abs(h3),label='Downsampled')
plt.xlabel('$\pi$ rad/sample')
plt.ylabel('Magnitude')
plt.legend()
```

运行上述程序，效果如图 6.30 所示。

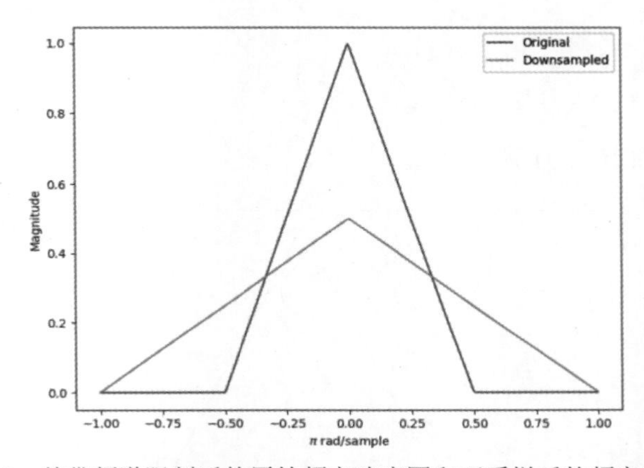

图 6.30　基带频谱限制后的原始频率响应图和下采样后的频率响应图

从图 6.30 可以看到，下采样信号的频谱是原始频谱的扩展和缩放版本，但频谱的形状得以保留，因为频谱副本不重叠。

6.4.5　在下采样前进行滤波

本示例说明如何在下采样前进行滤波以减轻混叠造成的失真。要解决提出的问题，可以使用 decimate 函数或 resample 函数处理一个函数来进行滤波和下采样；也可以先对数据进行低通滤波，再使用 downsample 函数。

在该例子中，首先创建基带频谱大于 π 弧度的信号，再使用 decimate 函数在下采样之前通过 10 阶 Chebyshev Ⅰ型低通滤波器对信号滤波。创建信号并绘制幅值频谱的程序代码如下。

```
import numpy as np
import matplotlib.pyplot as plt
from scipy import signal
from scipy import *

f = [0,0.2500,0.5000,0.7500,1.0000]
```

```
    a = [1.00,0.6667,0.3333,0,0]
    nf=512
    b1=signal.firwin2(nf-1, f,a, nfreqs=None, window='hamming', nyq=None,
antisymmetric=False, fs=None)
    [h1,h2]=fft.fftshift(signal.freqz(b1, 1, nf, whole=True, plot=None,
fs=2*np.pi, include_nyquist=False))
    omg=np.linspace(-np.pi,np.pi-2*np.pi/nf,nf)

    fig = plt.figure(dpi=100,figsize=(8,6))
    ax1 = fig.add_subplot(111)
    ax1.plot(omg/np.pi,abs(h1))
    plt.xlabel('$\pi$ rad/sample')
    plt.ylabel('Magnitude')
```

运行程序，效果如图 6.31 所示。

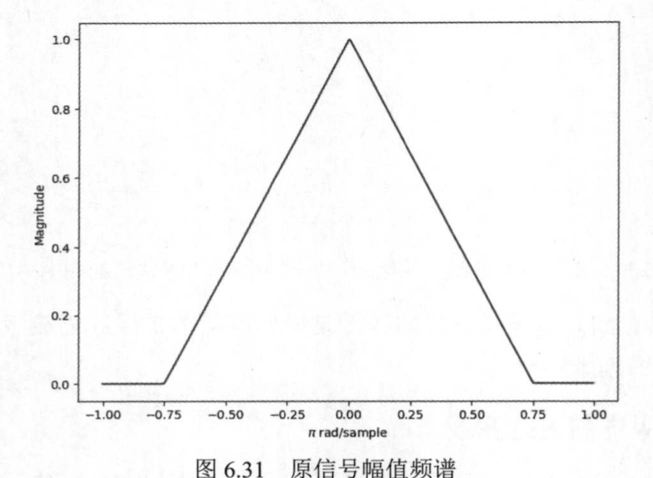

图 6.31　原信号幅值频谱

使用 10 阶 Chebyshev Ⅰ型低通滤波器对信号进行滤波，随后以 2 为因子下采样，绘制原始信号以及经过滤波和下采样的信号的幅值频谱的程序代码如下：

```
    y = signal.decimate(b1,2,10)
    [h3,h4]=fft.fftshift(signal.freqz(y, 1, nf, whole=True, plot=None,
fs=2*np.pi, include_nyquist=False))

    fig = plt.figure(dpi=100,figsize=(8,6))
    ax1 = fig.add_subplot(111)
    ax1.plot(omg/np.pi,abs(h1),label='Original')
    ax1.plot(omg/np.pi,abs(h3),label='Downsampled')
    plt.xlabel('$\pi$ rad/sample')
```

```
plt.ylabel('Magnitude')
plt.legend()
```

运行程序，效果如图 6.32 所示。

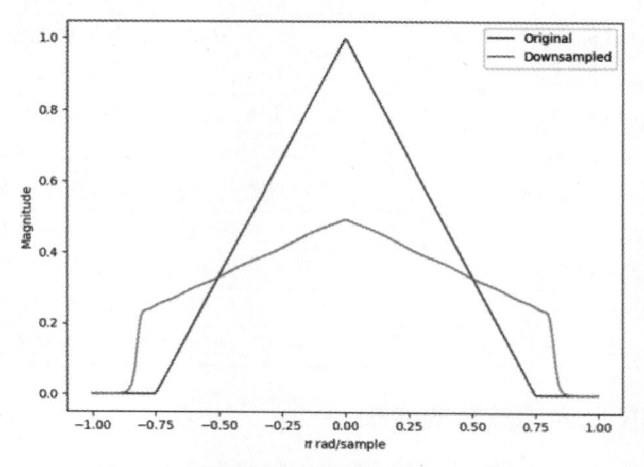

图 6.32　处理后信号幅值频谱与原信号对比

从图 6.32 可以看出，通低通滤波器减少了区间 $[-\pi/2, \pi/2]$ 之外的混叠失真量，达成了实验所需的要求。

6.5 模拟滤波器

6.5.1　使用到的 Python 函数

❶ 模拟滤波器的设计与分析

模拟滤波器的设计与分析使用到的 Python 函数如表 6.8 所示。

表 6.8　模拟滤波器的设计与分析使用到的 Python 函数

序号	函 数 名	功 能 描 述
1	scipy.signal.besself	Bessel 模拟滤波器设计
2	scipy.signal.butter	Butterworth 滤波器设计
3	scipy.signal.cheby1	Chebyshev Ⅰ型滤波器设计
4	scipy.signal.cheby2	Chebyshev Ⅱ型滤波器设计
5	scipy.signal.ellip	椭圆滤波器设计
6	scipy.signal.freqs	模拟滤波器的频率响应

❷ 模拟滤波器原型

模拟滤波器原型使用到的 Python 函数如表 6.9 所示。

表 6.9　模拟滤波器原型使用到的 Python 函数

序号	函 数 名	功能描述
1	scipy.signal.besselap	Bessel 模拟低通滤波器原型
2	scipy.signal.bilinear	模数滤波器转换的双线性变换方法
3	scipy.signal.buttap	Butterworth 滤波器原型
4	scipy.signal.cheb1ap	Chebyshev Ⅰ型模拟低通滤波器原型
5	scipy.signal.cheb2ap	Chebyshev Ⅱ型模拟低通滤波器原型
6	scipy.signal.ellipap	椭圆模拟低通滤波器原型
7	scipy.signal.impinvar	模数滤波器转换的脉冲不变性方法
8	scipy.signal.lp2bp	将低通模拟滤波器转换为带通
9	scipy.signal.lp2bs	将低通模拟滤波器转换为带阻
10	scipy.signal.lp2hp	将低通模拟滤波器转换为高通
11	scipy.signal.lp2lp	更改低通模拟滤波器的截止频率

6.5.2　模拟 IIR 低通滤波器的比较

为比较不同 IIR 低通滤波器，先设计了截止频率为 2 GHz 的 5 阶模拟 Butterworth 低通滤波器，将截止频率乘以 2π 以将其转换为弧度 / 秒，同时计算滤波器在 4096 个点上的频率响应，具体程序代码如下：

```
import scipy.signal as sig
import numpy as np
from numpy import pi
import matplotlib.pyplot as plt

n = 5
f = 2e9
bb,ab = sig.butter(5,2*pi*f,analog=True)
wb,hb = sig.freqs(bb,ab,4096)
```

然后，设计一个具有相同边缘频率和 3 dB 通带波纹的 5 阶 Chebyshev Ⅰ型滤波器，并计算它的频率响应。

```
b1,a1 = sig.cheby1(n,3,2*pi*f,analog=True)
w1,h1 = sig.freqs(b1,a1,4096)
```

接着，设计一个具有相同边缘频率和 30 dB阻带衰减的 5 阶 Chebyshev Ⅱ型滤波器，并计算它的频率响应。

```
b2,a2 = sig.cheby2(n,30,2*pi*f,analog=True)
w2,h2 = sig.freqs(b2,a2,4096)
```

最后，设计一个具有相同边缘频率和 3 dB 通带波纹、30 dB 阻带衰减的 5 阶椭圆滤波器，并计算它的频率响应。

```
be,ae = sig.ellip(n,3,30,2*pi*f,analog = True)
we,he = sig.freqs(be,ae,4096)
```

纵坐标表示滤波器衰减，单位为 dB，横坐标表示频率，单位为 GHz。绘图比较不同滤波器，具体程序代码如下：

```
plt.plot(wb/(2e9*pi), 20 * np.log10(abs(hb)))
plt.plot(w1/(2e9*pi), 20 * np.log10(abs(h1)))
plt.plot(w2/(2e9*pi), 20 * np.log10(abs(h2)))
plt.plot(we/(2e9*pi), 20 * np.log10(abs(he)))
plt.axis([0,4,-40,5])
plt.xlabel('Frequency (GHz)')
plt.ylabel('Attention (dB)')
plt.legend(['butter','cheby1','cheby2','ellip'])
```

运行程序，结果如图 6.33 所示。

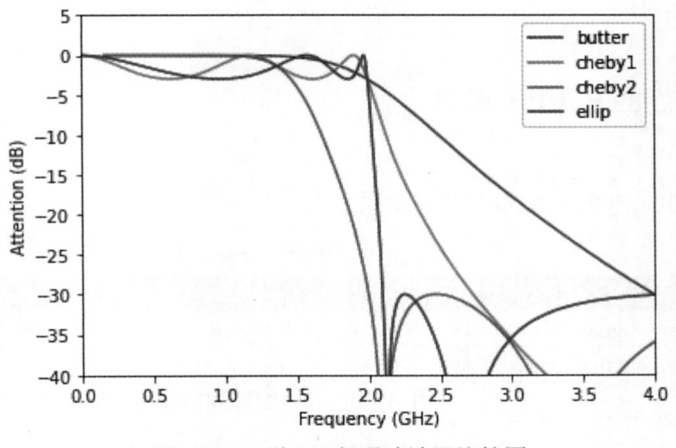

图 6.33　4 种 IIR 低通滤波器比较图

从图 6.33 可以看出，Butterworth 和 Chebyshev Ⅱ 型滤波器具有平坦的通带和宽过渡带。Chebyshev Ⅰ型和椭圆滤波器下降更快，但有通带波纹。Chebyshev Ⅱ 型滤波器设计函数的频率输入设置阻带的起点，而不是通带的终点。Bessel 滤波器沿通带具有大致恒定的群延迟。

第7章 频谱分析

频谱分析是一种将复杂信号分解为较简单信号的技术。许多物理信号均可以表示为许多不同频率简单信号的和，找出一个信号在不同频率下的信息（如振幅、功率、强度或相位等）的做法即为频谱分析。频谱分析的目的是把复杂的时间历程波形，经过傅里叶变换分解为若干单一的谐波分量来研究，以获得信号的频率结构以及各谐波和相位信息。对信号进行频谱分析可以获得更多有用信息，求出各个频率成分的幅值分布和能量分布，从而得到主要幅度和能量分布的频率值。

7.1 频谱估计

7.1.1 使用到的 Python 函数

① 估算器

估算器使用到的 Python 函数如表 7.1 所示。

表 7.1 估算器使用到的 Python 函数

序号	函 数 名	功能描述
1	scipy.signal.csd	使用 Welch 方法估计互功率谱密度 P_{xy}
2	scipy.signal.find_peaks	找到局部最大值
3	scipy.signal.coherence	使用 Welch 方法估计离散时间信号 X 和 Y 的幅度平方相干性估计 C_{XY}
4	scipy.stats.entropy	计算给定分布的香农熵 / 相对熵
5	scipy.signal.periodogram	周期图功率谱密度估计

② 频谱分析

频谱分析中使用到的 Python 函数如表 7.2 所示。

表 7.2 频谱分析中使用到的 Python 函数

序号	函 数 名	功能描述
1	scipy.signal.periodogram	使用周期图估计功率谱密度
2	scipy.signal.welch	使用 Welch 方法估计功率谱密度

续表

序号	函 数 名	功能描述
3	scipy.signal.csd	使用 Welch 方法估计交叉功率谱密度
4	scipy.signal.coherence	使用 Welch 方法估计离散时间信号 X 和 Y 的幅度平方相干估计
5	scipy.signal.spectrogram	计算具有连续傅里叶变换的频谱图
6	scipy.signal.lombscargle	计算 Lomb-Scargle 周期图
7	scipy.signal.vectorstrength	确定与给定周期相对应的事件的矢量强度
8	scipy.signal.stft	计算短时傅里叶变换（Short Time Fourier Transform，STFT）
9	scipy.signal.istft	执行短时傅里叶逆变换（inverse STFT，iSTFT）
10	scipy.signal.check_COLA	检查是否满足常数重叠相加（Constant OverLap Add，COLA）约束
11	scipy.signal.check_NOLA	检查是否满足非零重叠相加（Non-zero OverLap Add，NOLA）约束

7.1.2 使用 FFT 获得功率频谱密度估计

功率谱密度表示单位频带内的信号功率，单位是 W/Hz（或 dB/Hz），与傅里叶变换有着紧密的联系，它表示信号功率随着频率的变化情况，即信号功率在频域的分布状况。创建一个含 N(0,1) 加性噪声的 100 Hz 正弦波信号，采样频率为 1 kHz，信号长度为 1000 个采样点，程序代码如下所示。

```
import numpy as np
from scipy import signal as signal
import matplotlib.pyplot as plt
from matplotlib.pylab import mpl
rng = np.random.default_rng()
mpl.rcParams['font.sans-serif'] = ['SimHei']
mpl.rcParams['axes.unicode_minus']=False

t = np.linspace(0,1,1000)
y = np.sin(2*np.pi*10*t)+np.random.rand(1000)
plt.plot(t,y)
```

运行程序，效果（横坐标表示时间，单位为 0.1 s；纵坐标表示幅值）如图 7.1 所示。

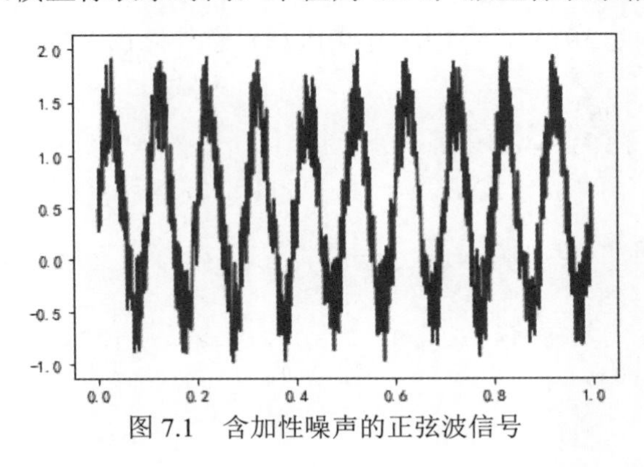

图 7.1 含加性噪声的正弦波信号

从图 7.1 可以看出，信号的频谱包含一个主要的频率成分，即 100 Hz 的正弦波，以及在整个频谱范围内分布的噪声成分。噪声的频谱特性取决于其统计特性（均值和标准差），通常会呈现出白噪声的特征，即在不同频率上具有相似的能量。

对该信号进行功率谱密度估计，并绘制出图像，程序代码如下所示。

```
f, Pxx_den = signal.welch(y,1000)
plt.plot(f, Pxx_den)

plt.xlabel('frequency [Hz]')
plt.ylabel('PSD [V**2/Hz]')
plt.show()
```

运行程序，效果如图 7.2 所示。

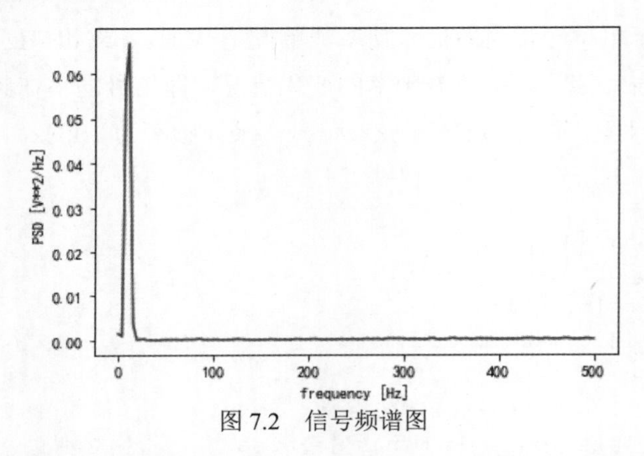

图 7.2　信号频谱图

从图 7.2 可以看出，生成的频谱图中正弦波成分在 10 Hz 处显示出强烈的功率谱密度，噪声则分布在其他频率上。

7.1.3　频域线性回归

此示例演示如何使用 NumPy 库中的离散傅里叶变换为时间序列构造线性回归模型。此示例中使用的时间序列是 1973 年至 1979 年美国每月意外死亡人数。程序代码如下所示。

```
import numpy as np
import matplotlib.pyplot as plt
ts= np.array( [9007.+0j,8106.+0j,8928.+0j,9137.+0j,10017.+0j,10826.+0j,
11317.+0j,10744.+0j,
                        9713.+0j,9938.+0j,9161.+0j,8927.+0j,7750.+0j,6981.+
0j,8038.+ 0j,8422.+0j,
                        8714.+0j,9512.+0j,10120.+0j,9823.+0j,8743.+0j,9129.+
0j,8710.+ 0j,8680.+0j,
```

```
                                8162.+0j,7306.+0j,8124.+0j,7870.+0j,9387.+0j,9556.+
0j,10093.+ 0j,9620.+0j,
                                8285.+0j,8433.+0j,8160.+0j,8034.+0j,7717.+0j,7461.+
0j,7776.+ 0j,7925.+0j,
                                8634.+0j,8945.+0j,10078.+0j,9179.+0j,8037.+0j,8488.+
0j,7874.+ 0j,8647.+0j,
                                7792.+0j,6957.+0j,7726.+0j,8106.+0j,8890.+0j,9299.+
0j,10625.+ 0j,9302.+0j,
                                8314.+0j,8850.+0j,8265.+0j,8796.+0j,7836.+0j,6892.+
0j,7791.+ 0j,8129.+0j,
                                9115.+0j,9434.+0j,10484.+0j,9827.+0j,9110.+0j,9070.+
0j,8633.+ 0j,9240.+0j])
```

将数据矩阵重塑为 72 ×1 的时间序列，并绘制 1973 年至 1979 年的数据，程序代码如下所示。

```
years = np.linspace(1973,1979,72)
plt.plot(years,np.real(ts))
plt.plot(years,np.real(ts),'o')
plt.xlabel('Year')
plt.ylabel('Number of Accidental Deaths')
```

运行程序，效果如图 7.3 所示。

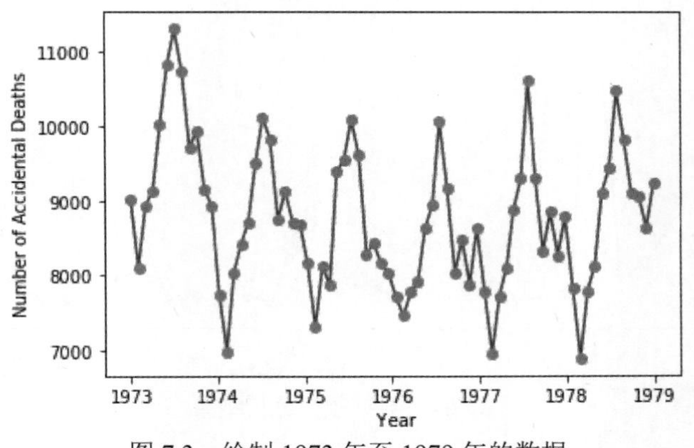

图 7.3 绘制 1973 年至 1979 年的数据

绘制 1973 年至 1979 年的数据如图 7.3 所示。要在时域中构建线性回归模型，必须指定余弦和正弦的频率，形成设计矩阵，并求解正态方程，以获得模型参数的最小二乘估计值。在这种情况下，使用离散傅里叶变换来检测周期性，仅保留傅里叶系数的子集，并反转变换以获得拟合的时间序列会更容易。

对数据执行频谱分析，以揭示哪些频率对数据中的可变性有显著贡献。由于信号的总均值约为 9000，并且与 0 频率下的傅里叶变换成正比，因此在频谱分析之前减去均值，这减小了 0 频率下较大的傅里叶系数，并使任何显著的振荡更容易检测。傅里叶变换中的频率以时间序列长度 72 为间隔。每月对数据进行采样，光谱分析中的最高频率为 1 个周期 / 2 个月。程序代码如下所示。

```
tsdft = np.fft.fft(ts-np.mean(ts))
print(tsdft.shape)
freq = np.linspace(0,0.5,37)
plt.figure(figsize=(10,4))
plt.plot(freq*12,np.abs(tsdft[0:int(len(ts)/2)+1]))
plt.plot(freq*12,np.abs(tsdft[0:int(len(ts)/2)+1]),'o')
plt.ylabel("Magnitude")
plt.xlabel("Cycles/Year")
```

运行程序，效果如图 7.4 所示。

如图 7.4 所示，根据幅度，1 周期 /12 个月的频率是数据中最重要的振荡。1 周期 /12 个月的星等是任何其他星等的两倍多。然而，光谱分析显示，数据中还有其他周期性成分。例如，在 1 周期 /12 个月的谐波（整数倍）处似乎存在周期性分量。似乎还有一个周期性成分，周期为 1 个周期 / 72 个月。

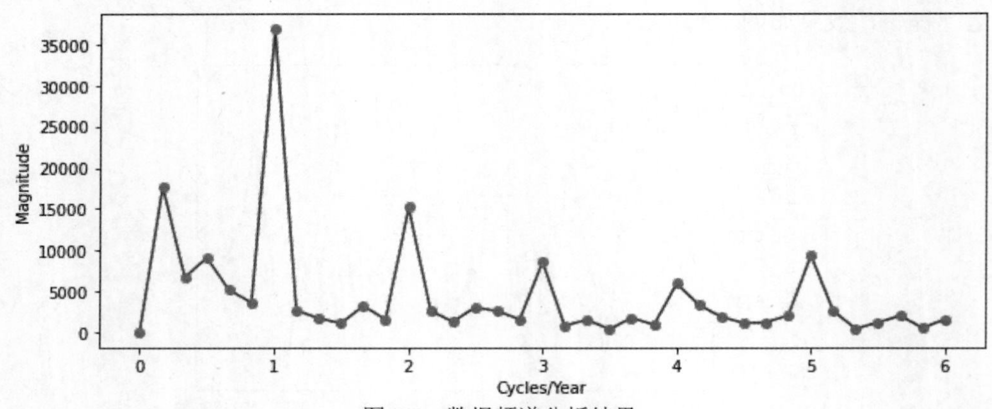

图 7.4　数据频谱分析结果

根据数据的频谱分析，使用余弦和正弦项拟合简单的线性回归模型，其频率为最重要的分量：1 周期 / 年（1 周期 /12 个月）。

确定离散傅里叶变换中对应于 1 个周期 /12 个月的频率箱。由于频率间隔为 1/72，并且第一个频率区间对应于 0 频率，因此正确的频率区间是 72/12+1，这是正频率的频率区间。但还必须包括与负频率相对应的频率区间：-1 周期 /12 个月。使用 MATLAB 分度时，负频率的频率区间为 72-72/12+1。

创建一个 72 × 1 的零向量。用对应于 1 个周期 /12 个月的正负频率的傅里叶系数填充矢量的相应元素。反转傅里叶变换并添加总体均值以获得与意外死亡数据的拟合。程序代码如下所示。

```
tsfit = np.zeros([72,1],dtype = complex)
tsfit[6] = tsdft[6]
tsfit[66] = tsdft[66]
tsfit = np.array(tsfit.transpose())
print(tsfit.shape)
tsfit = np.fft.ifft(np.round(tsfit,0))
```

使用两个傅里叶系数绘制原始数据与拟合序列，程序代码如下所示。

```
mu = np.mean(ts)
tsfitt = mu+tsfit
plt.plot(years,np.real(tsfitt).transpose())
plt.plot(years,np.real(ts),'b')
plt.plot(years,np.real(ts),marker = 'o')
plt.xlabel("Year")
plt.ylabel("Number of Accidental Deaths")
```

运行程序，效果如图 7.5 所示。

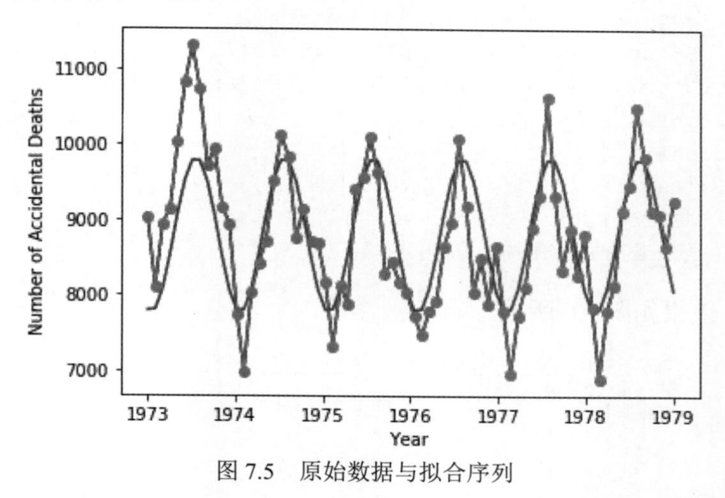

图 7.5　原始数据与拟合序列

定义计算两个信号在某段时间内的互相关性函数如下。如果输入信号 x 和 y 相同，那么计算的是该信号在一段时间内的自相关性。

```
def xcorr(x,y,timelaggy):
    x = x.flatten()
```

```
    y = y.flatten()
    out = np.correlate(x,y,'full')
    midIndex = int(len(out)/2)
    mid = out[midIndex]
    autocor = out/mid
    if timelaggy>len(out)/2:
        autocor = autocor
        lags = np.linspace(-len(out)/2,len(out)/2,2*len(out)+1  )
    else :
        autocor = autocor[midIndex-timelaggy:midIndex+timelaggy+1]
        lags = np.linspace(-timelaggy,timelaggy,2*timelaggy+1)
    return autocor,lags
```

拟合模型似乎捕获了数据的一般周期性，并支持数据以 1 年的周期振荡的初步结论。

要评估 1 个周期 /12 个月的单一频率对观测时间序列的充分程度，需形成残差。如果残差类似于白噪声序列，则具有一个频率的简单线性模型已对时间序列进行了充分的建模。

要评估残差，需使用白噪声并使用 95% 置信区间的自相关序列，程序代码如下所示。

```
resid = ts - tsfitt
resid = np.real(resid)
xc,lags = xcorr(resid,resid,50)
plt.stem(lags[50:len(lags)],xc[50:len(xc)])
lconf = -1.96*np.ones([51,1])/np.math.sqrt(72)
uconf = 1.96*np.ones([51,1])/np.math.sqrt(72)
plt.plot(lconf)
plt.plot(uconf)
plt.xlabel('Lag')
plt.ylabel('Correlation Coefficient')
plt.title('Autocorrelation of Residuals')
```

运行程序，效果如图 7.6 所示。

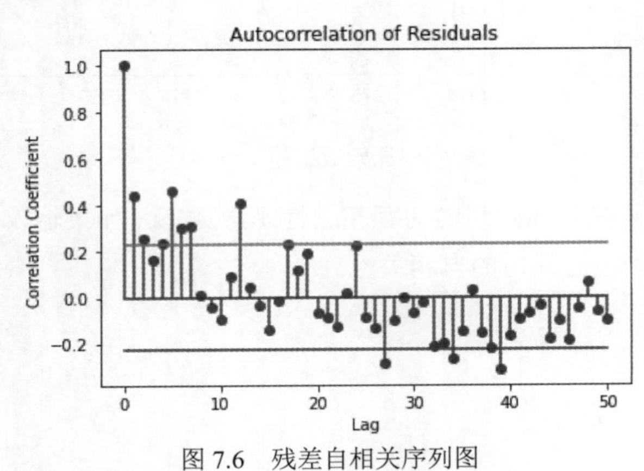

图 7.6　残差自相关序列图

如图 7.6所示，自相关值在多个滞后处落在 95% 置信区间之外，残差似乎不是白噪声。结论是：具有一个正弦分量的简单线性模型不能解释意外死亡次数中的所有振荡。这是可以预料的，因为光谱分析揭示了除主要振荡之外的其他周期性成分。创建包含光谱分析所指示的其他周期项的模型将改善拟合。

拟合一个由 3 个最大傅里叶系数幅度组成的模型。因为必须保留对应于负频率和正频率的傅里叶系数，因此需保留最大的 6 个指数，具体程序代码如下：

```
tsfit2dft = np.zeros([72],dtype=complex)
print(tsfit2dft.shape)
print(tsdft.shape)
I = np.argsort(np.abs(tsdft))
I = np.flipud(I)
I = I[0:6]
for i in I:
    tsfit2dft[i] = tsdft[i]
```

接下来证明仅保留 72 个傅里叶系数（3 个频率）中的 6 个可以保留大部分信号能量。首先，证明保留所有傅里叶系数会产生原始信号和傅里叶变换之间的能量等价，代码如下：

```
np.linalg.norm(1/np.math.sqrt(72)*tsdft,2)/np.linalg.norm(ts-np.mean(ts),2)
```

该 norm 的比率为 1。检查仅保留 3 个频率的能量比的代码如下：

```
np.linalg.norm(1/np.math.sqrt(72)*tsfit2dft,2)/np.linalg.norm(ts-np.mean(ts),2)
```

该能量比为 0.8990884437844658。

几乎 90% 的能量被保留下来。同样地，90% 的时间序列方差由 3 个频率分量来计算。

根据 3 个频率分量形成数据估计值。比较原始数据、具有一个频率的模型和具有 3 个频率的模型，具体程序代码如下：

```
tsfit2 = mu + np.fft.ifft(tsfit2dft)
plt.plot(years,np.real(ts),'b')
plt.plot(years,np.real(ts),marker = 'o',color = 'blue')
plt.plot(years,np.real(tsfitt).transpose(),color = 'red')
plt.plot(years,np.real(tsfit2),color = 'orange')
plt.xlabel("Year")
plt.ylabel("Number of Accidental Deaths")
```

运行程序，结果如图 7.7 所示。

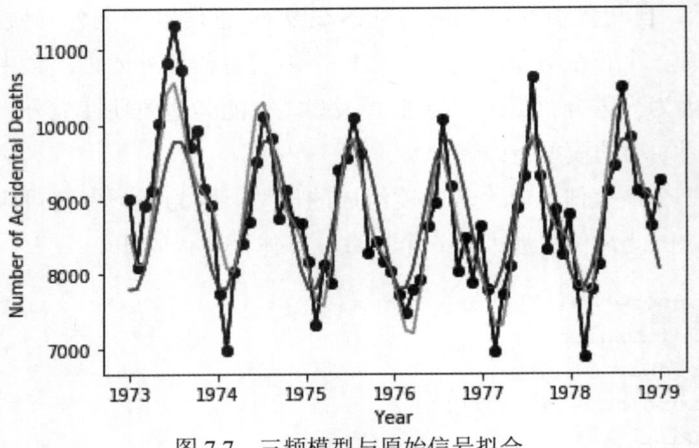

图 7.7　三频模型与原始信号拟合

从图 7.7 可以看出，使用 3 个频率的方法提高了与原始信号的拟合度。

在画出三频模型与原始信号的对比后，为了更加直观看出其拟合程度，可以通过检查三频模型中残差的自相关来查看这一点，程序代码如下：

```
resid = ts - tsfit2
resid = np.real(resid)
xc,lags = xcorr(resid,resid,50)

plt.stem(lags[50:len(lags)],xc[50:len(xc)])

lconf = -1.96*np.ones([51,1])/np.math.sqrt(72)
uconf = 1.96*np.ones([51,1])/np.math.sqrt(72)

plt.plot(lconf)
plt.plot(uconf)
plt.xlabel('Lag')
plt.ylabel('Correlation Coefficient')
plt.title('Autocorrelation of Residuals')
```

运行程序，效果如图 7.8 所示。

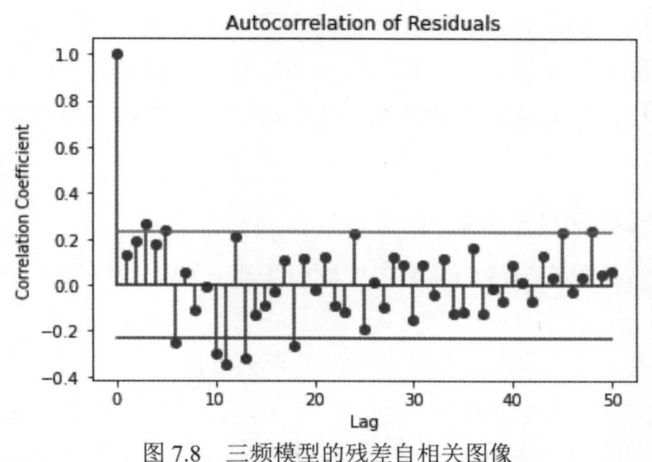

图 7.8　三频模型的残差自相关图像

从图 7.8 可以看出，使用 3 个频率使残差更接近白噪声过程。

下面证明从傅里叶变换获得的参数值等效于时域线性回归模型：通过形成设计矩阵并求解法线方程，找到 3 个频率的总体均值、余弦幅度和正弦幅度的最小二乘估计值，并将拟合时间序列与从傅里叶变换获得的时间序列进行比较，程序代码如下：

```
X = np.zeros([72,7])
X[:,0] = 1
X[:,1] = np.cos(2*np.pi/72*np.linspace(0,71,72)).transpose()
X[:,2] = np.sin(2*np.pi/72*np.linspace(0,71,72)).transpose()
X[:,3] = np.cos(2*np.pi*6/72*np.linspace(0,71,72)).transpose()
X[:,4] = np.sin(2*np.pi*6/72*np.linspace(0,71,72)).transpose()
X[:,5] = np.cos(2*np.pi*12/72*np.linspace(0,71,72)).transpose()
X[:,6] = np.sin(2*np.pi*12/72*np.linspace(0,71,72)).transpose()
print(X.shape)
ts2 = np.zeros([72,1])
for i in range(len(ts)):
    ts2[i,0] = np.real(ts[i])
print(ts2.shape)
beta = np.linalg.lstsq(X,ts2)
bete = np.array(beta[0])
bete.shape
tsfit_lm = X.dot(bete)
aa = np.abs(tsfit_lm.ravel()-np.real(tsfit2))
print(np.max(aa))
```

输出：

```
aa=1.2732925824820995e-11
```

可以看出，这两种方法产生相同的结果，两个波形之间差值的最大绝对值约为 10^{-11}。在这种情况下，频域方法比等效的时域方法更加容易，使用光谱分析来目视检查数据中存在哪些振荡非常轻松。因此从该步骤开始，使用傅里叶系数及由余弦和正弦组成的信号构建模型变得很简单。

7.1.4 检测噪声中的失真信号

噪声的存在常常使确定信号的频谱内容变得困难。在这种情况下，频率分析可以提供帮助。

例如，考虑引入三阶失真的非线性放大器的模拟输出。

首先生成输入信号，以 3.6 kHz 采样的 180 Hz 单位幅度正弦曲线，生成 10000 个样本。然后在其基础上添加白噪声。在同一张图中绘制，比较加白噪声前后的区别。程序代码如下所示。

```
from scipy import signal
import matplotlib.pyplot as plt
import numpy as np
N=10000
n=np.arange(0,10000)
fs=3600
f0=180
t=n/fs
y=np.sin(2*np.pi*f0*t)
rng = np.random.default_rng()
dispol=np.array([0.5,0.75,1,0])

ns=np.arange(300,500)
ts=ns/fs
ys=np.sin(2*np.pi*f0*ts)
noise=rng.normal(size=ts.shape)
ys_n=ys+noise
out=np.poly1d(dispol)

plt.plot(ts,out(ys_n),label='With white noise')
plt.plot(ts,out(ys),label='No white noise')
plt.xlabel('Time (s)')
plt.ylabel('Signals')
plt.grid()
plt.legend()
plt.show()
```

运行程序，效果如图 7.9 所示。

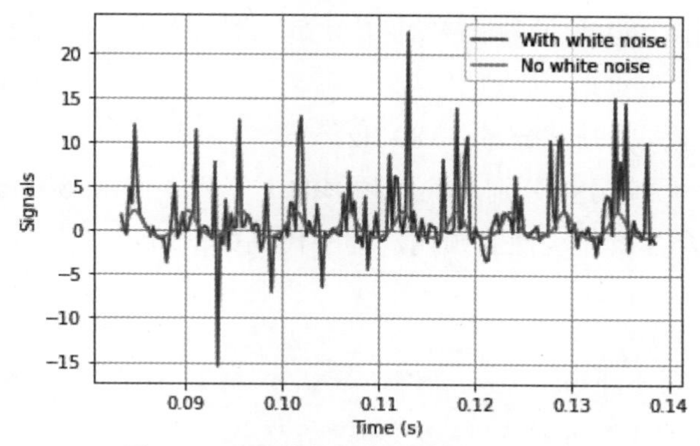

图 7.9　正弦信号加白噪声前后对比图

从图 7.9 可以看出，添加白噪声后，信号产生了严重失真。

用 signal.welch 计算输出的功率谱密度并绘制，程序代码如下所示。

```
import math
noises=rng.normal(size=t.shape)
y_n=y+noises
f,pxx=signal.welch(out(y_n),fs,nperseg=2048)
Pxx=[]
for i in range(0,len(pxx)):
    C = math.log10(pxx[i])
    Pxx.append(C)
plt.plot(f/1000, Pxx)
plt.grid()
plt.xlabel('Frequency [kHz]')
plt.ylabel('Power/frequency(dB/Hz)')
plt.show()
```

运行程序，效果如图 7.10 所示。

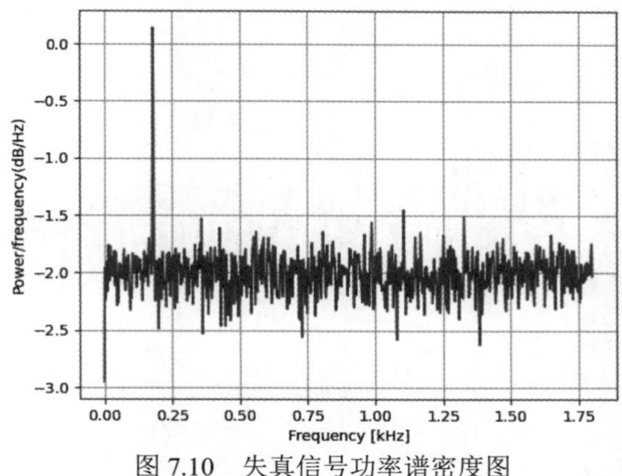

图 7.10　失真信号功率谱密度图

从图 7.10 可以看出，180 Hz 处为最高峰。由于放大器引入了三阶失真，输出信号预计具有：

（1）DC（零频率）分量；

（2）与输入频率相同的基波分量，180 Hz；

（3）两个谐波——频率分量分别是输入频率的 2 倍和 3 倍，360 Hz 和 540 Hz。

验证输出是否符合 3 次非线性的预期，程序代码如下所示。

```
import math
noises=rng.normal(size=t.shape)
y_n=y+noises
f,pxx=signal.welch(out(y_n),fs,nperseg=2048)
Pxx=[]
for i in range(0,len(pxx)):
    C = math.log10(pxx[i])
    Pxx.append(C)

plt.figure()
plt.plot(f/1000, Pxx)
plt.grid()
plt.xlabel('Frequency [kHz]')
plt.ylabel('Power/frequency(dB/Hz)')
from scipy.signal import find_peaks
Pxx=np.asarray(Pxx)
peaks, _ = find_peaks(Pxx,height=-1.60)
plt.scatter(f[peaks]/1000, Pxx[peaks],c='none',marker='o',edgecolors='r')
plt.scatter(f[0]/1000, Pxx[0],c='none',marker='o',edgecolors='r')
```

运行程序，效果如图 7.11 所示。

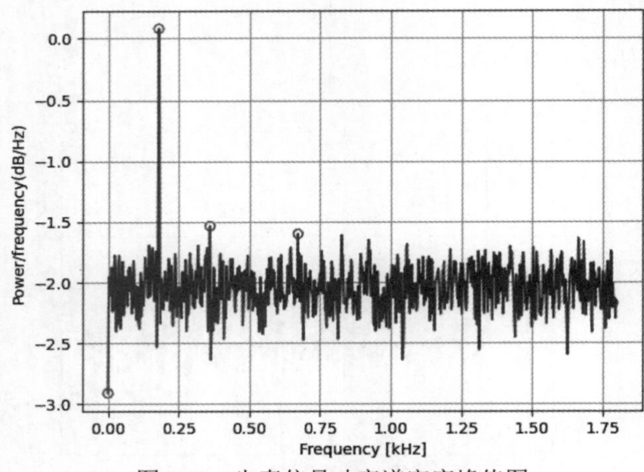

图 7.11　失真信号功率谱密度峰值图

从图 7.11 可以看出，失真信号功率谱密度存在 4 个峰值，对应的频率分别是 0 Hz、180 Hz、360 Hz 和 540 Hz，符合预期。

welch 函数通过将信号划分为重叠段，计算每个段的周期图和平均来工作。默认情况下，该函数使用重叠 50% 的 8 个段。对于 10 000 个样本，这相当于每个段 2500（10000/(8×0.5)）个样本。将信号分成较短的段会导致更多的平均，周期图更平滑，但分辨率较低，无法区分高次谐波。例如，将每段样本数设置为 222。程序代码如下所示。

```
import math
noises=rng.normal(size=t.shape)
y_n=y+noises
f,pxx=signal.welch(out(y_n),fs,nperseg=222)
Pxx=[]
for i in range(0,len(pxx)):
    C = math.log10(pxx[i])
    Pxx.append(C)

plt.figure()
plt.plot(f/1000, Pxx)
plt.grid()
plt.xlabel('Frequency [kHz]')
plt.ylabel('Power/frequency(dB/Hz)')
```

运行程序，效果如图 7.12 所示。

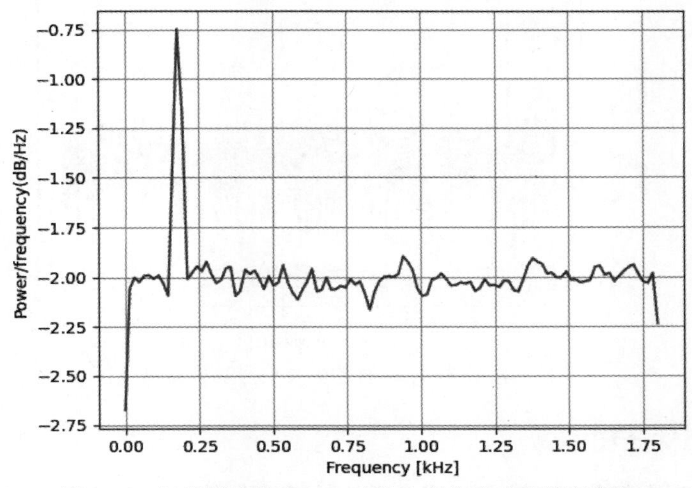

图 7.12　每段样本数为 222 时的失真信号功率谱密度图

从图 7.12 可以看出，只能看到 0 Hz 和 180 Hz 处的峰值，360 Hz 和 540 Hz 处的峰值不明显。

将信号分成更长的段可以提高分辨率，使信号和谐波精确地位于预期位置。但是，会导致至少有一个杂散高频峰值的功率高于高次谐波。例如，将每段样本数设置为4444。

```
import math
noises=rng.normal(size=t.shape)
y_n=y+noises
f,pxx=signal.welch(out(y_n),fs,nperseg=4444)
Pxx=[]
for i in range(0,len(pxx)):
    C = math.log10(pxx[i])
    Pxx.append(C)


plt.figure()
plt.plot(f/1000, Pxx)
plt.grid()
plt.xlabel('Frequency [kHz]')
plt.ylabel('Power/frequency(dB/Hz)')
```

运行程序，效果如图7.13所示。

从图7.13可以看出，可以清楚地观察到几个高次谐波，但是在900 Hz左右出现了杂散高频峰值，比540 Hz的峰值要高。

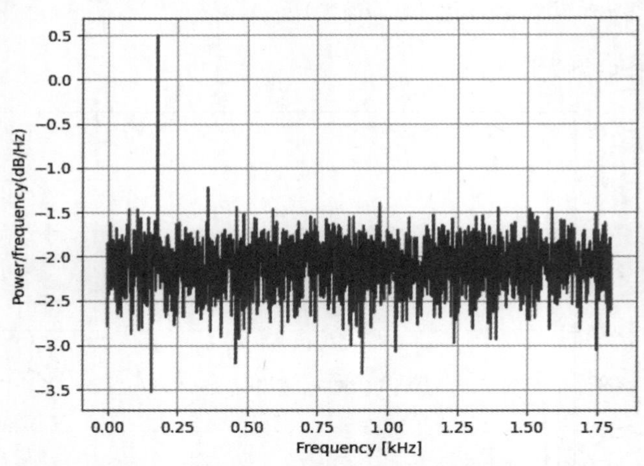

图7.13　段长为4444时的失真信号功率谱密度图

7.1.5　幅值估计和填零

本示例通过使用填零来获得正弦信号幅值的精确估计。DFT中频率的间隔为F_s/N，其中F_s是采样频率，N是输入时间序列的长度。在尝试估计正弦波幅值时，如果频率无法对应到DFT所对应的小区间，则可能导致估计不准确。在计算DFT之前对数据填零通常有助于提高幅值估计的准确度。

创建由两个正弦波组成的信号，这两个正弦波的频率分别为 100 Hz 和 202.5 Hz，采样频率为 1000 Hz，信号长度为 1000 个采样点。程序代码如下所示。

```
from numpy.fft import fft
import numpy as np
from numpy import ndarray, cos, sin, abs
import matplotlib.pyplot as plt
数据的生成
def generate_data():
    t = np.arange(0, 1, 0.001)
    data = cos(2 * np.pi * 100 * t) + sin(2 * np.pi * 202.5 * t)
    return data
```

获取信号的 DFT。DFT bin 的间距为 1 Hz。相应地，100 Hz 正弦波对应到一个 DFT bin，但 202.5 Hz 正弦波无法对应。由于信号是实数值信号，此处只使用 DFT 的正频率来估计幅值。按输入信号的长度缩放 DFT，并将 0 和奈奎斯特之外的所有频率乘以 2。

100 Hz 的幅值估计是准确的，因为该频率对应到一个 DFT bin。然而，202.5 Hz 的幅值估计并不准确，因为该频率无法对应到一个 DFT bin。

通过填零对 DFT 插值获得可分辨信号分量的更精确幅值估计。但是，填零并不能提高 DFT 的频谱分辨率。分辨率由采样点数量和采样频率决定。

填零使采样点数量达到 2000，获得 DFT 并绘制幅值估计，将其与已知幅值进行比较，程序代码如下所示。

```
def get_freq_amplitude(input_data: ndarray, N, fs):
    data_dft = fft(input_data, N)
    data_num = len(input_data)
    data_dft = data_dft[0:int(N / 2) + 1]
    data_dft = data_dft / data_num
    data_dft[1:] = 2 * data_dft[1:]
    freq = np.arange(0.0, fs / 2 + 0.0001, fs / N)
    data_dft = abs(data_dft)
    return data_dft, freq

def plot_signal_freq_amplitude(data_dft, freq):
    fig = plt.figure()
    plt.plot(freq, data_dft)
    plt.xlabel("Hz")
    plt.ylabel("Amplitude")
    plt.show()
```

```
if __name__ == '__main__':
    fs = 1000
    data = generate_data()
    N = len(data)
    data_dft, freq = get_freq_amplitude(data, N, fs)
    plot_signal_freq_amplitude(data_dft, freq)
    data_padding_dft, freq_padding = get_freq_amplitude(data, 2 * N, fs)
    plot_signal_freq_amplitude(data_padding_dft, freq_padding)
```

运行程序，结果如图 7.14 所示。

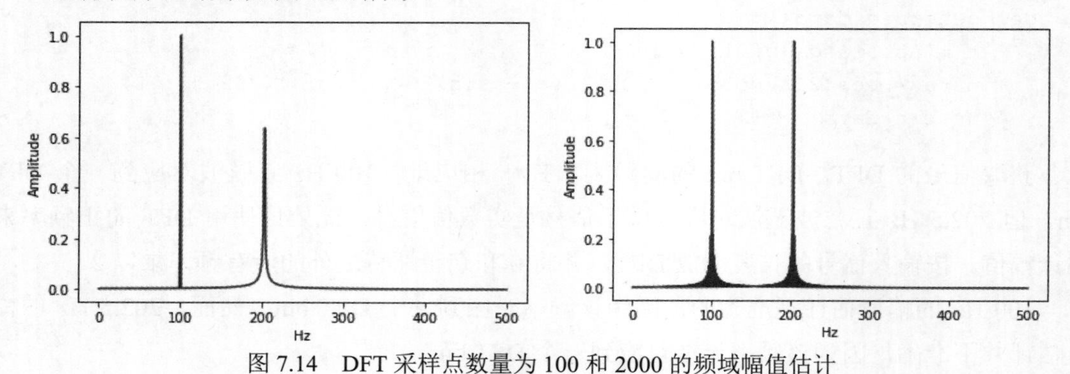

图 7.14　DFT 采样点数量为 100 和 2000 的频域幅值估计

从图 7.14 可以看出，将 DFT 采样点数量填充到 2000，即 x 原始长度的两倍时，DFT bin 的间距是 $F_s/2000=0.5$ Hz。此时，202.5 Hz 正弦波的能量正好落入一个 DFT bin。

7.1.6　比较两个信号的频率成分

频谱相干性有助于识别频域中信号之间的相似性，大数值表示信号共有的频率分量。

现将两个声音信号加载到工作区中，并以 1 kHz 的频率对其进行采样。使用 periodogram 函数计算信号功率频谱，并以彼此相邻的方式进行绘图，具体程序代码如下：

```
from scipy.io import loadmat
import numpy as np
from scipy import signal
import matplotlib.pyplot as plt
from scipy.signal import find_peaks

mat = loadmat("relatedsig.mat")
Fs = mat["FsSig"]
sig1 = mat["sig1"]
sig2 = mat["sig2"]
f1, P1 = signal.periodogram(sig1, Fs)
f2, P2 = signal.periodogram(sig2, Fs)
```

```
fig, ax1 = plt.subplots()
ax1.set_title('Power spectrum')
ax1.plot(f1.flat, P1.flat)
ax1.set_ylabel('P1')
ax1.set_xlabel('Frequency(Hz)')

fig, ax2 = plt.subplots()
ax2.set_title('Power spectrum')
ax2.plot(f2.flat, P2.flat)
ax2.set_ylabel('P2', color='r')
ax2.set_xlabel('Frequency(Hz)')
plt.show()
peakind = signal.find_peaks_cwt(P1.flat, np.arange(1,70))
P1peakFreqs = f1.flat[peakind]
print(P1peakFreqs)
peakind = signal.find_peaks_cwt(P2.flat, np.arange(1,90))
P2peakFreqs = f2.flat[peakind]
print(P2peakFreqs)
[ 36.  95. 166. 264. 409. 490.]
[ 35. 165. 350. 416.]
f,Cxy = signal.coherence(sig1,sig2,fs=Fs)
thresh = 0.75
pks,locs =signal.find_peaks(Cxy.flat,threshold=0.75)
MatchingFreqs = f1.flat[pks]
fig, ax3 = plt.subplots()
ax3.set_title('Coherence Estimate')
ax3.plot(f.flat, Cxy.flat)
ax3.set_xlabel('Frequency(Hz)')
plt.show()
```

运行程序，结果如图 7.15 所示。

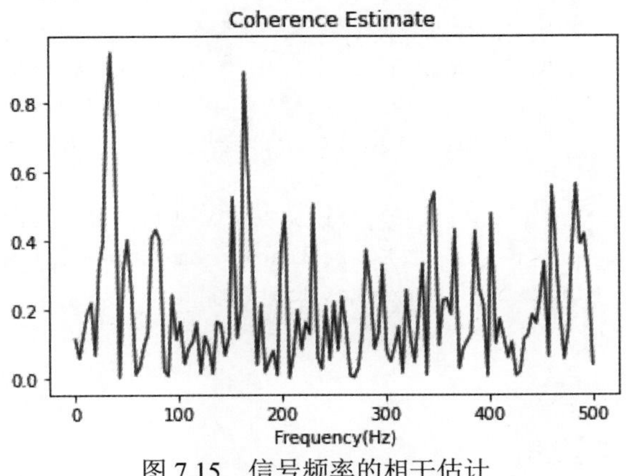

图 7.15　信号频率的相干估计

从图 7.15 可以看出，两个信号具有公共的频率成分，公共频率成分位于大约 165 Hz 和 35 Hz 处，在研究过程中无须分别研究这两个信号。

7.1.7 交叉频谱和幅值平方相干性

这个示例说明如何对分类值时间序列数据执行频谱分析。当对本质上不是数值的数据的循环行为感兴趣时，分类值时间序列的谱分析很有用。以下这些数据来自对新生儿睡眠状态的研究。一位儿科神经科医生每分钟对婴儿的脑电图（Electroencephalogram，EEG）记录进行评分，持续大约两小时，神经科医生将婴儿的睡眠状态分类，如表 7.3 所示。

表 7.3　婴儿睡眠状态及其编号

编号	睡眠状态类型
1	qt- 安静睡眠，痕迹交替
2	qh- 安静睡眠，高压
3	tr- 过渡睡眠
4	al- 活动睡眠，低压
5	ah- 活动睡眠，高压
6	aw- 唤醒

导入实际的睡眠序列，并用表 7.3 中的编号作为实际状态的量化并画出图像，程序代码如下所示。

```
import matplotlib.pyplot as plt
import numpy as np

data= np.array(['ah','ah','ah','ah','ah','ah','ah','ah','tr','ah','tr','ah',
                'ah','qh','qt','qt','qt','qt','qt','tr','qt','qt','qt','qt',
                'qt','qt','qt','qt','qt','qt','tr','al','al','al','al','al',
                'tr','ah','al','al','al','al','al','ah','ah','ah','ah','ah',
                'ah','ah','tr','tr','ah','ah','ah','ah','tr','tr','tr','qh',
                'qh','qt','qt','qt','qt','qt','qt','qt','qt','qt','qt','qt',
                'qt','qt','qt','qt','qt','qt','qt','tr','al','al','al','al',
                'al','al','al','al','al','al','al','al','al','al','al','al',
                'al','ah','ah','ah','ah','ah','ah','ah','ah','ah','tr'])

replace_num ={'qt':'1.0','qh':'2.0','tr':'3.0','al':'4.0','ah':'5.0','aw':'6.0'}
datasix=[replace_num[i] if i in replace_num else i for i in data]
datasix=np.array(datasix,dtype=np.float32)
plt.plot(datasix)
plt.grid()
plt.xlabel('Minutes')
plt.ylabel('Sleep State')
```

运行程序，效果如图 7.16 所示。

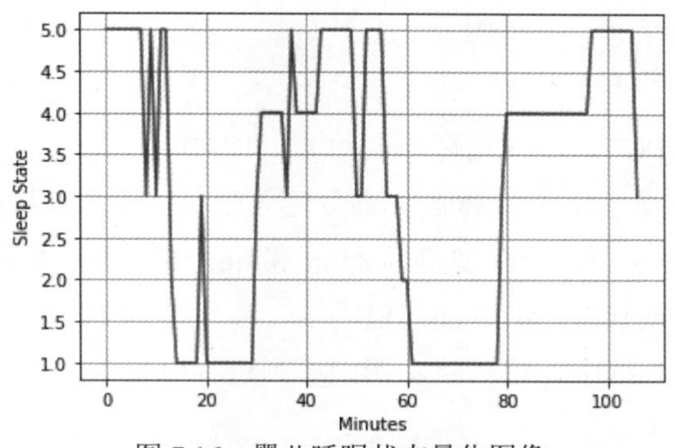

图 7.16　婴儿睡眠状态量化图像

从图 7.16 可以看出，当关注最安静状态（1 和 2）和最活跃状态（4 和 5）之间的转换时，数据会表现出循环。要确定该行为的周期，使用频谱分析：睡眠状态是以 1min 的间隔采样的，相当于每小时对数据进行 60 次采样，根据采样数据画出频谱图像，程序代码如下所示。

```
from scipy import signal
Fs = 60
[F,Pxx] = signal.periodogram(signal.detrend(datasix),Fs,nfft=256)

plt.plot(F,Pxx)
plt.grid()
plt.xlabel('Cycles/Hour')
plt.title('Periodogram of Sleep States')
```

运行程序，效果如图 7.17 所示。

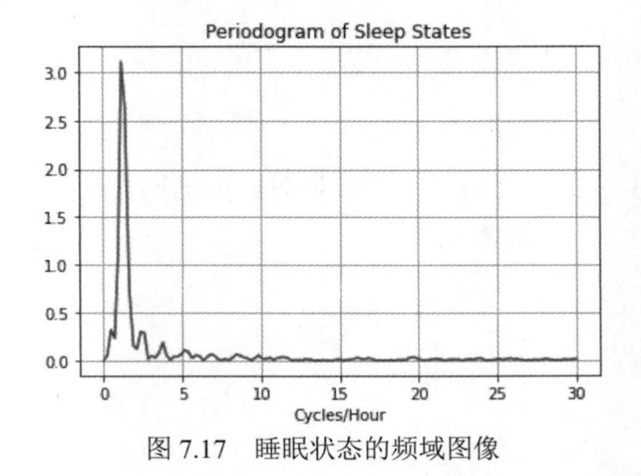

图 7.17　睡眠状态的频域图像

从图 7.17 可以看出，光谱分析显示了一个清晰的峰值，表明数据中的主要振荡或循环，这里需要确定峰值的频率，程序代码如下：

```
Pxx=Pxx.tolist()
print(F[Pxx.index(max(Pxx))])
```

运行后结果为 1.171875，可知循环周期约为 1.17 小时。

现在更换量化的方法，不是将睡眠状态分配为值 1 到 6，而是重复分析，仅关注安静睡眠和活动睡眠之间的区别。分配安静状态 qt 和 qh，值为 1；分配过渡状态 tr，值为 2；最后，分配两个活动睡眠状态，al 和 ah，值为 3。为了完整性，分配唤醒状态 aw，值为 4，尽管该状态不会出现在数据中，重新对本例中序列进行分析量化绘图，程序代码如下：

```
replace_num ={'qt':'1.0','qh':'1.0','tr':'2.0','al':'3.0','ah':'3.0','aw':'4.0'}
datafou=[replace_num[i] if i in replace_num else i for i in data]

plt.plot(datafou)
plt.grid()
plt.xlabel('Minutes')
plt.ylabel('Sleep State')
```

运行程序，效果如图 7.18 所示。

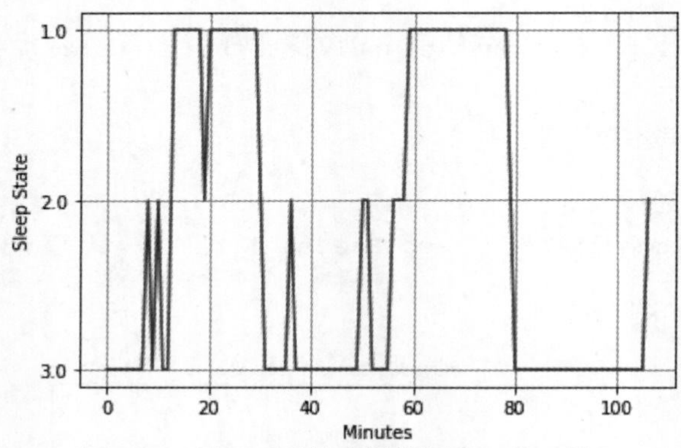

图 7.18　婴儿睡眠状态量化图像（第二版）

从图 7.18 可以看出，关注状态之间的转换时，数据同样会表现出循环行为。画出该数据在单精度数下的图像，程序代码如下：

```
datafou=np.array(datafou,dtype=np.float32)
plt.plot(datafou)
plt.grid()
plt.xlabel('Minutes')
plt.ylabel('Sleep State')
```

运行程序，效果如图 7.19 所示。

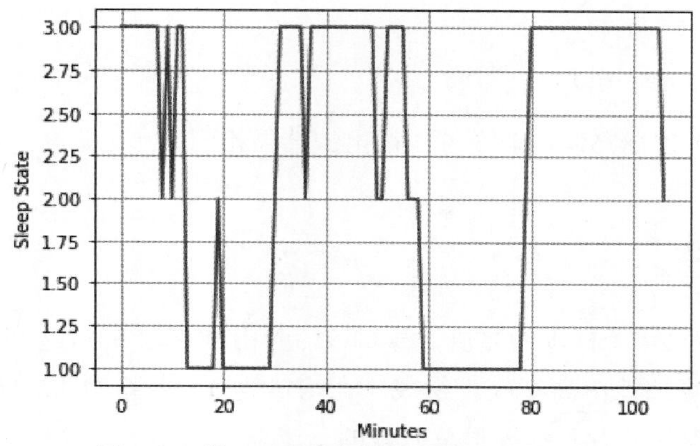

图 7.19　婴儿睡眠状态量化图像（float32 版）

图 7.18 和图 7.19 的 y 轴坐标值从上到下相反，原因是二者数据类型不统一。

不管使用哪种数据类型，都可以看出，使用睡眠状态和值 1 到 3 之间的这种分配规则，数据的循环行为更加清晰。下面使用新量化规则重复光谱分析，程序代码如下：

```
[F,Pxx] = signal.periodogram(signal.detrend(datafou),Fs,nfft=256)

plt.plot(F,Pxx)
plt.grid()
plt.xlabel('Cycles/Hour')
plt.title('Periodogram of Sleep States')
```

运行程序，效果如图 7.20 所示。

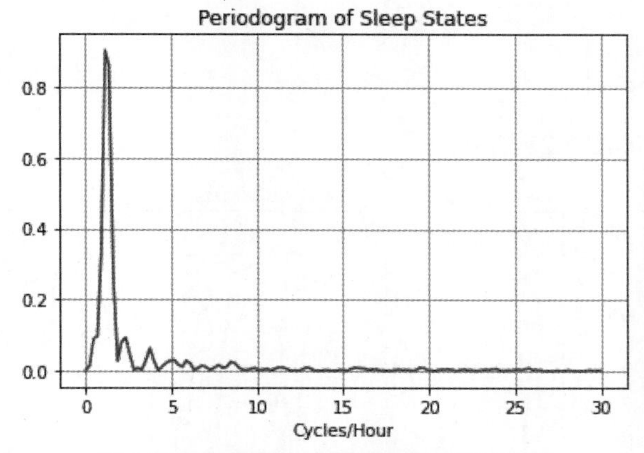

图 7.20　睡眠状态的频域图像（第二版）

从图 7.20 可以看出，光谱分析同样显示了一个清晰的峰值，确定峰值的频率，程序代码如下：

```
Pxx=Pxx.tolist()
print(F[Pxx.index(max(Pxx))])
```

运行后结果为 1.171875，与前文方法得出的结果相同。

7.2 子空间方法

创建一个长度为 24 个样本的复值信号。该信号由频率为 0.4 Hz 和 0.425 Hz 的两个复指数（正弦波）和复加性白高斯噪声组成。在均值为 0、方差为 0.2 的平方的复加性白高斯噪声中，实部和虚部的方差都等于总方差的一半。因为添加有随机加性白高斯噪声，每次运行结果不一样。

```
import numpy as np
import matplotlib.pyplot as plt
import matplotlib.mlab as mlab
import math
n=np.arange(24)
fs=1000
x=np.exp(2*np.pi*0.4*n*1j)+np.exp(2*np.pi*0.425*n*1j)+0.2/math.
sqrt(2)*np.random.normal(size=n.shape)+np.random.normal(size=n.shape)*1.0j
plt.psd(x,NFFT=150,Fs=fs,window=mlab.window_none,noverlap=75, pad_
to=512,scale_by_freq=True)
plt.title('Fres=41.6888mHz')
plt.ylabel('Power Spectrum(dB)')
plt.xlabel('Frequency')
plt.grid(True)
plt.show()
```

运行程序，效果如图 7.21 所示。

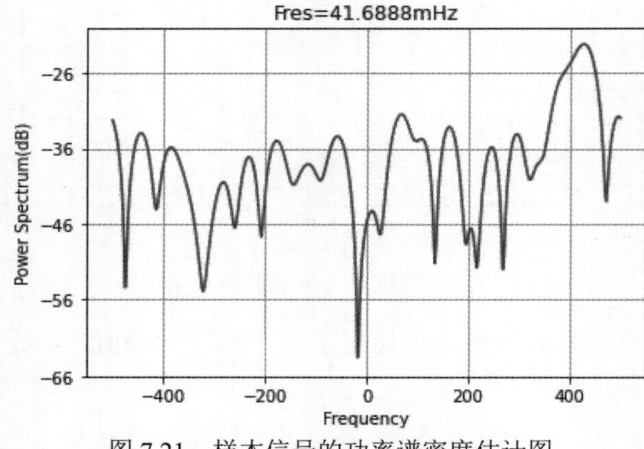

图 7.21　样本信号的功率谱密度估计图

从图 7.21 可以看出，样本信号在不同频率上的功率分布。从图中的低功率水平区域可以看到，在主要频率峰值附近存在噪声引入的较低功率。

使用子空间方法来解析两个紧密间隔的峰。在此示例中，使用 MUSIC 方法。估计自相关矩阵并将自相关矩阵输入 MUSIC 中。指定具有两个正弦分量的模型并绘制结果，程序代码如下所示。

```
    from scipy.linalg import toeplitz
    import math
    import warnings
    warnings.filterwarnings("ignore")
    N=256
    n=np.arange(256)
    x=(np.exp(2*np.pi*0.4*n*1j)+np.exp(2*np.pi*0.425*n*1j)+
        0.2/math.sqrt(2)*np.random.normal(size=n.shape)+np.random.
normal(size=n.shape)*1.0j)

    def xcorr(data):
        length =len(data)
        R=[]
        for m in range (0,length):
            sums=0.0
            for nn in range(0,length-m):
                sums=sums+data[nn]*data[nn+m]
            R.append(sums/length)
        return R
    R=xcorr(x)
    Rx =toeplitz(R)
    w,v = np.linalg.eig(Rx)
    v=np.mat(v)
    vh=v.H
    P=[]
    for index in range(0, N+1):
        ew = []
        w = index / N * np.pi
        for k in range(0, N):
            item = complex(np.cos(k * w), np.sin(k * w))
            ew.append(item)
        ew = np.mat(ew)
        ew = ew.T
        eHw = ew.H
        sums = 0
        sums = np.mat(sums)
```

```
    for j in range(3, N + 1):
        sums = sums + v[:, j - 1] * vh[j - 1,:]
    fenzi = eHw * sums * ew
    B=1/fenzi[0,0]
    B=math.log10(B)
    P.append(B)

f = np.linspace(0, N, N + 1) / (2 * N)
plt.plot(f,P)
plt.title('Pseudospectrum Estimate via MUSIC')
plt.xlabel("Frequency")
plt.ylabel("Power(dB)")
plt.tight_layout()
plt.show()
```

运行程序，效果如图 7.22 所示。

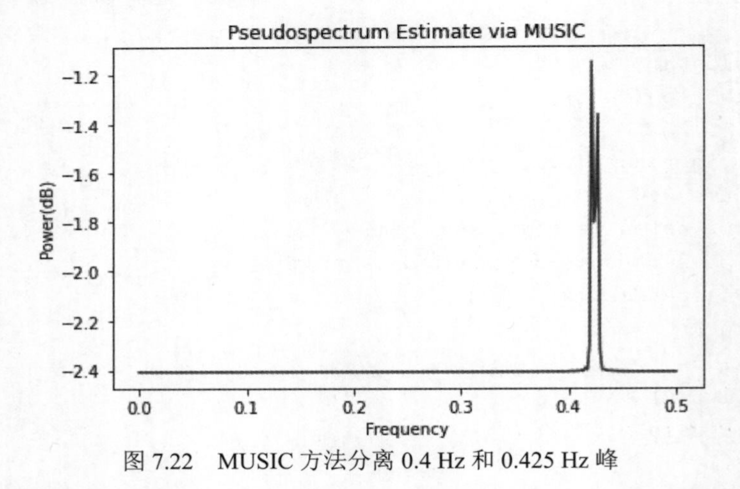

图 7.22　MUSIC 方法分离 0.4 Hz 和 0.425 Hz 峰

从图 7.22 可以看出，MUSIC 方法分离出了 0.4 Hz 和 0.425 Hz 的两个峰。然而，子空间方法不能像功率谱密度估计那样产生功率估计。子空间方法对于频率识别是最有用的，并且对于模型阶数错误非常敏感。

7.3 加窗法

7.3.1　使用到的 Python 函数

① 频谱窗

频谱窗使用到的 Python 函数如表 7.4 所示。

表 7.4　频谱窗使用到的 Python 函数

序号	函　数　名	功能描述
1	scipy.signal.windows.bartlett	Bartlett 窗
2	scipy.signal.windows.blackman	Blackman 窗
3	scipy.signal.windows.blackmanharris	最小 4 项 Blackman-Harris 窗
4	scipy.signal.windows.chebwin	Chebyshev 窗
5	scipy.signal.windows.gaussian	高斯窗
6	scipy.signal.windows.hamming	汉明窗
7	scipy.signal.windows.hann	Hann 窗
8	scipy.signal.windows.kaiser	凯撒窗
9	scipy.signal.windows.taylor	泰勒窗
10	scipy.signal.windows.triang	三角形窗
11	scipy.signal.windows.tukey	锥形余弦窗

② 窗函数

窗函数如表 7.5 所示。

表 7.5　窗函数

序号	函　数　名	功能描述
1	scipy.signal.windows.get_window	返回给定长度和类型的窗口
2	scipy.signal.windows.barthann	返回修改后的 Bartlett-Hann 窗
3	scipy.signal.windows.bartlett	返回 Bartlett 窗
4	scipy.signal.windows.blackman	返回 Blackman 窗
5	scipy.signal.windows.blackmanharris	返回至少 4 项 Blackman-Harris 窗
6	scipy.signal.windows.bohman	返回一个 Bohman 窗
7	scipy.signal.windows.boxcar	返回一个矩形窗
8	scipy.signal.windows.chebwin	返回一个 Dolph-Chebyshev 窗
9	scipy.signal.windows.cosine	返回具有简单余弦形状的窗口
10	scipy.signal.windows.dpss	计算离散长球体序列
11	scipy.signal.windows.exponential	返回指数（或泊松）窗口
12	scipy.signal.windows.flattop	返回一个平顶窗
13	scipy.signal.windows.gaussian	返回一个高斯窗
14	scipy.signal.windows.general_cosine	余弦项窗口的通用加权和
15	scipy.signal.windows.general_gaussian	返回具有广义高斯形状的窗口
16	scipy.signal.windows.general_hamming	返回广义汉明窗
17	scipy.signal.windows.hamming	返回一个汉明窗
18	scipy.signal.windows.hann	返回一个 Hann 窗
19	scipy.signal.windows.kaiser	返回一个凯撒窗
20	scipy.signal.windows.nuttall	根据 Nuttall，返回至少 4 项 Blackman-Harris 窗

续表

序号	函 数 名	功能描述
21	scipy.signal.windows.parzen	返回一个 Parzen 窗
22	scipy.signal.windows.taylor	返回泰勒窗
23	scipy.signal.windows.triang	返回一个三角形窗
24	scipy.signal.windows.tukey	返回一个 Tukey 窗，也称为锥形余弦窗

7.3.2 Chebyshev 窗

Chebyshev 窗在特定的旁瓣高度下有最小化主瓣宽度。它的特点是等波纹行为，它的旁瓣都具有相同的高度。下面所示代码将生成并显示旁瓣衰减为 40 dB 的 50 点 Chebyshev 窗。

```
from scipy import signal
import numpy as np
from scipy.fft import fft, fftshift
import matplotlib.pyplot as plt
import warnings
warnings.filterwarnings("ignore")

window = signal.windows.chebwin(51,40)
fig = plt.figure()
plt.subplot(1, 2, 1)
plt.plot(window)
plt.title("Chebwin window")
plt.ylabel("Amplitude")
plt.xlabel("Sample")

plt.subplot(1, 2, 2)
A = fft(window, 2048) / (len(window)/2.0)
freq = np.linspace(-0.5, 0.5, len(A))
response = np.abs(fftshift(A / abs(A).max()))
response = 20 * np.log10(np.maximum(response, 1e-10))
plt.plot(freq, response)
plt.axis([-0.5, 0.5, -120, 0])
plt.title("Frequency domain")
plt.ylabel("Normalized magnitude [dB]")
plt.xlabel("Normalized frequency [cycles per sample]")
plt.suptitle('Leakage Facter:0.18%        Relative sidelobe attenuation:-
40dB      Mainlobe width(-3dB):0.046875',x=0.5,y=0.04)
plt.tight_layout()
plt.show()
```

运行程序，效果如图 7.23 所示。

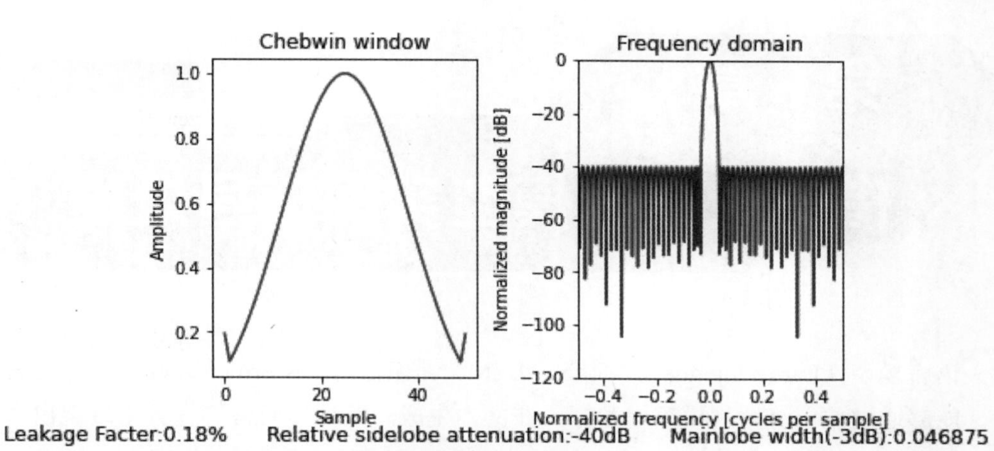

图 7.23　旁瓣衰减为 40 dB 的 50 点 Chebyshev 窗时域图

从图 7.23 可以看出，Chebyshev 窗在其外部样本处具有较大的尖峰。

第 8 章 借助大语言模型实现信号处理

大语言模型（Large Language Model，LLM）是基于 Transformer 架构的自然语言处理模型，能够通过预训练大规模语言数据，在文本生成、翻译、问答等任务中展现出卓越的性能。LLM 因其强大的语言理解能力和广泛的应用领域而广受欢迎。在信号处理仿真与应用中，借助 LLM 进行辅助编程主要有以下几方面的优势和意义。

自然语言交互：通过 LLM，用户可以通过自然语言与系统进行交互，简化信号处理仿真编程的学习过程。这不仅降低了学习门槛，还提升了用户体验的友好性。

效率与便利性：与 LLM 交互，用户能够更快速地提出问题、获取帮助和解决问题，无须深入掌握编程语言或复杂的仿真工具，从而显著提高工作效率。

教育与培训：对于初学者和非专业人士，LLM 是理想的教学工具，它们能够帮助用户更轻松地理解信号处理仿真与应用的基本概念和操作，减少学习难度。

智能建议：LLM 可以提供智能建议和提示，帮助用户优化信号处理算法、调整参数，并改进仿真结果，从而提高工作成果的准确性和效率。

本章选择前文的若干案例，借助大语言模型进行辅助编程，提高用户交互体验、提高工作和学习效率，展示生成式预训练（Generative Pre-Trained，GPT）在信号处理仿真和应用领域的发展潜力。

8.1 国内外大语言模型发展现状

8.1.1 国外大语言模型发展现状

国外大型语言模型，以 GPT-4、BERT、LLaMA 等为代表，是目前自然语言处理领域的前沿技术。这些模型通过海量数据的预训练，实现了对人类语言的深刻理解和高效生成，广泛应用于文本生成、机器翻译、情感分析等领域。

GPT-4，由 OpenAI 团队开发，是一款拥有庞大参数集的先进语言模型。它不仅能够生成流畅、逻辑性强的文本，还能执行代码编写、数学计算等多种复杂任务。GPT-4 的问世是自然语言处理技术的一个新的里程碑。

BERT 是由谷歌研发的一款双向编码器模型。它采用双向 Transformer 结构，通过预训练学习语言模式，然后在各种下游任务中取得优异表现。BERT 在多项自然语言处理基准测试中刷新了纪录，成为业界标杆。

LLaMA 由 Meta 团队开发，是一款高效且开源的大型语言模型。它通过优化模型架构和计算资源，能够在较低计算成本下实现出色的语言处理能力。LLaMA 不仅适用于文本生成和翻译，还在对话系统等任务中表现优异。其开源特性推动了全球研究人员的广泛使用与创新，标志着大语言模型发展中的重要进展。

此外，还有如 XLNet、RoBERTa 等其他国外大型语言模型，它们各具特色，共同推动了自然语言处理技术的发展。

8.1.2　国内大语言模型发展现状

国内的大语言模型发展迅速，近年来在模型规模、技术创新及应用场景上取得了显著进展。一些代表性模型包括智谱 AI 的 ChatGLM 系列、百度的文心一言、阿里巴巴的通义千问等。这些模型不仅展示了国内在大语言模型领域的技术积累和创新能力，也推动了各行各业的智能化应用发展。

智谱清言 ChatGLM 系列模型是由智谱华章团队研发的一组先进的人工智能对话模型。这些模型基于 GLM（General Language Model）技术构建，主要特点包括支持多轮对话、具备内容创作和信息归纳总结的能力。智谱清言 ChatGLM 模型，即 GLM-4，是国内较为出色的大模型之一。它在多项技术指标上接近或达到了国际先进水平，如 GPT-4。GLM-4 支持更长的上下文处理、更强的多模态能力、更快的推理速度、更高的并发处理能力及更强的智能体功能。它可以处理问答、翻译、文本生成、情感分析等多种语言任务，适用于教育、科研、客户服务、内容创作等多个领域。

文心一言，由百度团队开发，是一款基于 ERNIE 大模型的先进语言模型。它不仅具备强大的中文理解和生成能力，还支持多模态处理，包括文本、图像、语音等多种数据形式。文心一言广泛应用于医疗、金融、教育等多个行业，并展现出色的性能。文心一言的发布，标志着百度在自然语言处理与生成式 AI 技术领域的重要突破。

通义千问是由阿里巴巴推出的专注于自然语言处理与生成领域的大语言模型，具备强大的多模态处理能力，能够应用于文本生成、对话系统、图像理解等任务。该模型广泛应用于电商、金融、医疗等行业，特别是在阿里电商生态中，为智能客服、产品推荐等提供支持。凭借其在中文处理上的优势，通义千问在中文语境下表现出色。同时，阿里巴巴通过开放 API 接口，支持开发者集成和使用通义千问，推动了创新应用的发展。

国内外大语言模型的发展，极大地推动了人工智能在自然语言处理领域的应用。它们不仅在学术界引起广泛关注，也为产业界带来了丰富的应用场景。随着技术的不断进步，未来大语言模型将在更多领域展现其强大的潜力。

8.2 大语言模型与编程

8.2.1 大语言模型使用简介

大语言模型是一种基于自然语言处理技术的模型，能够执行多种复杂的语言任务，其具有广泛的功能用途，包括但不限于对话系统、文本生成和问题回答。大语言模型主要用于构建交互式对话系统，为用户提供智能对话体验，以及生成能够符合用户需求的文本，且用户可以向大语言模型提出问题，模型会生成相应的回答，支持知识查询和解释疑惑。

用户向大语言模型输入的内容被称为提示词，即 prompt，为了更好地实现上述功能并为使用者提供优质服务，可以通过改进 prompt 来优化模型的输出内容。可以通过明确问题，即在向模型提问时，确保问题清晰明了，以提高模型理解用户意图的准确性。具体实现方法如下：上下文引导，通过提供上下文信息引导大语言模型，使其在特定话题或领域中更有针对性；参数调整，根据需求调整模型参数，如温度值，以在生成结果的创造性和准确性之间取得平衡；结果筛选，对生成的文本结果进行筛选，确保输出符合期望并满足用户需求。

通过充分了解大语言模型的功能和灵活运用优化方法，用户能够更有效地利用这一先进工具，为各种应用场景提供卓越的自然语言处理服务。

8.2.2 大语言模型实现 Python 编程

大语言模型不仅可以完成常规的自然语言处理任务，还可用于支持 Python 编程。用户可以通过向大语言模型提出关于 Python 编程的复杂问题，如语法疑问、代码逻辑或错误分析等。同时，也可通过提供部分代码或详细描述问题，获得代码的解释和改进建议，以帮助解决编程难题。此外，用户还可以咨询有关代码优化、最佳实践和性能改进的建议，在与模型的互动中，用户可以不断改进代码，直到获得满意的结果。下面以清华大学的智谱清言为例，来介绍使用大语言模型进行 Python 编程的大概步骤。

（1）选择合适的平台：可以在智谱 AI 的平台上使用智谱清言，或者使用智谱 AI 的 API 将智谱清言集成到自己的应用程序中。

（2）发起对话：开始与智谱清言进行对话，就像与一个普通的聊天机器人一样。可以提出关于 Python 编程的问题、请求编程帮助或者寻求代码示例。

（3）获取编程帮助：智谱清言会尝试理解提出的问题，并提供与 Python 编程相关的建议、解释或示例代码。可以与智谱清言进行交互，直到获得满意的答案或解决方案。

（4）编写代码：根据智谱清言提供的建议和示例，可以开始编写 Python 代码。可以将智谱清言视为一个智能的编程伙伴，为编程人员提供灵感和指导。

（5）调试和优化：如果在编程过程中遇到问题，可以向智谱清言寻求帮助进行调试和优化。智谱清言可以提供代码改进的建议，帮助解决问题并改进代码质量。

总的来说，通过与大语言模型进行对话，可以获得与 Python 编程相关的帮助、建议和指导，从而更轻松地进行编程工作。

8.3 信号处理编程实例

8.3.1 绘制信号的时域和频域波形

【案例要求】

生成一个混合信号，并绘制该信号的时域和频域波形。

【prompt】

根据提示一步步编写 Python 代码，请生成一个混合信号，信号由 3 个不同频率的正弦波组成，第一个正弦波的频率是 5 Hz，第二个正弦波的频率是 2 Hz，第三个正弦波的频率是 7 Hz，并且有一个相位偏移，绘制该混合信号的时域和频域波形。

【生成 Python 代码】

要生成一个混合信号并绘制其时域和频域波形，需要执行以下步骤。

（1）导入必要的库。

（2）定义信号参数，包括采样频率、时间以及 3 个正弦波的频率和相位偏移。

（3）生成 3 个正弦波并将它们相加以形成混合信号。

（4）绘制混合信号的时域波形。

（5）计算混合信号的傅里叶变换以获取频域表示。

（6）绘制混合信号的频域波形。

下面是相应的 Python 代码。

```
import numpy as np
import matplotlib.pyplot as plt

# 1. 定义信号参数
```

```
fs = 1000  # 采样频率，足够高以满足奈奎斯特采样定理
t = np.arange(0, 1, 1/fs)  # 生成 1s 的时间数组
f1, f2, f3 = 5, 2, 7  # 3 个正弦波的频率
phase_shift = np.pi/4  # 相位偏移

# 2. 生成 3 个正弦波并相加形成混合信号
sine_wave1 = np.sin(2 * np.pi * f1 * t)
sine_wave2 = np.sin(2 * np.pi * f2 * t + phase_shift)
sine_wave3 = np.sin(2 * np.pi * f3 * t)
mixed_signal = sine_wave1 + sine_wave2 + sine_wave3

# 3. 绘制混合信号的时域波形
plt.figure(figsize=(12, 6))
plt.subplot(2, 1, 1)
plt.plot(t, mixed_signal)
plt.title('Time Domain Representation of the Mixed Signal')
plt.xlabel('Time [s]')
plt.ylabel('Amplitude')

# 4. 计算混合信号的傅里叶变换
mixed_signal_fft = np.fft.fft(mixed_signal)
fft_freq = np.fft.fftfreq(len(mixed_signal), 1/fs)

# 5. 绘制混合信号的频域波形
plt.subplot(2, 1, 2)
plt.plot(fft_freq, np.abs(mixed_signal_fft))
plt.title('Frequency Domain Representation of the Mixed Signal')
plt.xlabel('Frequency [Hz]')
plt.ylabel('Amplitude')
plt.xlim([0, fs/2])  # 显示正频率部分

plt.tight_layout()  # 调整子图间距
plt.show()
```

运行程序，混合信号的时域和频域波形图如图 8.1 所示。

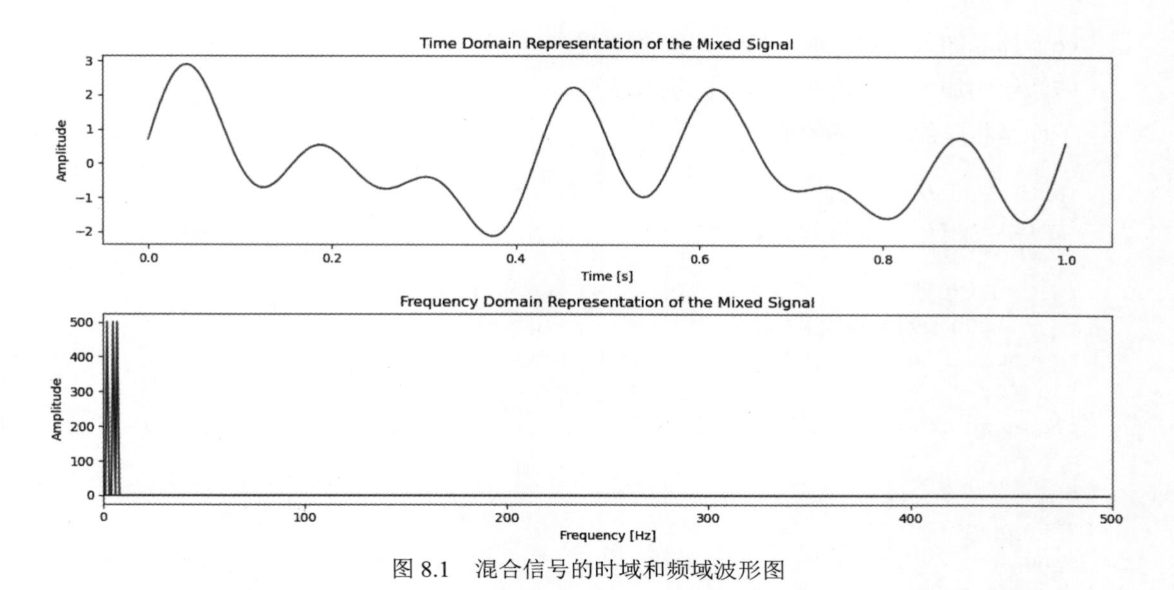

图 8.1　混合信号的时域和频域波形图

这段代码将生成一个由 5 Hz、2 Hz 和 7 Hz 频率的正弦波组成的混合信号，第二个正弦波具有相位偏移，然后绘制了混合信号的时域波形和频域波形。在频域波形中只显示了正频率部分，因为信号是实数，其傅里叶变换是共轭对称的。

8.3.2　绘制加入噪声后信号的时域和频域波形

【案例要求】

对生成的混合信号加入白噪声，并绘制加入噪声后信号的时域和频域波形。

【prompt】

根据提示一步步编写 Python 代码，请生成一个混合信号，信号由 3 个不同频率的正弦波组成，为这个信号加入白噪声，第一个正弦波的频率是 5 Hz，第二个正弦波的频率是 2 Hz，第三个正弦波的频率是 7 Hz，并且有一个相位偏移，绘制该混合信号的时域和频域波形。

【生成 Python 代码】

要生成一个由 3 个不同频率的正弦波组成的混合信号，并为这个信号加入白噪声，然后绘制其时域和频域波形，可以按照以下步骤操作。

（1）导入必要的库。

（2）定义信号参数。

（3）生成 3 个正弦波。

（4）生成白噪声并添加到混合信号中。

（5）绘制加入噪声后的混合信号的时域波形。

（6）计算加入噪声的混合信号的傅里叶变换。

（7）绘制加入噪声的混合信号的频域波形。

下面是相应的 Python 代码。

```
import numpy as np
import matplotlib.pyplot as plt

# 1. 定义信号参数
fs = 1000  # 采样频率
t = np.arange(0, 1, 1/fs)  # 生成 1s 的时间数组
f1, f2, f3 = 5, 2, 7  # 3 个正弦波的频率
phase_shift = np.pi/4  # 相位偏移

# 2. 生成 3 个正弦波
sine_wave1 = np.sin(2 * np.pi * f1 * t)
sine_wave2 = np.sin(2 * np.pi * f2 * t + phase_shift)
sine_wave3 = np.sin(2 * np.pi * f3 * t)
mixed_signal = sine_wave1 + sine_wave2 + sine_wave3

# 3. 生成白噪声并添加到混合信号中
noise = np.random.normal(0, 0.5, len(t))
mixed_signal_with_noise = mixed_signal + noise

# 4. 绘制加入噪声后的混合信号的时域波形
plt.figure(figsize=(12, 6))
plt.subplot(2, 1, 1)
plt.plot(t, mixed_signal_with_noise)
plt.title('Time Domain Representation of the Mixed Signal with Noise')
plt.xlabel('Time [s]')
plt.ylabel('Amplitude')

# 5. 计算加入噪声的混合信号的傅里叶变换
mixed_signal_with_noise_fft = np.fft.fft(mixed_signal_with_noise)
fft_freq = np.fft.fftfreq(len(mixed_signal_with_noise), 1/fs)

# 6. 绘制加入噪声的混合信号的频域波形
plt.subplot(2, 1, 2)
plt.plot(fft_freq, np.abs(mixed_signal_with_noise_fft))
plt.title('Frequency Domain Representation of the Mixed Signal with Noise')
plt.xlabel('Frequency [Hz]')
plt.ylabel('Amplitude')
plt.xlim([0, fs/2])  # 显示正频率部分
```

```
plt.tight_layout()  # 调整子图间距
plt.show()
```

运行程序，混合信号的时域和频域波形如图 8.2 所示。

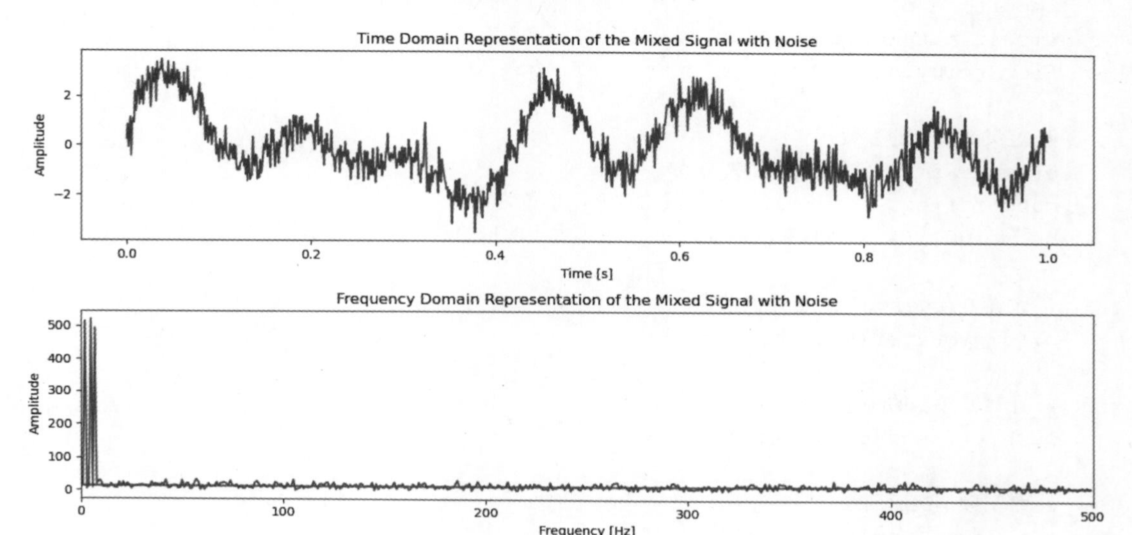

图 8.2 加入噪声后混合信号的时域和频域波形

这段代码首先生成了一个混合信号，然后在该信号中加入了白噪声。接着，它绘制了加入噪声后的混合信号的时域波形和频域波形。在频域波形中只显示了正频率部分，由于加入了白噪声，频域图中会看到除了 3 个主要频率外，还有其他频率成分的存在。

8.3.3 设计数字滤波器并绘制其频率响应曲线

【案例要求】

设计一个数字低通滤波器，用于后续滤波，绘制出滤波器的频率响应曲线。

【prompt】

根据提示一步步编写 Python 代码，设计一个 5 阶的 Butterworth 低通数字滤波器，截止频率为 100 Hz，并绘制出滤波器的频率响应曲线。

【生成 Python 代码】

在 Python 中，你可以使用 scipy.signal 库中的函数来设计一个 Butterworth 低通数字滤波器，并绘制其频率响应曲线。以下是设计滤波器并绘制频率响应的步骤。

（1）导入必要的库。

（2）定义滤波器的阶数和截止频率。

（3）使用 scipy.signal.butter 函数来设计 Butterworth 滤波器。

（4）使用 scipy.signal.freqz 函数来计算滤波器的频率响应。

（5）绘制频率响应曲线。

下面是相应的 Python 代码。

```
import numpy as np
import matplotlib.pyplot as plt
from scipy.signal import butter, freqz

# 定义滤波器的参数
order = 5  # 滤波器的阶数
cutoff_frequency = 100  # 截止频率，单位为 Hz
fs = 1000  # 采样频率，单位为 Hz，应该大于两倍的截止频率

# 设计 Butterworth 低通滤波器
b, a = butter(N=order, Wn=cutoff_frequency, btype='low', fs=fs)

# 计算滤波器的频率响应
w, h = freqz(b, a, worN=8000)

# 绘制频率响应曲线
plt.figure(figsize=(8, 4))
plt.plot(0.5 * fs * w / np.pi, np.abs(h), 'b')
plt.plot(cutoff_frequency, 0.5*np.sqrt(2), 'ko')  # 截止频率处的增益
plt.axvline(cutoff_frequency, color='k')  # 截止频率的垂直线
plt.xlim(0, 0.5 * fs)
plt.title("5th Order Butterworth Lowpass Filter Frequency Response")
plt.xlabel('Frequency [Hz]')
plt.ylabel('Gain')
plt.grid()
plt.show()
```

运行程序，Butterworth 低通数字滤波器的频率响应曲线如图 8.3 所示。

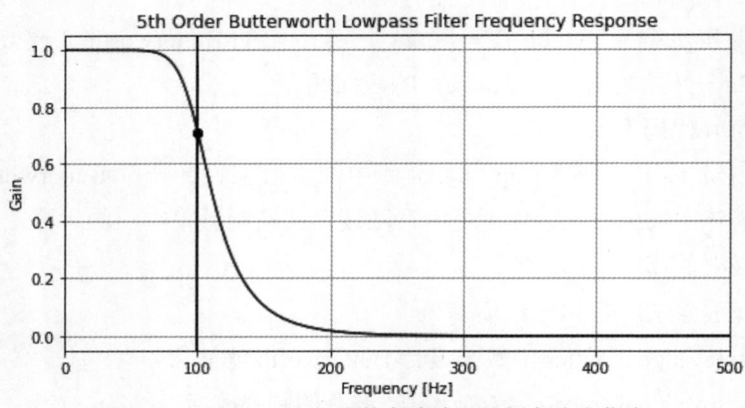

图 8.3　Butterworth 低通数字滤波器的频率响应曲线

上面的代码首先定义了滤波器的阶数和截止频率。然后，使用 butter 函数来设计一个低通数字滤波器。butter 函数的参数 N 是滤波器的阶数，Wn 是截止频率，btype 指定了滤波器的类型（在本例中为 'low'，即低通），fs 是采样频率。butter 函数返回滤波器的系数，分别存储在变量 b（分子）和 a（分母）中。

接下来使用 freqz 函数计算滤波器的频率响应。freqz 函数返回频率向量 w 和复数频率响应 h。我们使用 np.abs(h) 来计算响应的幅度。

最后绘制频率响应曲线，并使用 plt.axvline 在截止频率处绘制一条垂直线。plt.plot(cutoff_frequency, 0.5*np.sqrt(2), 'ko') 绘制了截止频率处的增益点，该点是滤波器增益下降到最大增益的 $1/\sqrt{2}$（约 0.707）处，这是 Butterworth 滤波器的截止定义。

8.3.4 对信号进行滤波并绘制滤波后的幅度谱与相位谱图

【案例要求】

利用上面生成的滤波器，对加入白噪声的混叠信号进行滤波，并绘制滤波后信号的时域和频域波形，观察滤波效果。

【prompt】

根据提示一步步编写 Python 代码，利用上面生成的 Butterworth 低通数字滤波器对前面加了白噪声的混合信号进行滤波，并绘制滤波后信号的时域和频域波形。

【生成 Python 代码】

要使用上面设计的 Butterworth 低通数字滤波器对加了白噪声的混合信号进行滤波，并绘制滤波后信号的幅度谱和相位谱图，需要执行以下步骤。

（1）导入必要的库并生成加了白噪声的混合信号（这里使用前面提供的代码）。

（2）设计 5 阶 Butterworth 低通数字滤波器。

（3）使用 scipy.signal.lfilter 函数对信号进行滤波。

（4）使用傅里叶变换计算滤波后信号的频谱。

（5）计算幅度谱和相位谱。

（6）绘制幅度谱和相位谱。

下面是相应的 Python 代码。

```
import numpy as np
import matplotlib.pyplot as plt
from scipy.signal import butter, lfilter, freqz

# 1. 生成含白噪声的混合信号（如果你已经有了这个信号，可以跳过这一步）
fs = 1000  # 采样频率
t = np.arange(0, 1, 1/fs)  # 生成 1s 的时间数组
```

```
f1, f2, f3 = 5, 2, 7  # 3个正弦波的频率
phase_shift = np.pi/4  # 相位偏移
sine_wave1 = np.sin(2 * np.pi * f1 * t)
sine_wave2 = np.sin(2 * np.pi * f2 * t + phase_shift)
sine_wave3 = np.sin(2 * np.pi * f3 * t)
mixed_signal = sine_wave1 + sine_wave2 + sine_wave3
noise = np.random.normal(0, 0.5, len(t))
mixed_signal_with_noise = mixed_signal + noise

# 2. 设计Butterworth低通数字滤波器
fc = 100    # 截止频率
order = 5  # 滤波器的阶数
b, a = butter(N=order, Wn=fc/(fs/2), btype='low')

# 3. 使用滤波器对信号进行滤波
filtered_signal = lfilter(b, a, mixed_signal_with_noise)

# 4. 计算滤波后信号的傅里叶变换
filtered_signal_fft = np.fft.fft(filtered_signal)
fft_freq = np.fft.fftfreq(len(filtered_signal), 1/fs)

# 5. 绘制滤波后信号的时域和频域波形
plt.figure(figsize=(12, 6))

# 时域波形
plt.subplot(2, 1, 1)
plt.plot(t, filtered_signal)
plt.title('Time Domain Representation of the Filtered Signal')
plt.xlabel('Time [s]')
plt.ylabel('Amplitude')

# 频域波形
plt.subplot(2, 1, 2)
plt.plot(fft_freq, np.abs(filtered_signal_fft))
plt.title('Frequency Domain Representation of the Filtered Signal')
plt.xlabel('Frequency [Hz]')
plt.ylabel('Amplitude')
plt.xlim([0, fs/2])  # 显示正频率部分

plt.tight_layout()  # 调整子图间距
plt.show()
```

运行程序，滤波后混叠信号的时域和频域波形图如图 8.4 所示。

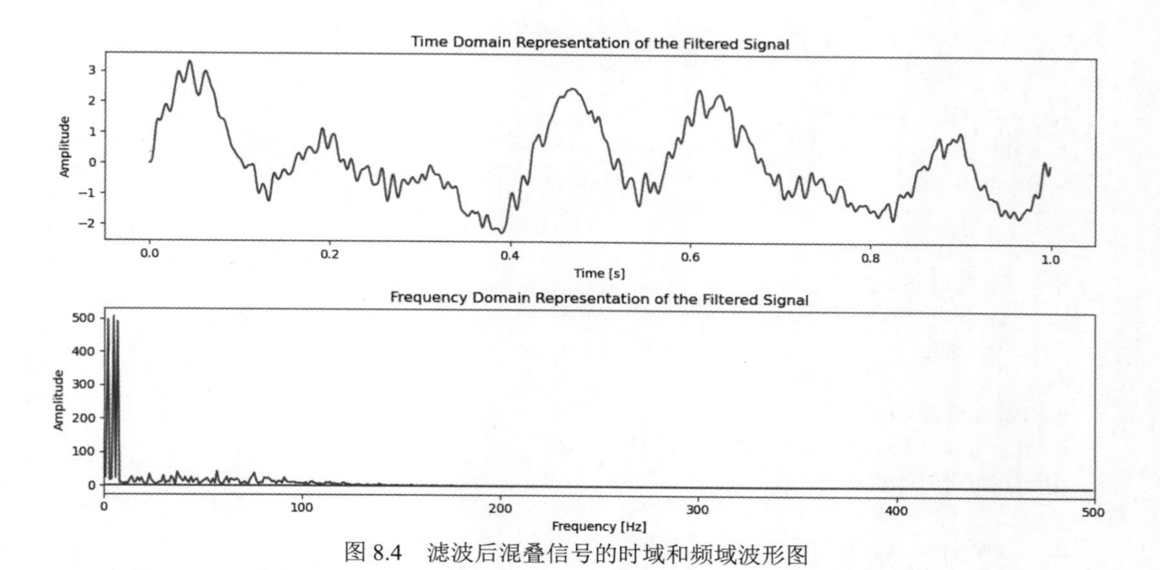

图 8.4　滤波后混叠信号的时域和频域波形图

这段代码首先生成了一个含有白噪声的混合信号（如果已经有了这个信号，可以跳过这一步）。然后，设计了一个 Butterworth 低通数字滤波器，并使用该滤波器对信号进行了滤波。接着，计算了滤波后信号的傅里叶变换。最后，绘制了滤波后信号的时域和频域波形，其中频域波形只显示了正频率部分。

8.3.5　对信号进行 DFT 运算并绘制信号幅度与相位图

【案例要求】

离散傅里叶变换在信号处理应用方面是极为常见的，快速傅里叶变换（Fast Fourier Transform，FFT）是一种高效计算离散傅里叶变换的算法。通过对信号 $x(t)=\sin(2\pi*15t)+\sin(2\pi*40t)$ 的 DFT 来验证现阶段 GPT 在代码生成方面的效果。首先在不指定 DFT 点数 n 的情况下，默认长度为信号长度，对信号进行 FFT，绘制信号的幅度和相位图。

【prompt】

根据提示一步步编写 Python 代码，首先对信号 x=sin(2*pi*15*t) +sin(2*pi*40*t) 进行 FFT，绘制变换后的幅度谱，去除相位中的突变，确保相邻相位差在连续范围内，并过滤掉较小的幅度，绘制相位谱图。

【生成 Python 代码】

在 Python 中，可以使用 NumPy 和 Matplotlib 库来执行 FFT，并绘制所需的幅度谱和相位谱图。下面是相应的 Python 代码。

```
import numpy as np
import matplotlib.pyplot as plt
```

```
# 生成信号 x
Fs = 1000  # 采样频率
t = np.linspace(0, 1, Fs, endpoint=False)  # 生成 1s 的时间数组
x = np.sin(2 * np.pi * 15 * t) + np.sin(2 * np.pi * 40 * t)  # 信号定义

# 执行 FFT
X = np.fft.fft(x)
N = len(X)
frequencies = np.fft.fftfreq(N, 1/Fs)

# 计算幅度谱并绘制
magnitude = np.abs(X) / N  # 归一化幅度
plt.figure(figsize=(14, 5))

plt.subplot(1, 2, 1)
plt.plot(frequencies[:N // 2], magnitude[:N // 2] * 2)  # 由于对称性，只显
# 示一半的频率范围
plt.title('Magnitude Spectrum')
plt.xlabel('Frequency (Hz)')
plt.ylabel('Magnitude')

# 计算相位谱并去除相位中的突变
phase = np.angle(X)
phase = np.unwrap(phase)  # 去除相位中的突变

# 过滤掉较小的幅度
threshold = 0.01 * np.max(magnitude)  # 设定阈值为最大幅度的 1%
phase[magnitude < threshold] = 0  # 幅度小于阈值的相位设置为 0

# 绘制相位谱图
plt.subplot(1, 2, 2)
plt.plot(frequencies[:N // 2], phase[:N // 2])
plt.title('Phase Spectrum')
plt.xlabel('Frequency (Hz)')
plt.ylabel('Phase (radians)')

# 显示图形
plt.tight_layout()
plt.show()
```

运行程序，对信号进行 DFT 运算并绘制信号幅度谱和相位谱，如图 8.5 所示。

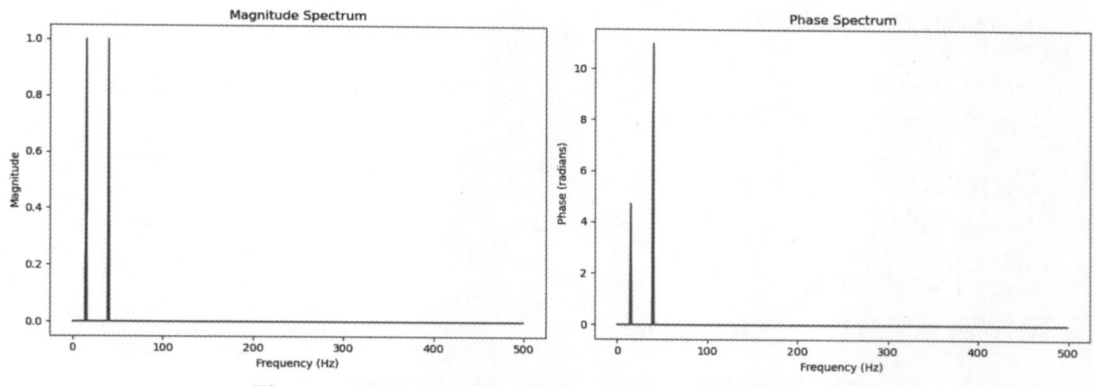

图 8.5 对信号进行 DFT 运算并绘制信号幅度谱和相位谱

这段代码首先创建了信号 x，然后执行了 FFT。它绘制了归一化的幅度谱，并且只显示了正频率部分，因为 FFT 结果是对称的。然后，它计算了相位谱，并使用 np.unwrap 函数去除了相位中的突变。此外，它通过设定一个阈值来过滤掉较小的幅度。最后，它绘制了幅度谱和处理后的相位谱图。

8.3.6 对信号进行指定点数 DFT 并绘制信号幅度与相位图

【案例要求】

根据上面的信号 FFT 过程，生成指定 DFT 点数 n 为 512 的 FFT 信号代码，并分别绘制变换后信号的幅值和相位。

【prompt】

根据提示一步步编写 Python 代码，首先对信号 x=np.array([np.sin(2*pi*15*t) +np.sin(2*pi*40*t)]) 进行 FFT，通过 np.arange 生成用于从 0 到 10，步长为 1/100 的时间点数组。指定 DFT 的长度为 512，绘制变换后的幅度谱，利用 np.unwrap 去除相位中的突变，确保相邻相位差在连续范围内，绘制相位谱图，保证幅度谱与相位谱横坐标为正值。

【生成 Python 代码】

为了执行这个任务，将按照以下步骤进行。

（1）使用 np.arange 生成时间点数组。

（2）定义信号 x(t)。

（3）使用 FFT 信号并指定变换的长度为 512。

（4）计算幅度谱和相位谱。

（5）使用 np.unwrap 去除相位中的跳变。

（6）绘制幅度谱图，只显示频率的正值部分。

（7）绘制相位谱图，同样只显示频率的正值部分。

下面是相应的 Python 代码。

```
import numpy as np
import matplotlib.pyplot as plt

# 设置常数 pi
pi = np.pi

# 1. 生成时间点数组
t = np.arange(0, 10, 1/100)

# 2. 定义信号 x(t)
x = np.sin(2*pi*15*t) + np.sin(2*pi*40*t)

# 3. 使用 FFT 变换信号，指定变换的长度为 512
fft_x = np.fft.fft(x, n=512)
fft_freq = np.fft.fftfreq(n=512, d=1/100)

# 4. 计算幅度谱和相位谱
magnitude_spectrum = np.abs(fft_x)
phase_spectrum = np.angle(fft_x)

# 5. 使用 np.unwrap 去除相位中的跳变
unwrapped_phase_spectrum = np.unwrap(phase_spectrum)

# 6. 绘制幅度谱图，只显示频率的正值部分
plt.figure(figsize=(12, 6))
plt.subplot(2, 1, 1)
plt.plot(fft_freq[:256], magnitude_spectrum[:256])  # 取一半区间显示正频率部分
plt.title('Magnitude Spectrum')
plt.xlabel('Frequency (Hz)')
plt.ylabel('Magnitude')
plt.grid()

# 7. 绘制相位谱图，同样只显示频率的正值部分
plt.subplot(2, 1, 2)
plt.plot(fft_freq[:256], unwrapped_phase_spectrum[:256])   # 取一半区间显示
# 正频率部分
plt.title('Phase Spectrum')
plt.xlabel('Frequency (Hz)')
plt.ylabel('Phase (radians)')
plt.grid()
```

```
plt.tight_layout()
plt.show()
```

运行程序，对信号进行指定点数 DFT 运算并绘制信号幅度谱和相位谱，如图 8.6 所示。

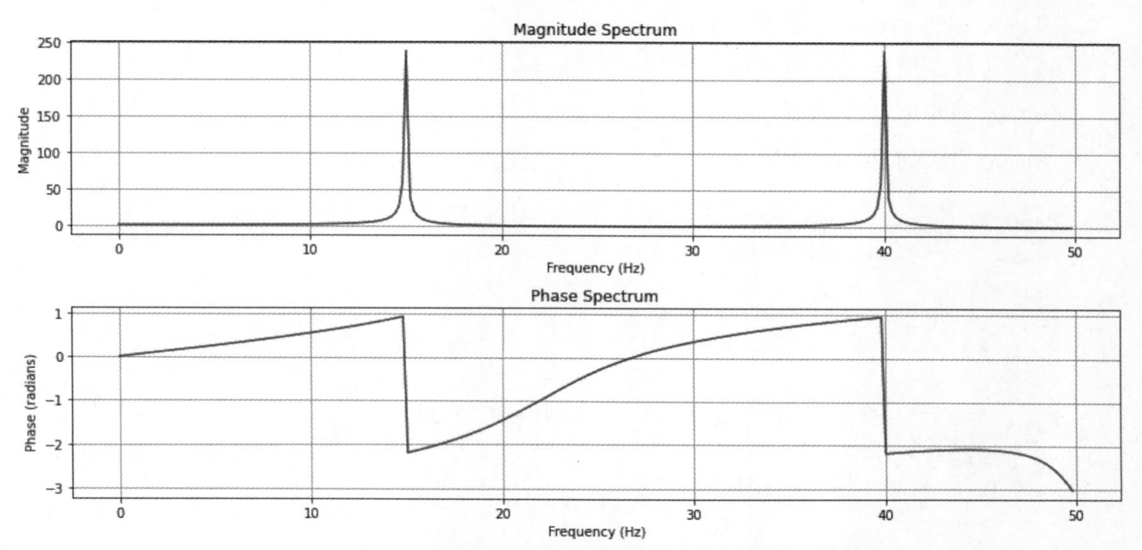

图 8.6 对信号进行指定点数 DFT 运算并绘制信号幅度谱和相位谱

上面的代码首先计算了信号的 FFT，然后计算了幅度谱和相位谱。使用 np.unwrap 函数来去除相位谱中的跳变。在绘图时，只取 FFT 结果的前一半，因为对于实数输入信号，FFT 的结果是对称的，而且只显示正频率部分。这样就能得到幅度谱和相位谱的图，其横坐标为正值。

8.3.7 对信号进行 FFT 与 IFFT 并与原信号做差

【案例要求】

IFFT 是 FFT 的逆操作，与 FFT 算法非常相似，只是在计算过程中使用了逆旋转因子。对信号先后进行 FFT 和 IFFT，将变换后的信号与原信号做差，直观感受 FFT 误差。

【prompt】

根据提示一步步编写 Python 代码，首先对信号 x=np.array([np.sin(2*pi*15*t) +np.sin(2*pi*40*t)]) 进行 FFT，通过 np.arange 生成用于从 0 到 1，采样频率为 255 的时间点，再对 FFT 后的信号进行 IFFT，将经过 FFT 和 IFFT 的信号与原信号 x 做差，绘制出两信号的幅值差。

【生成 Python 代码】

要完成这个任务，将按照以下步骤进行。

（1）使用 np.arange 生成时间点数组。

（2）定义信号 x(t)。

（3）对信号进行 FFT 。

（4）对 FFT 后的信号进行 IFFT 。

（5）计算原信号 x(t) 和 IFFT 后信号的差值。

（6）绘制两信号的幅值差。

下面是相应的 Python 代码。

```
import numpy as np
import matplotlib.pyplot as plt

# 设置常数 pi
pi = np.pi

# 1. 生成时间点数组，采样频率为 255 Hz，时间从 0 到 1 秒
fs = 255  # 采样频率
t = np.arange(0, 1, 1/fs)

# 2. 定义信号 x(t)
x = np.sin(2*pi*15*t) + np.sin(2*pi*40*t)

# 3. 对信号进行 FFT
fft_x = np.fft.fft(x)

# 4. 对 FFT 变换后的信号进行 IFFT
ifft_x = np.fft.ifft(fft_x)

# 5. 计算原信号 x(t) 和 IFFT 后信号的差值
difference = np.abs(x - ifft_x)

# 6. 绘制两信号的幅值差
plt.plot(t, difference)
plt.title('Difference in Amplitude')
plt.xlabel('Time (s)')
plt.ylabel('Amplitude Difference')
plt.grid()
plt.show()
```

运行程序，对信号进行 FFT 与 IFFT 并与原信号做差，如图 8.7 所示。

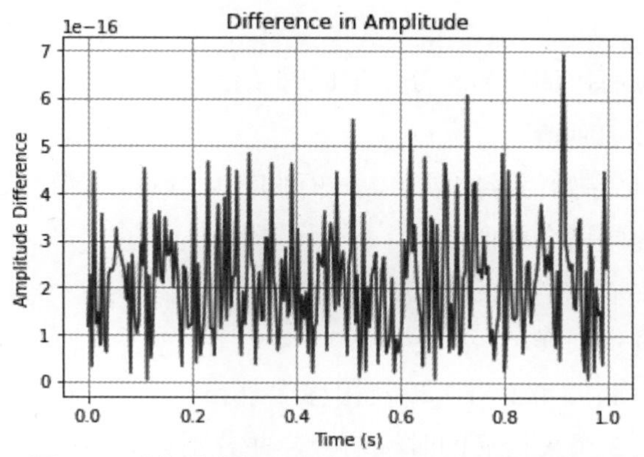

图 8.7　对信号进行 FFT 与 IFFT 并与原信号做差

这段代码首先生成一个信号 x(t)，然后对其进行 FFT，接着执行 IFFT 来还原信号。最后，计算原始信号和还原信号之间的差值，并绘制出这个差值的图形。理论上，如果 FFT 和 IFFT 正确执行，这个差值应该非常接近于零，因为 IFFT 应该能够准确地还原原始信号。任何差值都可能是数值计算误差引起的。

8.3.8　信号采样综合

【案例要求】

生成一个混合信号，并绘制该信号的时域和频域波形。

【prompt】

你是一名专业的信号处理 Python 代码编写专家，现在需要你根据下文的需求内容以及对应的步骤与提示编写出对应的信号处理代码，在提供的需求中会给出定义信号函数的代码，你需要结合需求将其余代码补充以实现需求，需求内容如下。

“序列采样：构建信号 x_a(t) = sin(2*pi*150*t) + sin(2*pi*325*t) + sin(2*pi*400*t)，并使用采样频率 fs1=680 Hz、fs2=900 Hz、fs3=1000 Hz 对 x_a(t) 进行采样，分别绘制并显示时域信号和频域信号波形。”

下面是步骤及提示。

（1）导入库。

导入所需的库，包括 NumPy、math（全部功能）、fft 和 matplotlib.pyplot。

（2）定义信号函数。

```
def signfunc(f): # 定义信号函数
    f1 = 150;f2 = 325;f3 = 400
    t = np.arange(-0.02,0.02,1/f)
    return t,np.sin(2*pi*f1*t)+np.sin(2*pi*f2*t)+np.sin(2*pi*f3*t)
```

（3）生成原始信号。

定义原始信号的频率，调用 signfunc 生成时域信号。

（4）计算原始信号的频谱。

使用 fft.fft.freq 计算原始信号的频谱，进行归一化处理，得到频域信号。

（5）定义采样后的频谱合成函数。

创建函数，用于生成采样后的频谱。

（6）对原始信号进行采样。

定义 3 个采样频率 fs1、fs2、fs3 以及搬移次数 m。

调用 signfunc 生成 3 个采样后的时域信号，并分别计算频域信号。

（7）绘制并显示时域波形。

利用 plt.subplots 创建包含 4 个子图的图形，分别绘制原始信号和 3 个采样后的时域波形，使用 stem 函数绘制离散数据，利用 plt.show 对绘制图片进行显示。

（8）保存时域波形图像。

使用 savefig 函数保存时域波形的图像文件，文件名为 freq_samp1.png。

（9）计算采样后的频域响应。

调用 samp_spec 函数，分别生成 3 个采样后的频域信号。

（10）绘制并显示频域波形。

利用 plt.subplots 创建包含 4 个子图的图形，分别绘制并显示原始信号和 3 个采样后的频域波形，利用 plt.show 对绘制图片进行显示。

（11）保存频域波形图像。

使用 savefig 函数保存频域波形的图像文件，文件名为 freq_samp2.png。

（12）显示中文标签。

设置字体以正常显示中文标签，使用 plt.rcParams 进行配置。

注意以下要求。

- 一次性生成所有代码。
- 生成的代码保证正确性与简洁性。
- 代码中涉及的参数需要准确设置。
- 绘图时需标明图例、坐标轴标签等信息。
- 绘图时需注意图例、坐标轴标签等中文信息能够正常显示且位置安放得当。
- 最终的图像文件应保存在当前工作目录下。

提示：根据提供的信号函数、采样频率和绘图需求，逐步完成代码编写，确保绘制出正确的时域和频域波形。

【生成 Python 代码】

```
# 1. 导入库
import numpy as np
import matplotlib.pyplot as plt
from scipy.fft import fft

# 2. 定义信号函数
def signfunc(f):
    f1 = 150
    f2 = 325
    f3 = 400
    t = np.arange(-0.02, 0.02, 1 / f)
    return t, np.sin(2 * np.pi * f1 * t) + np.sin(2 * np.pi * f2 * t) +
np.sin(2 * np.pi * f3 * t)

# 3. 生成原始信号
fs = 10000  # 原始信号的采样频率
t, x_a = signfunc(fs)

# 4. 计算原始信号的频谱
X_a = fft(x_a)
X_a = X_a / len(x_a)
freqs = np.fft.fftfreq(len(x_a), 1 / fs)

# 5. 定义采样后的频谱合成函数
def samp_spec(signal, fs):
    spectrum = fft(signal) / len(signal)
    freq = np.fft.fftfreq(len(signal), 1 / fs)
    return freq, spectrum

# 6. 对原始信号进行采样
fs1 = 680
fs2 = 900
fs3 = 1000

t1, x_a1 = signfunc(fs1)
t2, x_a2 = signfunc(fs2)
t3, x_a3 = signfunc(fs3)

freq1, X_a1 = samp_spec(x_a1, fs1)
freq2, X_a2 = samp_spec(x_a2, fs2)
freq3, X_a3 = samp_spec(x_a3, fs3)
```

```
# 7. 绘制并显示时域波形
fig, axs = plt.subplots(2, 2, figsize=(12, 8))
axs[0, 0].stem(t, x_a, use_line_collection=True)
axs[0, 0].set_title('原始信号')
axs[0, 1].stem(t1, x_a1, use_line_collection=True)
axs[0, 1].set_title('fs1 采样信号')
axs[1, 0].stem(t2, x_a2, use_line_collection=True)
axs[1, 0].set_title('fs2 采样信号')
axs[1, 1].stem(t3, x_a3, use_line_collection=True)
axs[1, 1].set_title('fs3 采样信号')

# 添加图例和坐标轴标签
for ax in axs.flat:
    ax.set(xlabel='时间 (s)', ylabel='幅度')
    ax.legend()

plt.tight_layout()
plt.show()

# 8. 保存时域波形图像
plt.savefig('freq_samp1.png')

# 9. 计算采样后的频域响应
# 已在步骤 6 中完成

# 10. 绘制并显示频域波形
fig, axs = plt.subplots(2, 2, figsize=(12, 8))
axs[0, 0].plot(freqs, np.abs(X_a))
axs[0, 0].set_title('原始信号频谱')
axs[0, 1].stem(freq1, np.abs(X_a1), use_line_collection=True)
axs[0, 1].set_title('fs1 采样信号频谱')
axs[1, 0].stem(freq2, np.abs(X_a2), use_line_collection=True)
axs[1, 0].set_title('fs2 采样信号频谱')
axs[1, 1].stem(freq3, np.abs(X_a3), use_line_collection=True)
axs[1, 1].set_title('fs3 采样信号频谱')

# 添加图例和坐标轴标签
for ax in axs.flat:
    ax.set(xlabel='频率 (Hz)', ylabel='幅度')
    ax.legend()

plt.tight_layout()
plt.show()
```

```
# 11. 保存频域波形图像
plt.savefig('freq_samp2.png')

# 12. 显示中文标签
plt.rcParams['font.sans-serif'] = ['SimHei']  # 设置中文显示
plt.rcParams['axes.unicode_minus'] = False    # 正常显示负号

# 注意：在实际使用中，可能需要根据系统的字体情况调整中文显示配置
```

运行程序，对信号进行采样的时域和频域图如图 8.8 所示。

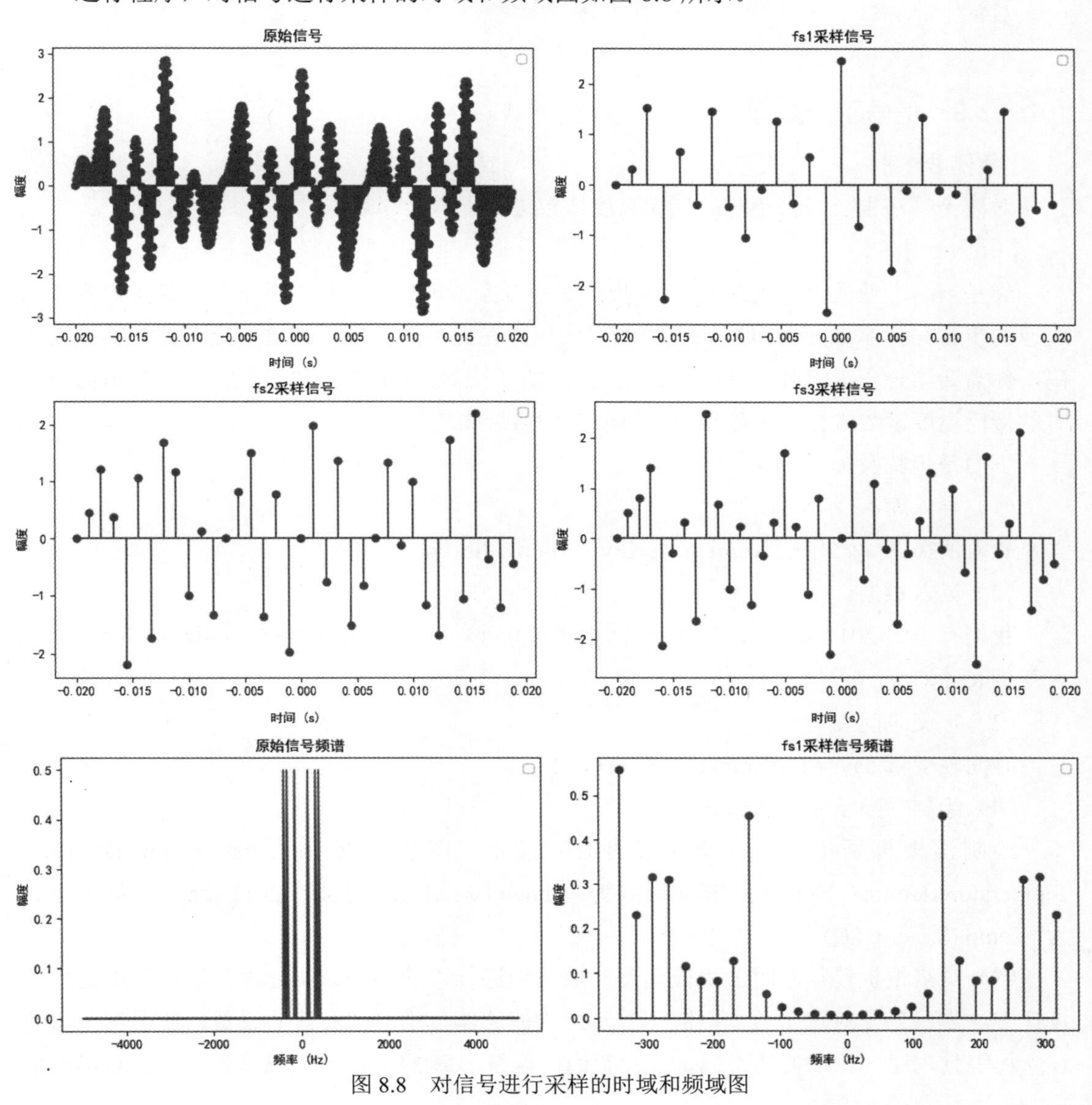

图 8.8　对信号进行采样的时域和频域图

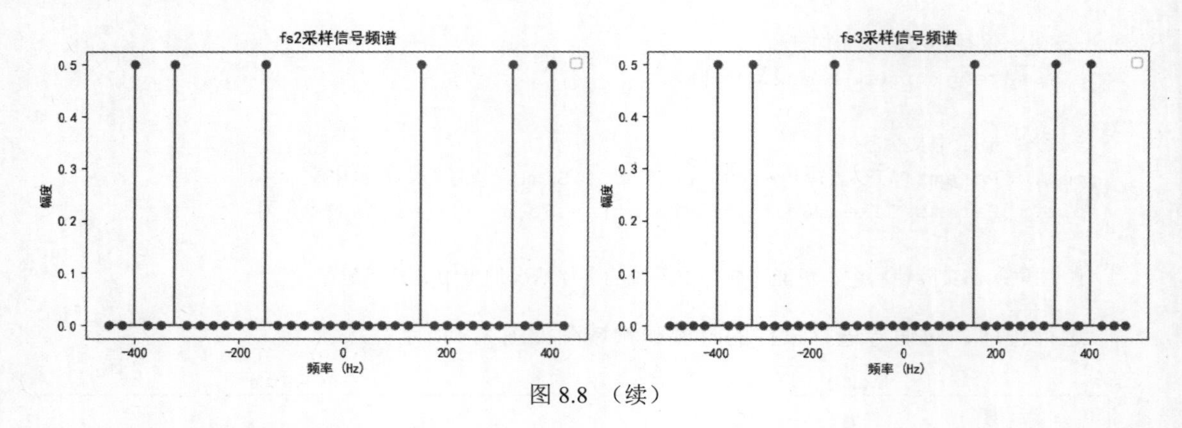

图 8.8 （续）

8.3.9 信号平滑处理

【案例要求】

对波士顿洛根机场每小时的摄氏温度读数进行平滑处理数据以便看到信号的趋势。

【prompt】

你是一名专业的信号处理 Python 代码编写专家，现在需要你根据下文的需求内容以及对应的步骤与提示编写出对应的信号处理代码，在提供的需求中会给出定义信号函数的代码，你需要结合需求将其余代码补充以实现需求，需求内容如下：“对波士顿洛根机场每小时的摄氏温度读数进行平滑处理数据以便看到信号的趋势。”

下面是步骤及提示。

（1）导入库。

导入所需的库，包括 NumPy、SciPy、Matplotlib 等。

（2）读入数据。

我们有一组 2011 年 1 月在波士顿洛根机场每小时的摄氏温度数据：bostemp.mat，请读入变量 tempC。

（3）定义时间轴变量。

时间轴变量 days= (np.arange(31*24)+1)/24。

（4）绘制并显示时域波形。

绘制洛根机场每小时的摄氏温度时域波形。图片标题为：Logan Airport Dry Bulb Temperature (source: NOAA)，横轴标签为：Time elapsed from Jan 1, 2011 (days)，纵轴标签为：Temp ($ ^\circ $C)。

（5）对洛根机场每小时的摄氏温度时域波形进行移动平均滤波处理。移动平均滤波器设计方法为：为了对每个数据点应用移动平均滤波器，构造滤波器的系数，使得每个点的权重相等且占比为总均值的 1/24。这样我们可以得出每 24 h 的平均温度。注意：对移动平均滤波处理的变量 tempC 先进行一维数组平坦化处理。

（6）在上图继续绘制移动平均滤波处理后的时域波形。洛根机场每小时的摄氏温度时域波形的图例标签为：Hourly Temp，移动平均滤波处理后的图例标签为：24 Hour Average (delayed)。

注意以下要求。

- 一次性生成所有代码。
- 生成的代码保证正确性与简洁性。
- 代码中涉及的参数需要准确设置。
- 绘图时需标明图例、坐标轴标签等信息。
- 绘图时需注意图例、坐标轴标签等中文信息能够正常显示且位置安放得当。
- 最终的图像文件应保存在当前工作目录下。

【生成 Python 代码】

```
# 步骤 1：导入库
import numpy as np
import matplotlib.pyplot as plt
from scipy.io import loadmat
from scipy.signal import lfilter

# 步骤 2：读入数据
data = loadmat('bostemp.mat')
tempC = data['tempC']

# 步骤 3：定义时间轴变量
days = (np.arange(31*24) + 1) / 24

# 步骤 4：绘制并显示时域波形
plt.figure(1)
plt.plot(days, tempC, label='Original Data')
plt.title('Logan Airport Dry Bulb Temperature (source: NOAA)')
plt.xlabel('Time elapsed from Jan 1, 2011 (days)')
plt.ylabel('Temp ($ ^\circ $C)')

# 步骤 5：移动平均滤波处理并绘制时域波形
tempC_flat = tempC.flatten()
window = np.ones(24) / 24
tempC_smooth = lfilter(window, 1, tempC_flat)

# 步骤 6：绘制移动平均滤波处理后的时域波形
```

```
plt.plot(days, tempC_smooth, label='24 Hour Average (delayed)')
plt.legend()
plt.savefig('temperature_plot.png')
plt.show()
```

运行程序，对信号进行平滑处理的时域图如图 8.9 所示。

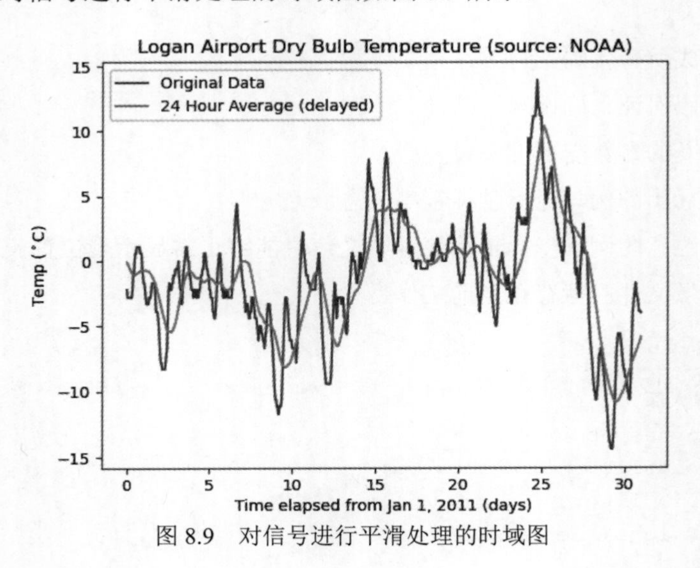

图 8.9　对信号进行平滑处理的时域图